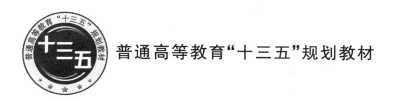

普通高等教育"十三五"规划教材

信号与系统

魏春英　高晓玲　主编

北京邮电大学出版社
www.buptpress.com

内 容 简 介

本教材系统地介绍了信号与系统的基本概念、基本理论和基本分析方法。全书共分 8 章,内容包括:信号与系统的基本概念;连续时间信号与系统的时域分析;连续时间信号与系统的频域分析;连续时间信号与系统的复频域分析;离散时间信号与系统的时域分析;离散时间信号与系统的 Z 域分析;连续与离散系统的状态变量分析;信号与系统的 MATLAB 辅助分析。

本教材采用数学概念与物理概念并重的处理方式,按照先输入/输出后状态变量描述,先连续后离散,先时域后变换域的结构体系。阐述了连续时间信号和离散时间信号通过线性时不变系统的时域分析和频域变换,引入 MATLAB 软件作为信号与系统的分析工具,来实现原理、方法与应用的三结合。书中配有大量的例题和习题,并在书后附有部分习题参考答案,以利于读者对基本内容的理解和学习。

本教材可作为高等院校电子信息工程、通信工程、电气工程及自动化、网络工程等专业的"信号与系统"课程的教材,也可以供从事相关专业的工程技术人员参考。

图书在版编目(CIP)数据

信号与系统 / 魏春英,高晓玲主编. -- 北京:北京邮电大学出版社,2017.4(2021.8 重印)
ISBN 978-7-5635-4973-3

Ⅰ. ①信… Ⅱ. ①魏… ②高… Ⅲ. ①信号系统—高等学校—教材 Ⅳ. ①TN911.6

中国版本图书馆 CIP 数据核字(2016)第 299421 号

书　　　　名:信号与系统
著作责任者:魏春英　高晓玲　主编
责 任 编 辑:张珊珊
出 版 发 行:北京邮电大学出版社
社　　　　址:北京市海淀区西土城路 10 号(邮编:100876)
发 行 部:电话:010-62282185　传真:010-62283578
E-mail:publish@bupt.edu.cn
经　　　　销:各地新华书店
印　　　　刷:保定市中画美凯印刷有限公司
开　　　　本:787 mm×1 092 mm　1/16
印　　　　张:15.75
字　　　　数:412 千字
版　　　　次:2017 年 4 月第 1 版　2021 年 8 月第 4 次印刷

ISBN 978-7-5635-4973-3　　　　　　　　　　　　　　　　　　定价:35.00 元

· 如有印装质量问题,请与北京邮电大学出版社发行部联系 ·

前　　言

　　"信号与系统"课程是高等工科院校电子信息工程、通信工程、自动化、电子信息科学与技术等专业的专业基础课,在现代科技飞速发展的今天,在无线通信、微电子、遥感科学、高速数据处理、新能源技术乃至生命科学等领域,都渗透着信号与系统的概念,因此,该课程的地位不言而喻。编者在多年"信号与系统"课程的教学实践基础上,参阅了大量国内外优秀教材后,编写了本教材。

　　本教材以信号与系统的基本概念、基本理论和基本分析方法为教学重点,在内容安排上,以确定信号和线性时不变系统为重点,先时域后变换,先连续后离散,先输入/输出描述后状态空间描述。这样的体系结构,遵循了先易后难,循序渐进的教学原则,便于学生理解和掌握知识。在内容处理上,删繁就简,突出概念,保证重点。

　　本教材主要建立信号分析与系统分析的逻辑关系,明确时域分析与变换域分析的相互关系和各自的适用范畴。在时域分析中,着重于基本信号的数学定义和性质、信号的变换与运算以及系统的描述与时域特性等的讲述;着重突出了傅里叶变换,拉普拉斯变换和 Z 变换的数学概念、基本性质等。教材引入了具有强大计算功能的 MATLAB 软件,引导学生学会运用这一方法快速地解决信号与系统分析的有关问题,使学生有效地学习和理解新知识、并从一定程度上提高工程实践能力,实现了经典理论与现代计算机技术相结合。

　　本书由魏春英和高晓玲主编,其中魏春英编写第 1 章、第 2 章、第 4 章和第 6 章,高晓玲编写第 3 章、第 5 章和第 7 章及第 8 章。

　　本书在编写过程中参考了诸多文献资料,在此向文献资料的作者们表示衷心感谢!

　　由于编者水平有限,教材中难免存在不足之处,敬请读者批评指正。

编　者

目　　录

第1章　信号与系统的基本概念

1.1　信号与系统

古往今来,人们曾寻求各种通信方法,以实现信号的传输。我国古代利用烽火传送警报。此后希腊人也以火炬的位置表示字母符号。这种光信号的传输构成最原始的光通信系统。利用击鼓鸣金可以报送时刻或传达命令,这是信号的传输。以后又出现了信鸽、旗语、驿站等传送消息的方法。然而,这些方法无论在距离、速度或可靠性与有效性方面仍然没有得到明显的改善。1837 年莫尔斯发明了电报。1876 年贝尔发明了电话,直接将声音信号(语音)转变为电信号沿导线传送。1894 年,意大利的马可尼和俄国的波波夫分别发明了无线电。传输距离从开始时的仅数百米到 1901 年成功实现了横渡大西洋,从此,传输电信号的通信方式得到广泛应用和迅速发展。如今无线电信号的传输不仅可以飞越高山海洋,而且可以遍及全球并通向宇宙。例如,以卫星通信技术为基础构成的"全球定位系统"(Global Position System,GPS)可以利用无线电信号的传输,测定地球表面和周围空间的任意目标位置,其精度可达数十米。而个人通信技术的发展前景指出:任何人在任何时候和任何地方都能够和世界上其他人进行通信。人们利用手持通信机,以个人相应的电话号码呼叫或被呼叫,进行语音、图像、数据等各种信号的传输。

随着信号传输、信号交换理论与应用的发展,同时出现了所谓"信号处理"的新课题。什么是信号处理?即可以把某些消息借一定形式的信号传送出去。信号是消息的表现形式,消息则是信号的具体内容。也可理解为对信号进行某种加工和变换。无论加工和变换的目的是消弱信号中的多余内容、滤除混杂的噪声和干扰,还是将信号变换成容易分析与识别的形式,便于估计和选择它的特征参量。20 世纪 80 年代以来,由于高速计算机的应用,大大促进了信号处理研究的发展。而信号处理的应用遍及许多科学领域。例如,从月球探测器发来的电视信号可能被淹没在噪声中,但是,利用信号处理技术就可以增强在地球上的图像。石油勘探、地震测量及核试验监测中所得数据的分析都依赖于信号处理技术的应用。此外,在心电图与脑电图分析、语音识别与合成、图像压缩、工业生产自动控制(如化学过程控制)以及经济形势预测(如股票市场分析)等各种科学领域中都广泛采用信号处理技术。

信号传输、信号交换和信号处理相互密切联系(也可认为交换是属于传输的组成部分),又各自形成了相对独立的学科体系。他们的共同的理论基础之一是研究信号的基本性能(进行信号分析),包括信号的描述、分解、变换、检测、特征提取以及为适应指定要求而进行信号设计。

"系统"是由若干相互作用和相互依赖的事物组合而成的具有特定功能的整体。

在信息科学技术领域中,常常利用通信系统、控制系统和计算机系统进行信号的传输、交换与处理。实际上,往往需要将系统共同组成一个综合性的复杂体,例如宇宙航行系统。

通常,组成通信、控制系统和计算机系统的主要部件中包括大量的、多种类型的电路。电路也称电网或网络。图 1-1 给出了通信系统的组成框图。

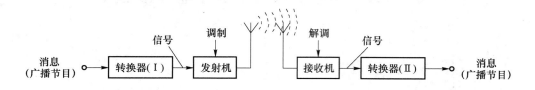

图 1-1　通信系统的组成

信号、电路与系统之间有着十分密切的联系。离开了信号,电路与系统将失去意义。信号作为传输消息的表现形式,可以看作运载消息的工具,而电路或系统则是为传送信号或对信号进行加工处理而构成的某种组合,图 1-2 表示信号与系统的关系。

图 1-2　信号与系统关系

近年来,由于大规模集成化技术的发展以及各种复杂系统部件的直接采用,使系统、网络、电路以及这些名词的划分成了困难,它们当中许多问题互相渗透,需要统一分析、研究和处理。

在本书中,系统、网络与电路等名词通用。一般情况下,网络指电路,仅在个别小节内涉及信息网络(通信网)。

1.2　信号的描述与分类

1.2.1　信号的描述

信号是消息的表现形式,通常体现为随若干变量而变化的某种物理量。在数学上,可以描述为一个或多个独立变量的函数。例如,在电子信息系统中,常用的电压、电流、电荷或磁通等电信号可以理解为是时间 t 或其他变量的函数;在气象观测中,由探空气球携带仪器测量得到的温度、气压等数据信号,可看成是随海拔高度 h 变化的函数;又如在图像处理系统中,描述平面黑白图像素灰度变化情况的图像信号,可以表示为平面坐标位置 (x, y) 的函数,等等。

如果信号是单个独立变量的函数,称这种信号为一维信号。一般情况下,信号为 n 个独立变量的函数时,就称为 n 维信号。本书只讨论一维信号。并且,为了方便起见,一般都将信号的自变量设为时间 t 或序号 k。

与函数一样,一个实用的信号除用解析式描述外,还可用图形、测量数据或统计数据描述。通常,将信号的图形表示称为波形或波形图。

1.2.2　信号的分类

信号的分类方法很多,可以从不同的角度对信号进行分类。在信号与系统分析中,我们常以信号所具有的时间函数特性来加以分类。这样,信号可以分为确定信号与随机信号(如图1-3 所示)、连续时间信号与离散时间信号、周期信号与非周期信号、能量信号与功率信号、实信号与复信号等。

1. 确定信号与随机信号

确定信号是指能够以确定的时间函数表示的信号,在其定义域内任意时刻都有确定的函数值。例如电路中的正弦信号和各种形状的周期信号等。

如果信号是时间的随机函数,事先将无法预知它的变化规律,这种信号称为不确定信号或随机信号。

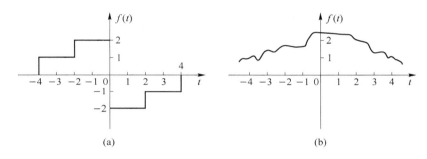

(a)　　　　　　　　　　　　　　　　(b)

图 1-3　确定信号与随机信号波形

2. 连续时间信号与离散时间信号

一个信号,如果在某个时间区间内除有限个间断点外都有定义,就称该信号在此区间内为连续时间信号,简称连续信号。时间(自变量)和函数值都连续的信号又称为模拟信号。

仅在离散时刻点上有定义的信号称为离散时间信号,简称离散信号。这里“离散”一词表示自变量只取离散的数值,相邻离散时刻点的间隔可以是相等的,也可以是不相等的。在这些离散时刻点以外,信号无定义。信号的值域可以是连续的,也可以是不连续的。

连续时间信号的幅值可以是连续的,也可以是离散的。时间和幅值均连续的信号称为模拟信号。离散时间信号的幅值也可以是连续或离散的(如图1-4 所示)。时间和幅值均为离散的信号称为数字信号。时间离散而幅值连续的信号称为采样信号。

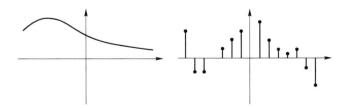

图 1-4　连续时间信号波形与离散时间信号波形

3. 周期信号与非周期信号

在确定信号中又有周期信号与非周期信号之分。周期信号是每隔一个固定的时间间隔重复变化的信号。连续周期信号的数学表示为

$$f(t) = (t + nT), n = 0, \pm 1, \pm 2, \cdots \tag{1-1}$$

满足此关系的最小 T 值称为信号的周期。若信号在时间上不具有周而复始的特性,则称为非周期信号。如果令周期信号的周期 T 趋于无穷大,则周期信号就变成了非周期信号。

4. 能量信号与功率信号

如果把信号 $f(t)$ 看作是随时间变化的电压和电流,则当信号 $f(t)$ 通过 $1\ \Omega$ 电阻时,信号在时间间隔 $-T \leqslant t \leqslant T$ 内所消耗的能量称为归一化能量,即为

$$W = \lim_{T \to \infty} \int_{-T}^{T} f^2(t) \mathrm{d}t \tag{1-2}$$

而在上述时间间隔 $-T \leqslant t \leqslant T$ 内的平均功率称为归一化功率,即为

$$P = \frac{1}{2T} \lim_{T \to \infty} \int_{-T}^{T} f^2(t) \mathrm{d}t \tag{1-3}$$

如果在无限大时间区间内信号的能量为有限值(此时平均功率 $P=0$),就称该信号为能量有限信号,简称能量信号。如果在无限大时间区间内,信号的平均功率为有限值(此时信号能量 $E = \infty$),则称此信号为功率有限信号,简称功率信号。

5. 一维信号和多维信号

从数学表达式来看,一维信号就是只由一个自变量描述的信号,如语音信号。反之,多维信号就是由多个自变量描述的信号,如静态图像为二维信号、视频为三维信号。

6. 实信号与复信号

按照信号的值是实数还是复数,信号又有实信号与复信号之分。实信号就是数学中的实值函数,复信号即复(数)值函数。显然,实信号是复信号的一种特殊情况。

信号除了上述分类外,还有其他类型之分,这里就不一一介绍了。

1.3 基本的连续时间信号

1.3.1 正弦信号

正弦信号与余弦信号仅在相位上相差 $90°$,经常统称为正弦或余弦信号,可通过三角函数互相转换,故经常将两者统称为正弦信号其一般表达式为 $f(t) = K\sin(\omega t + \theta)$,其中 K 为振幅,ω 为角频率,θ 为初相位。正弦信号的波形如图 1-5 所示。

1.3.2 指数信号

指数信号的数学表达式为

$$f(t) = K\mathrm{e}^{\alpha t} \tag{1-4}$$

式中的 K 为常数,且表示指数信号在 $t=0$ 点的初始值。当 α 为实常数时,$f(t) = K\mathrm{e}^{\alpha t}$ 为实指数信号。若 $\alpha > 0$,信号 $f(t)$ 随时间单调增长;若 $\alpha < 0$,信号 $f(t)$ 随时间单调衰减;当 $\alpha = 0$ 时,$f(t) = K$,信号不随时间而变化,为直流信号。指数信号的波形如图 1-6 所示。

通常把 $\tau = \dfrac{1}{|\alpha|}$ 称为指数信号的时间常数,记作 τ,代表信号衰减速度,具有时间的量纲。

指数信号的一个重要特点是其积分和微分依然是指数信号。

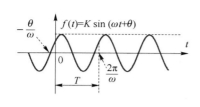

图 1-5　正弦信号

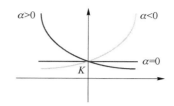

图 1-6　指数信号

实际上,用得较多的是单边指数信号,其表达式为

$$f(t)=\begin{cases}0 & t<0 \\ Ke^{-\frac{t}{\tau}} & t\geqslant 0\end{cases} \tag{1-5}$$

1.3.3　复指数信号

复指数信号的数学表达式为

$$f(t)=Ke^{st} \tag{1-6}$$

其中 $s=\sigma+\mathrm{j}\omega$ 称为复频率,σ 和 ω 均为实数。借助欧拉公式可将式(1-6)展开为

$$f(t)=Ke^{\sigma t}\cos\omega t+\mathrm{j}Ke^{\sigma t}\sin\omega t \tag{1-7}$$

式(1-7)表明,复指数信号可分解为实部和虚部两部分,其中实部含有余弦信号,虚部含有正弦信号。指数因子的实部 σ 表征了正弦和余弦函数的振幅随时间变化的情况。

若 $\sigma>0$,正弦、余弦信号是增幅振荡;若 $\sigma<0$ 正弦、余弦信号是减幅振荡,正弦减幅振荡信号如图 1-7 所示。指数因子的虚部 ω 是正弦、余弦信号的角频率。

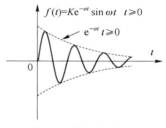

图 1-7　指数衰减的
正弦信号

综上所述,复指数信号有以下特性:

若 $\sigma=0$,即 s 为虚数时,则正弦、余弦信号为等幅振荡。

若 $\omega=0$,即 s 为实数时,则复指数为一般指数信号。

若 $\sigma=0$,且 $\omega=0$,即 $s=0$ 时,则复指数变为直流信号。

1.3.4　Sa(t)信号（采样信号）

采样信号数学表达式为

$$\mathrm{Sa}(t)=\frac{\sin(t)}{t} \tag{1-8}$$

采样信号是本课程学习中的一个重要信号,其波形如图 1-8 所示。

由其定义可以知道 $\mathrm{Sa}(t)$ 具有以下特性:

(1) $\mathrm{Sa}(t)$ 为偶函数,即 $\mathrm{Sa}(-t)=\mathrm{Sa}(t)$,因为它是 $\dfrac{1}{t}$ 与 $\sin t$ 两奇函数的乘积。

(2) 当 $t=0$ 时,$\mathrm{Sa}(0)=1$,且为最大值。

(3) 曲线呈衰减振荡,从 $-\pi$ 到 π 的"主瓣"宽度为 2π,当 $t=\pm\pi$,$t=\pm 2\pi$,$t=\pm 3\pi$,$\cdots$时

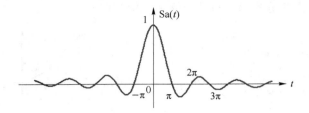

图 1-8　抽样信号

$Sa(t) = 0$。

(4) $\int_0^\infty Sa(t) \mathrm{d}t = \dfrac{\pi}{2}, \int_{-\infty}^\infty, Sa(t) = \pi$。

有时还会用到 $\mathrm{sinc}(t)$，其定义为

$$\mathrm{sinc}(t) = \frac{\sin \pi t}{\pi t} \tag{1-9}$$

1.4　信号的基本运算与变换

在信号的传输与处理过程中往往需要进行信号的运算，它包括信号的加减、延时、反转、尺度展缩、微分、积分等运算或变换，这可统称为信号的简单处理。他们是复杂信号处理的基础。

1.4.1　信号的基本运算

1. 相加和相乘

两个信号相加，其和信号在任意时刻的信号值等于两信号在该时刻的信号值之和。两个信号相乘，其积信号在任意时刻的信号值等于两信号在该时刻的信号值之积。

设两个连续信号 $f_1(t)$ 和 $f_2(t)$，则其和信号 $s(t)$ 与积信号 $P(t)$ 可表示为

$$s(t) = f_1(t) + f_2(t) \tag{1-10}$$

$$P(t) = f_1(t) \cdot f_2(t) \tag{1-11}$$

两信号同一瞬时对应值的相加（相乘）运算。例如信号 $\sin \omega t + \dfrac{1}{3}\sin 3\omega t$ 及 $\sin \omega t \cdot \dfrac{1}{3}\sin 3\omega t$ 的运算结果如图 1-9 所示。

2. 数乘（标乘）

数乘运算是信号 $f(t)$ 和一个常数 a 相乘的积，显然数乘运算的结果仍然是连续时间信号。其运算的数学表达式为

$$y(t) = af(t) \tag{1-12}$$

3. 微分和积分

信号的微分是指信号对时间的微分运算，一阶微分式可表示为

$$y(t) = \frac{\mathrm{d}}{\mathrm{d}t}f(t) = f'(t) \tag{1-13}$$

高阶微分式为

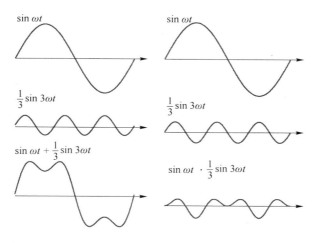

图 1-9　信号的相加和相乘

$$y(t) = \frac{\mathrm{d}^n}{\mathrm{d}t^n} f(t) \tag{1-14}$$

信号的积分运算是指信号 $f(t)$ 在 $(-\infty, t)$ 区间的定积分,其一次积分式为

$$y(t) = \int_{-\infty}^{t} f(t)\mathrm{d}t \tag{1-15}$$

信号经积分运算后其效果与微分相反,信号的突变部分可变得平滑,利用这一作用可消弱信号中混入的毛刺(噪声)的影响。

1.4.2　信号的变换

在信号与系统分析过程中,常常需要对自变量进行变换。而自变量的变换又将引起信号的变换。下面将介绍几种常见的信号变换。

1. 信号的时移

信号的时移就是将信号 $f(t)$ 到达的时间延迟或超前,表示为 $f(t-\tau)$,其中 τ 为常数。若 $\tau > 0$,则表示 $f(t)$ 滞后(右移);若 $\tau < 0$,则表示 $f(t)$ 提前(左移)。例如,已知信号 $f(t)$ 的波形,画出 $f(t+1)$ 和 $f(t-1)$ 的波形,如图 1-10 所示。

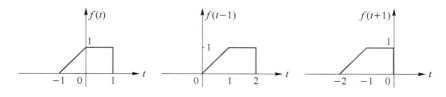

图 1-10　信号的时移

在实际信号处理中,信号的时移是极为普遍的现象,例如,配置在不同地点的接收机,接收来自同一发射机的信号,由于各个接收点与发射机的距离不等,就造成传播延时上的差别,形成信号的不同延时。

2. 信号的反折

将信号 $f(t)$ 的自变量 t 换成 $-t$,得到另一个信号 $f(-t)$,称这种变换为信号的反折。从图形上看,将 $f(t)$ 的波形绕纵坐标轴反转 $180°$,即为 $f(-t)$ 的波形,如图 1-11 所示。在实际中,如果 $f(t)$ 代表一个录制在磁带上的声音信号,那么 $f(-t)$ 就可以看成是将同一磁带从后向前倒放出来的声音信号。

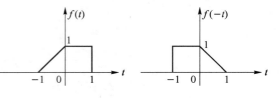

图 1-11　信号的反折

信号反折在信号后处理,尤其是数字信号的后处理中应用较多,例如堆栈中数据的后进先出。

3. 信号的尺度变换

将信号 $f(t)$ 的自变量 t 换成 at,a 为正实数,则信号 $f(at)$ 将在时间轴上的压缩或扩展,这种变换也称为信号的尺度变换。例如已知

信号 $f(t)$ 的波形,画出 $f(2t)$ 和 $f\left(\dfrac{t}{2}\right)$ 的波形,如图 1-12 所示。

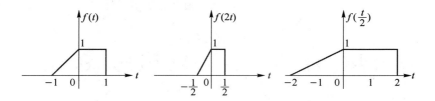

图 1-12　信号的尺度变换运算

可以看出,在 $f(t) \to f(at)$ 的过程中,当 $a>1$ 时对信号进行了压缩,当 $0<a<1$ 时对信号进行了扩展。影视中常见的快慢镜头就是视频信号的压缩和扩展的效应。比如 $f(2t)$ 表示磁带以二倍速度加快播放的信号,$f\left(\dfrac{t}{2}\right)$ 则表示磁带放音速度降至一半的信号。在实际通信系统中对信号压缩实现时分复用(Time Division Multiple Access),这是目前应用十分广泛的通信方式。

4. 综合运算

综合以上三种变换情况,可实现信号的组合变换。若将信号 $f(t)$ 的自变量 t 更换为 $(at+t_0)$(其中 a、t_0 是给定的实数),此时 $f(at+t_0)$ 相对于 $f(t)$ 可以使扩展($|a|<0$)或压缩($|a|>1$),也可能出现时间上的反折($a<0$)或移位($t_0 \neq 0$),而波形整体仍保持与 $f(t)$ 相似的形状,下面给出例题。

例 1-4-1　已知 $f(t)$ 的波形如图 1-13(a)所示,试画出 $f(3t+5)$ 的波形。

解　首先将 $f(t)$ 的波形左移 5 个单位,得到 $f(t+5)$ 的波形,如图 1-13(b)所示;再将 $f(t+5)$ 的波形沿 t 轴压缩 $1/3$,且保持纵向大小不变,得到 $f(3t+5)$ 的波形,如图 1-13(c)所示。

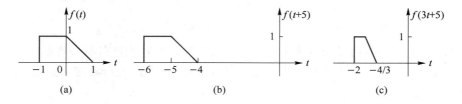

图 1-13　例 1-4-1 的波形

当然,也可以先尺度变换,再时移的顺序,也可以得到相同的结果。

1.5　阶跃信号和冲激信号

本节介绍以阶跃信号和冲激信号为代表的奇异信号(或称为奇异函数)。所谓奇异函数是指本身有不连续点(跳变点)或其导数与积分具有不连续点的函数。本节将要介绍的奇异函数包括斜变、阶跃、冲激、冲激偶 4 种信号,其中,阶跃信号和冲激信号是两种最重要的理想信号模型。

1.5.1　单位斜变信号

斜变信号也称斜坡信号或斜升信号。这是指从某一时刻开始随时间正比例增长的信号。如果增长的变化率是 1,就称为单位斜变信号,其波形如图 1-14 所示,其定义为

$$R(t)=\begin{cases}0 & (t<0)\\ t & (t\geqslant 0)\end{cases},\qquad(1\text{-}16)$$

如果起始点移至 t_0,就得到有延迟的单位斜变信号,写作

$$R(t-t_0)=\begin{cases}0 & (t<t_0)\\ t-t_0 & (t\geqslant t_0)\end{cases},\qquad(1\text{-}17)$$

波形如图 1-15 所示。

斜变信号三角形脉冲可以表示三角脉冲,三角脉冲表达式如下,波形如图 1-16 所示。

$$f(t)=\begin{cases}\dfrac{K}{\tau}R(t) & 0\leqslant t\leqslant \tau\\ 0 & \text{其他}\end{cases}\qquad(1\text{-}18)$$

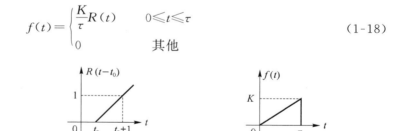

图 1-14　单位斜变信号　　　图 1-15　有延迟的单位斜变信号　　　图 1-16　三角脉冲信号

1.5.2　单位阶跃信号

单位阶跃信号通常用 $u(t)$ 表示,其定义式为

$$u(t)=\begin{cases}0 & (t<0)\\ 1 & (t>0)\end{cases}\qquad(1\text{-}19)$$

跳变点在 $t=0$ 处,函数值未定义,或有时出于某种解释的方便令其为 $\dfrac{1}{2}$。

单位阶跃信号的物理背景是,在 $t=0$ 时刻对某一电路接入单位电源(可以是直流电压源或直流电流源),图 1-17 接入的是 1 V 的直流电压源的情况,相当于端口处的电压为单位阶跃信号 $u(t)$。波形如图 1-18 所示。

如果接入电源的时间推迟到 t_0 时刻$(t_0>0)$那么,可用一个"延时单位阶跃函数"表示为

$$u(t-t_0)=\begin{cases} 0 & (t<t_0) \\ 1 & (t>t_0) \end{cases},t_0>0 \tag{1-20}$$

波形如图 1-19 所示。

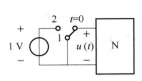 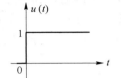 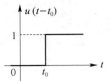

图 1-17　单位阶跃函数的产生　　图 1-18　单位阶跃信号　　图 1-19　延时单位阶跃信号

利用单位阶跃信号及其延时信号可以方便地表示其他信号。如利用单位阶跃信号及其延时信号之差来表示矩形脉冲,其波形如图 1-20 所示。图中,τ 表示矩形脉冲的宽度。这种矩形脉冲信号也称门函数或窗函数,其表达式为

$$g_\tau(t)=u\left(t+\frac{\tau}{2}\right)-u\left(t-\frac{\tau}{2}\right) \tag{1-21}$$

门函数是应用较广的函数,其他函数与门函数相乘可选取该函数特定部分进行观察和处理。利用阶跃信号还可以表示符号函数(Signum),简写作 $\mathrm{sgn}(t)$,其定义如下:

$$\mathrm{sgn}(t)=\begin{cases} 1 & (t>0) \\ -1 & (t<0) \end{cases} \tag{1-22}$$

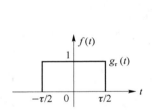 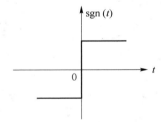

图 1-20　矩形脉冲信号　　　　　图 1-21　符号函数(Signum)

或用阶跃信号表示为

$$\mathrm{sgn}(t)=u(t)-u(-t)=2u(t)-1 \tag{1-23}$$

波形如图 1-21 所示,与阶跃函数类似,符号函数在跳变点也可不予定义,或规定 $\mathrm{sgn}(0)=0$。显然,可以利用阶跃信号来表示符号函数。

1.5.3　单位冲激信号

单位冲激函数是 1930 年英国物理学家狄拉克(P. M. Dirace)在研究量子力学中首先提出来的。该函数在信号与系统分析中占有非常重要的地位。

冲激函数可以看成是作用时间极短,但具有单位强度(或大小)之信号的数学抽象,"冲激函数"由此得名。例如,力学中的瞬间作用的冲击力,电学中的雷击放电,数字通信中的抽样脉冲等,都可以用单位冲激函数来描述。

1．单位冲激函数 $\delta(t)$ 的定义

冲激函数可以有不同的定义方式，下面来分别叙述。

（1）脉冲的极限形式定义

以矩形脉冲的极限形式为例来定义冲激函数。在图 1-22 所示的图形中，矩形脉冲的宽度为 τ，其幅度为 $\dfrac{1}{\tau}$，且面积为 1。当保持面积不变，而使脉宽 τ 趋于零时，脉冲幅度 $\dfrac{1}{\tau}$ 必将趋于无穷大，此极限即为冲激函数，常记作 $\delta(t)$，又称为 δ 函数。

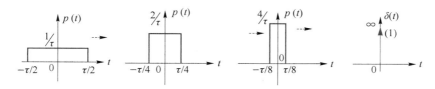

图 1-22　矩形脉冲演变为冲激函数

$$\delta(t) = \lim_{\tau \to 0} \frac{1}{\tau} \left[u\left(t + \frac{\tau}{2}\right) - u\left(t - \frac{\tau}{2}\right) \right] \tag{1-24}$$

冲激函数 $\delta(t)$ 的图形如图 1-22 所示。由图可见，冲激函数只在 $t=0$ 处有一"冲激"，其他各处均为零。如果矩形脉冲的面积为 E，表明冲激强度为 $\delta(t)$ 的 E 倍，记为 $E\delta(t)$。

除了矩形脉冲外，还可以利用采样函数、具有对称波形的三角脉冲、钟形脉冲等的极限来定义冲激函数，同样保持其曲线下的面积为 1，并使其宽度趋于零，均可得到冲激函数。

（2）狄拉克（Dirac）函数定义

狄拉克（Dirac）给出了 δ 函数的另一种定义，称为狄拉克函数定义，即

$$\begin{cases} \displaystyle\int_{-\infty}^{+\infty} \delta(t) = 1 \\ \delta(t) = 0, t \neq 0 \end{cases} \tag{1-25}$$

该定义表明除 $t=0$ 为 δ 函数的一个不连续点外，其余点的函数值均为零，且整个函数的面积为 1。显然，狄拉克函数定义和上面的脉冲极限定义是一致的。

如果冲激是在任一点 $t = t_0$ 处出现，其定义为

$$\begin{cases} \displaystyle\int_{-\infty}^{+\infty} \delta(t - t_0) = 1 \\ \delta(t - t_0), 当\ t \neq t_0 \end{cases} \tag{1-26}$$

2．单位冲激函数 $\delta(t)$ 的性质

（1）冲激函数的抽样（筛选）性

如果 $f(t)$ 在 $t=0$ 处连续，由于 $\delta(t)$ 只在 $t=0$ 存在，故有

$$f(t)\delta(t) = f(0)\delta(t) \tag{1-27}$$

若 $f(t)$ 在 $t = t_0$ 连续，则有

$$f(t)\delta(t - t_0) = f(t_0)\delta(t - t_0) \tag{1-28}$$

利用上述 $\delta(t)$ 的取样性，可以得到两个重要的积分结果

$$\int_{-\infty}^{+\infty} f(t)\delta(t) = f(0) \tag{1-29}$$

$$\int_{-\infty}^{+\infty} f(t)\delta(t - t_0) = f(t_0) \tag{1-30}$$

以上两式表明了冲激信号的抽样特性(或称"筛选"特性)。连续时间信号 $f(t)$ 与单位冲激信号 $\delta(t)$ 相乘并在 $-\infty$ 到 $+\infty$ 时间内取积分,可以得到 $f(t)$ 在 $t=0$ 点(抽样时刻)的函数值 $f(0)$,也即"筛选"出 $f(0)$;若将单位冲激移到 t_0 时刻,则筛选出 $f(t_0)$。

(2) 冲激函数 $\delta(t)$ 的奇偶性

$$\delta(-t) = \delta(t) \qquad (1\text{-}31)$$

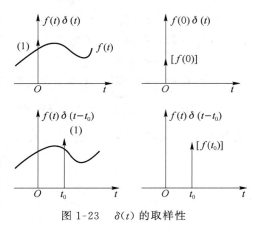

图 1-23 $\delta(t)$ 的取样性

这是因为由定义 2,矩形脉冲本身是偶函数,故极限也是偶函数。另外从广义函数的角度来看,任何函数都是建立一种对应关系,$\delta(t)$ 就是建立任意函数 $\delta(t)$ 与 $f(0)$ 的对应关系。因为

$$\int_{-\infty}^{+\infty} \delta(-t) f(t) \mathrm{d}t \overset{t=-\tau}{=\!=\!=} \int_{+\infty}^{-\infty} \delta(\tau) f(-\tau) \mathrm{d}(-\tau) = \int_{-\infty}^{+\infty} \delta(\tau) f(-\tau) \mathrm{d}\tau = f(0)$$

这说明 $\delta(t)$ 同样是建立任意函数 $f(t)$ 与 $f(0)$ 的对应关系,所以 $\delta(-t) = \delta(t)$。

(3) 冲激函数的积分为阶跃函数

$$u(t) = \int_{-\infty}^{t} \delta(\tau) \mathrm{d}\tau \qquad (1\text{-}32)$$

式(1-32)表明:单位冲激信号的积分为单位阶跃信号;反过来,单位阶跃信号的导数为单位冲激信号,

$$\delta(t) = \frac{\mathrm{d}u(t)}{\mathrm{d}t} \qquad (1\text{-}33)$$

例 1-5-1 试化简下列各信号的表达式。

(1) $\displaystyle\int_{-\infty}^{+\infty} \sin(t) \delta\left(t - \frac{\pi}{4} \mathrm{d}t\right)$ (2) $\displaystyle\int_{-2}^{3} \mathrm{e}^{-5t} \delta(t-1) \mathrm{d}t$

(3) $(t^3 + 2t^2 + 3) \delta(t-2)$ (4) $\mathrm{e}^{-4t} \delta(2 + 2t)$

(5) $\displaystyle\int_{-3}^{5} \mathrm{e}^{-3t} \delta(t+4) \mathrm{d}t$ (6) $\displaystyle\int_{-\infty}^{+\infty} (t^2 + 2t + 5) \delta(-2t) \mathrm{d}t$

解 (1) $\displaystyle\int_{-\infty}^{+\infty} \sin(t) \delta\left(t - \frac{\pi}{4}\right) \mathrm{d}t = \sin\left(\frac{\pi}{4}\right) = \frac{\sqrt{2}}{2}$

(2) $\displaystyle\int_{-2}^{3} \mathrm{e}^{-5t} \delta(t-1) \mathrm{d}t = \mathrm{e}^{-5 \times 1} = \frac{1}{\mathrm{e}^5}$

(3) $(t^3 + 2t^2 + 3) \delta(t-2) = (2^3 + 2 \times 2^2 + 3) \delta(t-2) = 19 \delta(t-2)$

(4) $\mathrm{e}^{-4t} \delta(2 + 2t) = \mathrm{e}^{-4t} \dfrac{1}{2} \delta(t+1) = \dfrac{1}{2} \mathrm{e}^{-4(-1)} \delta(t+1) = \dfrac{1}{2} \mathrm{e}^{4} \delta(t+1)$

(5) $\displaystyle\int_{-3}^{5} \mathrm{e}^{-3t} \delta(t+4) \mathrm{d}t = 0$

(6) $\displaystyle\int_{-\infty}^{+\infty} (t^2 + 2t + 5) \delta(-2t) \mathrm{d}t = \int_{-\infty}^{+\infty} (t^2 + 2t + 5) \frac{1}{2} \delta(t) = \frac{5}{2}$

1.5.4 单位冲激偶信号

1. 冲激偶信号的定义

单位冲激函数对时间的导数为冲激偶函数,是呈现正、负极性的一对冲激信号,用 $\delta'(t)$ 表

示,即

$$\delta'(t) = \frac{\mathrm{d}\delta(t)}{\mathrm{d}t} \tag{1-34}$$

冲激偶信号的波形如图 1-24 所示。

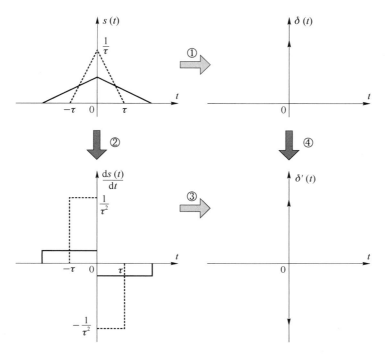

图 1-24　冲激偶函数的形成

　　冲激偶信号也可以可利用规则函数取极限的方式引出。例如图 1-24 中,图①为一三角脉冲 $f(t)$,其底宽为 2τ,高度为 $\frac{1}{\tau}$。当 $\tau \to 0$ 时,三角形脉冲变为冲激信号 $\delta(t)$,对三角形脉冲求导可得正、负极性的两个矩形脉冲,称为脉冲偶对,如图 1-24③所示。当 $\tau \to 0$ 时,脉冲偶对就变成了正、负极型的两个冲激信号,其强度均为无穷大,这就是冲激偶信号 $\delta'(t)$,如图 1-24④所示。

2. 冲激偶信号的性质

冲激偶信号抽样(筛选)性

$$\int_{-\infty}^{+\infty} \delta'(\tau) f(t) \mathrm{d}t = -f'(0) \tag{1-35}$$

式(1-35)表明 $\delta'(t)$ 与连续信号 $f(t)$ 相乘时,可以筛选出 $f(t)$ 在 $t=0$ 时的变化速率值。对于延迟 t_0 的冲激偶信号 $\delta'(t-t_0)$,同样有

$$\int_{-\infty}^{+\infty} \delta'(\tau - t_0) f(t) \mathrm{d}t = -f'(t_0) \tag{1-36}$$

3. 冲激偶信号的奇偶性

冲激偶信号为奇函数,所以有

$$\int_{-\infty}^{+\infty} \delta'(\tau) \mathrm{d}t = 0 \tag{1-37}$$

式(1-37)表明冲激偶信号冲激面积之和为零,这是因为正、负两个冲激的面积相互抵消了。

推广

$$\int_{-\infty}^{t} \delta'(\tau)\mathrm{d}t = \delta(t) \tag{1-38}$$

$$f(t)\delta'(t) = -f'(0) + f(0)\delta'(t) \tag{1-39}$$

例 1-5-2　计算下列各式的值。

(1) $y_1(t) = \int_{-\infty}^{+\infty} (t^2 + 2t + 1)\delta'(t-1)\mathrm{d}t$ 　　　(2) $y_2(t) = \int_{-\infty}^{t} 2\mathrm{e}^{-\tau}\delta'(\tau)\mathrm{d}\tau$

(3) $y_3(t) = \int_{-\infty}^{+\infty} 2\sin t\delta'(t)\mathrm{d}t$ 　　　　　　(4) $y_4(t) = \mathrm{e}^{-4t}\delta'(t)$

解　(1) $y_1(t) = \int_{-\infty}^{+\infty}(t^2+2t+1)\delta'(t-1)\mathrm{d}t = (t^2+2t+1)'|_{t=1} = 2t+2|_{t=1} = 4$

(2) $y_2(t) = \int_{-\infty}^{t} 2\mathrm{e}^{-\tau}\delta'(\tau)\mathrm{d}\tau = 2\int_{-\infty}^{t}[\mathrm{e}^0\delta'(\tau) + \mathrm{e}^{-0}\delta(\tau)]\mathrm{d}t = 2[\delta(t) + u(t)]$

(3) $y_3(t) = \int_{-\infty}^{+\infty} 2\sin t\delta'(t)\mathrm{d}t = -2\cos 0 = -2$

(4) $y_4(t) = \mathrm{e}^{-4t}\delta'(t) = 4\mathrm{e}^0\delta(t) + \mathrm{e}^0\delta'(t) = 4\delta(t) + \delta'(t)$

需要特别指出的是,信号与系统中对信号处理的核心方法就是建立给定信号与典型信号的关系,这是解决问题的基本途径,也是本课程区别于其他课程的关键所在。

1.6　信号的分解

为了便于研究信号的传输和处理问题,往往将信号分解为一些简单(基本)的信号之和,分解角度不同,可以分解为不同的分量。犹如力学问题中将任一方向的力分解为几个分力一样。

1.6.1　直流分量与交流分量

信号的平均值即信号的直流分量,从原信号中去掉直流分量即得信号的交流分量。若信号为 $f(t)$,分解为直流分量 $f_D(t)$ 和交流分量 $f_A(t)$ 后,可表示为

$$f(t) = f_A(t) + f_D(t) \tag{1-40}$$

$$f_D(t) = \frac{1}{T}\int_{t_0}^{t_0+T} f(t)\mathrm{d}t \tag{1-41}$$

若 $f(t)$ 为电流信号,则在时间间隔 T 内流过单位电阻所产生的平均功率为

$$\begin{aligned} P &= \frac{1}{T}\int_{t_0}^{t_0+T} f^2(t)\mathrm{d}t \\ &= \frac{1}{T}\int_{t_0}^{t_0+T}[f_D(t) + f_A(t)]^2\mathrm{d}t \\ &= f_D^2(t) + \frac{1}{T}\int_{t_0}^{t_0+T} f_A^2(t)\mathrm{d}t \end{aligned} \tag{1-42}$$

由此可见,信号的平均功率等于信号的直流功率与交流功率之和。

1.6.2　偶分量与奇分量

偶分量定义为

$$f_e(t) = f_e(-t) \qquad\qquad (1-43)$$

奇分量定义为

$$f_o(t) = -f_o(-t) \qquad\qquad (1-44)$$

任何分量都可以分解为偶分量和奇分量之和。这是因为任何信号总可以写成如下形式：

$$f(t) = \frac{1}{2}\left[f(t) + f(t) + f(-t) - f(-t)\right]$$

$$= \frac{1}{2}\left[f(t) + f(-t)\right] + \frac{1}{2}\left[f(t) - f(-t)\right] \qquad (1-45)$$

其中

$$f_e(t) = \frac{1}{2}\left[f(t) + f(-t)\right] \qquad\qquad (1-46)$$

$$f_o(t) = \frac{1}{2}\left[f(t) - f(-t)\right] \qquad\qquad (1-47)$$

图 1-25 示出信号分解为偶分量与奇分量的例子。

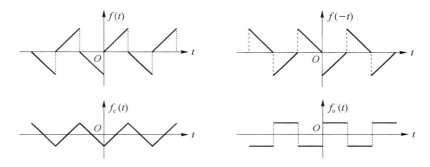

图 1-25　信号的偶分量与奇分量

用类似的方法可以证明：信号的平均功率等于偶分量功率与奇分量功率之和。

1.6.3　脉冲分量

一个信号可以近似地分解为矩形脉冲之和，其中一种是分解为矩形窄脉冲分量，如图 1-26(a)所示，窄脉冲组合的极限情况就是冲激信号的叠加；另一种情况分解为阶跃信号分量的叠加，如图 1-26(b)所示。

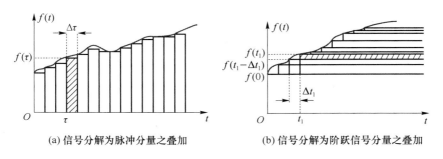

(a) 信号分解为脉冲分量之叠加　　　　(b) 信号分解为阶跃信号分量之叠加

图 1-26　信号的分解

按图 1-26(a)的分解方式，将信号 $f(t)$ 近似表示为一系列脉冲信号的叠加，设信号在 τ 时

刻被分解之矩形脉冲高度为 $f(\tau)$,宽度为 $\Delta\tau$,于是此脉冲的表示式为

$$f(\tau)\left[u(t-\tau)-u(t-\tau-\Delta\tau)\right] \tag{1-48}$$

将 $t=-\infty$ 到 $t=+\infty$ 的这样的脉冲叠加,即得到 $f(\tau)$ 的近似表达式为

$$f(t) = \sum_{\tau=-\infty}^{\infty} f(\tau)\left[u(t-\tau)-u(t-\tau-\Delta\tau)\right]$$

$$= \sum_{\tau=-\infty}^{\infty} f(\tau)\frac{\left[u(t-\tau)-u(t-\tau-\Delta\tau)\right]}{\Delta\tau} \cdot \Delta\tau$$

令 $\Delta\tau \rightarrow 0$

$$\lim_{\Delta\tau\rightarrow 0}\frac{\left[u(t-\tau)-u(t-\tau-\Delta\tau)\right]}{\Delta\tau}=\frac{\mathrm{d}u(t-\tau)}{\mathrm{d}t}=\delta(t-\tau)$$

将上式中的变量代换,即 $\quad \Delta\tau \rightarrow \mathrm{d}\tau, \sum_{\tau=-\infty}^{\infty} \rightarrow \int_{\tau=-\infty}^{\infty}$

所以

$$f(t) = \int_{-\infty}^{\infty} f(\tau)\delta(t-\tau)\mathrm{d}\tau$$

不难看出,此结果与冲激函数的筛选性一致。这就是说信号可以表示为出现在不同时刻,不同强度的冲激函数之和。将信号分解为冲激信号叠加是本课程信号分析的基本思路,后面的卷积的物理含义即来于此,可利用卷积积分求系统的零状态响应。

1.6.4　实部分量与虚部分量

瞬时值为复数的信号 $f(t)$ 可分解为实虚部两部分之和,即

$$f(t)=f_\mathrm{r}(t)+\mathrm{j}f_\mathrm{i}(t) \tag{1-49}$$

则相应的共轭复信号为

$$f^*(t)=f_\mathrm{r}(t)-\mathrm{j}f_\mathrm{i}(t) \tag{1-50}$$

则实分量和虚分量与原信号 $f(t)$ 的关系为

$$f_\mathrm{r}(t)=\frac{1}{2}\left[f(t)+f^*(t)\right] \tag{1-51}$$

$$\mathrm{j}f_\mathrm{i}(t)=\frac{1}{2}\left[f(t)-f^*(t)\right] \tag{1-52}$$

实际中产生的信号为实信号,但在信号分析过程中,常常借助于复信号来研究某些实信号的问题。

1.7　系统模型及其分类

系统是指向互依赖、相互作用的若干事物组成的具有特定功能的整体,它广泛存在于自然界、人类社会和工程技术等各个领域(如发电、输变电、配电、用电等设备组成了电力系统;人的脑、躯干、四肢、内脏等相互依赖和相互作用组成了人体系统;再如通信系统、交通系统、人工系统和自然系统等)。本书主要讨论电系统。在电子技术领域中"系统""电路""网络"三个名词是通用的,虽然它们之间有一些细微差别。

1.7.1　系统的数学模型

系统的数学模型是指系统物理特性的数学抽象，以数学表达式或具有理想特性的符号组合来表示系统特征。根据不同需要，系统模型往往具有不同形式。以电系统为例，它可以是由理想元器件互联组成的电路图，由基本运算单元（如加法器、乘法器、积分器等）构成的模拟框图，或者由节点、传输支路组成的信号流图；也可以是在上述电路图、模拟框图或信号流图的基础上，按照一定规则建立的用于描述系统特性的数学方程。这种数学方程也称为系统的数学模型。

1.7.2　系统的模拟

除利用数学表达式描述系统模型之外，还可以借助方框图来表示系统模型。每个方框反映某种数学功能，给出该方框图的输出与输入信号的约束条件，由若干方框图组成一个完整的系统。对于线性微分方程描述的系统，其基本运算单元为加法器、数乘器和积分器。图 1-27 分别给出了这三种基本单元的方框图及运算功能。

例 1-7-1　用积分器画出如下微分方程所代表系统的系统框图。

$$\frac{d^2y(t)}{dt^2}+3\frac{dy(t)}{dt}+2y(t)=\frac{df(t)}{dt}+f(t)$$

解　首先将微分方程转化为积分方程，所得结果为

$$y(t)=-3\int y(t)dt-2\iint y(t)dt+\int f(t)dt+\iint f(t)dt$$

因此得到系统框如图 1-28 所示。

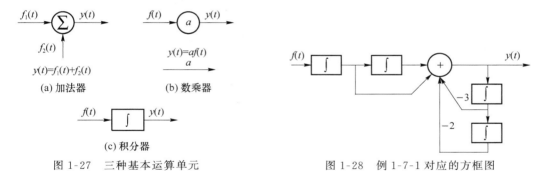

f1(t)
Σ
y(t)
f2(t)
y(t)=f1(t)+f2(t)
(a) 加法器
f(t)
a
y(t)
y(t)=af(t)
a
(b) 数乘器
f(t)
∫
y(t)
(c) 积分器

图 1-27　三种基本运算单元

f(t)
∫
∫
+
y(t)
−3
∫
−2
∫

图 1-28　例 1-7-1 对应的方框图

这是一个二阶微分方程，但用了四个积分器，这不是最佳的系统功能实现框图，最佳框图是二阶微分方程就用两个积分器。

1.7.3　系统的分类

我们可以从不同角度对系统进行分类。例如，按系统工作时信号呈现的规律，可将系统分为确定性系统与随机性系统；按信号变量的特性分为连续（时间）系统与离散（时间）系统；按输入、输出的数目分为单输入单输出系统与多输入多输出系统；按系统的不同特性分为瞬时与动态系统、线性与非线性系统、时变与时不变系统、因果与非因果系统、稳定与非稳定系统等。

1. 线性系统与非线性系统

一般来说线性系统就是线性元件组成的系统,非线性系统就是含有非线性元件的系统。线性系统具有均匀性和叠加性的系统,不满足均匀性或叠加性的系统是非线性系统。

2. 时不变系统和时变系统

如果系统的参数不随时间而变化,则称此系统为时不变系统;如果系统的参数随时间变化,则称该系统为时变系统。

3. 连续时间系统和离散时间系统

如果系统的输入、输出都是连续时间信号(且其内部也为连续时间信号),则称此系统为连续时间系统。如果系统的输入输出都是离散时间信号,则此系统为离散时间系统。

除上述几种划分之外,还可以按照它们参数是集总的或分布的而分为集总参数系统和分布参数系统;可以按照系统是否含有记忆元件而分为即时系统和动态系统;可以按照系统内是否含源而分为无源系统和有源系统。

1.8 线性时不变系统

本书着重讨论在确定输入信号作用下的集总参数线性时不变系统,一般简称为 LTI 系统,包括连续时间系统和离散时间系统。下面将线性时不变系统的基本性质说明如下。

1.8.1 叠加性与均匀性

线性系统具有叠加性与均匀性(也称齐次性)。所谓叠加性,是指当几个激励信号同时作用于系统时,总的输出响应等于每个激励单独作用所产生的响应之和;而均匀性是指当输入信号乘以某常数时,响应也倍乘相同的常数。线性系统的叠加性与均匀性如图 1-29 所示。

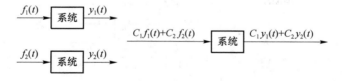

图 1-29 线性系统的叠加性与均匀性

1.8.2 时不变性

系统参数不随时间变化的系统为时不变系统(也称为定常系统)。图 1-30 给出了线性时不变系统的示意图。从图中可以看出,在同样起始状态下,系统地响应与激励施加于系统地时刻无关。在零初始条件下,其输出响应与输入信号施加于系统的时间起点无关,称为时不变系统,否则称为时变系统。

例 1-8-1 判断下列系统是否为时不变系统。

(1) $y_1(t) = \cos[f(t)]$

(2) $y_2(t) = f(t)\cos t$

(3) $y_3(t) = 3f^2(t) + 2f(t)$

(4) $y_4(t) = 4t \cdot f(t)$

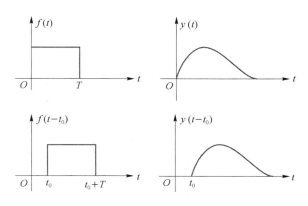

图 1-30　系统的时不变性

解　判断一个系统是否为时不变系统,只需判断输入激励 $f(t)$ 变为 $f(t-t_0)$ 时,相应的输出是否也由 $f(t)$ 变为 $y(t-t_0)$。因为只涉及系统的零状态响应,所以无须考虑系统地初始状态。

(1) 当 $f(t)$ 变为 $f(t-t_0)$ 时,$y_1(t)=T[f(t-t_0)]=\cos[f(t-t_0)]$,恰好等于 $y_1(t-t_0)=\cos[f(t-t_0)]$,所以该系统为时不变系统。

(2) 当 $f(t)$ 变为 $f(t-t_0)$ 时,$y_2(t)=T[f(t-t_0)]=\cos t \cdot f(t-t_0)$,而 $y_2(t-t_0)=\cos(t-t_0)f(t-t_0)$,两者不相等,所以该系统为时变系统。

(3) 当 $f(t)$ 变为 $f(t-t_0)$ 时,$y_3(t)=T[f(t-t_0)]=3f^2(t-t_0)+2f(t-t_0)$,恰好等于 $y_3(t-t_0)=3f^2(t-t_0)+2f(t-t_0)$,所以该系统为时不变系统。

(4) 当 $f(t)$ 变为 $f(t-t_0)$ 时,$y_4(t)=T[f(t-t_0)]=4tf(t-t_0)$,而 $y_4(t-t_0)=4(t-t_0)f(t-t_0)$,两者不相等,所以该系统为时变系统。

1.8.3　微分与积分特性

线性时不变系统满足微分特性、积分特性。其示意图如图 1-31 所示。利用系统的线性可以证明,上述结果可推广至高阶微分或积分。

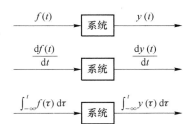

图 1-31　系统的微分与
积分特性

1.8.4　因果性

因果系统是指当且仅当输入信号激励系统时,才会出现输出(响应)的系统。也就是说,因果系统的(响应)不会出现在输入信号激励系统的以前时刻。系统的这种特性称为因果特性。符合因果性的系统称为因果系统(非超前系统)。

例如,一个系统的模型为,$y_1(t)=f(t-1)$,则此系统为因果系统;如果 $y_2(t)=f(t+2)$ 则为非因果系统。

实际的物理可实现系统均为因果系统。非因果系统在后处理技术中得到了广泛的应用,其基本过程是先将数据接收存储,再进行处理。

1.8.5 稳定性

一个系统,如果它对任何有界的激励 $f(\cdot)$ 所产生的零状态响应 $yf(\cdot)$ 亦为有界时,就称该系统为有界输入/有界输出(Bound-input/Bound-output)稳定,简称 BIBO 稳定,有时也称系统是零状态稳定的。

一个系统,如果它的零输入响应 $yx(\cdot)$ 随变量 t 增大而无限增大,就称该系统为零输入不稳定的;若 $yx(\cdot)$ 总是有界的,则称系统是临界稳定的;若 $yx(\cdot)$ 随变量 t 增大而衰减为零,则称系统是渐近稳定的。

1.9 系统分析方法综述

对于线性时不变系统的分析,主要任务就是建立与求解系统的数学模型。其中,建立系统数学模型的方法可分为输入-输出描述法与状态-空间描述法两种;而求解系统数学模型的方法可分为时间分析法与变换域分析法。

在建立系统的数学模型方面,输入-输出描述法侧重于系统的外部特性,一般不考虑系统变量的情况,可直接建立系统的输入-输出函数关系。由此建立的系统动态方程直接、简单,适合于单输入-单输出系统分析。而状态变量法侧重于系统内部特性,建立系统内部变量之间及内部变量与输出之间的函数关系,适合于多输入-多输出系统,特别适合于计算机分析。

在求解系统地数学模型方面,时间域分析法是以时间 t 为变量,直接分析时间变量的函数,研究系统的时域特性。这一方法的优点是物理概念比较清楚,但计算较为烦琐。而变换域分析法是应用数学的映射理论,将时间变量映射为某个变换域的变量,从而使时间变量函数变换为某个变换域的某种函数,使系统的动态方程转化为代数方程式,从而简化了计算。变换域方法有傅里叶变换、拉普拉斯变换、Z 变换等。这些内容将在后面各章逐一介绍。

习 题 一

1-1 画出下列信号的波形。

(1) $f_1(t) = \cos[\pi(t+1)]u(t+1)$

(2) $f_2(t) = \sin\dfrac{\pi}{2}(1-t)u(t-1)$

(4) $f_3(t) = t[u(t) - u(t-1)]$

(3) $f_4(t) = (2 - 3e^{-t})u(t)$

1-2 写出题 1-2 图中所示 $f_1(t)$、$f_2(t)$ 的表达式。

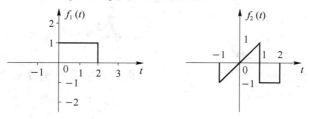

题 1-2 图

1-3　分析下列信号是否为周期信号？若为周期信号，其周期为多少？

(1) $f(t) = \cos\left(t + \dfrac{\pi}{4}\right)$

(2) $f(t) = \cos 2\pi t + \sin 2\pi t$

(3) $f(t) = e^{j(\pi t - 1)}$

(4) $f(t) = 5\cos(2\pi t)u(t)$

(5) $f(t) = 10e^{-5|t|}\cos(2\pi t)$

(6) $f(t) = \cos(5\pi t) + 2\cos(2\pi^2 t)$

1-4　画出下列信号的波形。

(1) $f(t) = \delta(t+2) - 3\delta(t-2) + 2\delta'(t)$

(2) $f(t) = \delta(3-4t)$

1-5　计算下列各式的值。

(1) $f_1(t) = t\delta(t)$

(2) $f_2(t) = e^t\delta(t-1)$

(3) $f_3(t) = e^{-2t}\delta(2t+2)$

(4) $f_4(t) = t\dfrac{\mathrm{d}}{\mathrm{d}t}\left[e^{-t}u(t)\right]$

1-6　求下列各式的积分。

(1) $\displaystyle\int_{-\infty}^{\infty}(t+\cos t)\delta\left(t+\dfrac{\pi}{4}\right)\mathrm{d}t$

(2) $\displaystyle\int_{-\infty}^{\infty}(2t+\sin t)\delta'(t)\mathrm{d}t$

(3) $\displaystyle\int_{-3}^{4}(t-5)\delta(t)\mathrm{d}t$

(4) $\displaystyle\int_{-\infty}^{\infty}(t^2+t+2)\delta(2t)\mathrm{d}t$

(5) $\displaystyle\int_{-\infty}^{+\infty}(t+2)\delta(t-2)\mathrm{d}t$

(6) $\displaystyle\int_{-3}^{4}(t^2-t+3)\delta(t+4)\mathrm{d}t$

1-7　已知 $f(t)$ 波形如题 1-7 图所示，试画出信号下列信号的波形。

(1) $f_1(t) = f(2t)$

(2) $f_2(t) = f(-t+5)$

(3) $f_3(t) = f'(t)$

(4) $f_4(t) = f(t)u(2-t)$

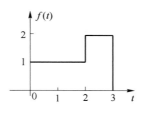

题 1-7 图

1-8　根据本章介绍的系统的几个一般性质，即：

(1) 时不变　(2) 线性　(3) 因果

请对以下连续时间系统确定哪些性质成立，哪些不成立，并陈述你的理由。下列中 $y(t)$ 和 $f(t)$ 分别都记作系统的输出和输入。

(1) $y(t) = \dfrac{\mathrm{d}f(t)}{\mathrm{d}t}$

(2) $y(t) = \cos(t)x(t)$

(3) $y(t) = \displaystyle\int_{-\infty}^{t}x(\tau)\mathrm{d}\tau$

(4) $y(t) = x\left(\dfrac{t}{3}\right)$

(5) $y(t) = f^2(t)$

(6) $y(t) = \sin[f(t)]u(t)$

1-9　试用阶跃信号表示题 1-9 图所示信号。

1-10　描述某系统的微分方程为

$$y''(t) + a_1 y'(t) + a_0 y(t) = b_1 f(t) + b_0 f(t)$$

试画出这个系统的方框图。

1-11　计算下列信号的奇分量和偶分量。

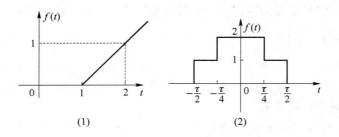

题 1-9 图

(1) $f(t) = u(t)$

(2) $f(t) = \sin\left(\omega_0 t + \dfrac{\pi}{4}\right)$

(3) $f(t) = e^{j\omega_0 t}$

1-12　有一线性时不变系统,当激励为 $f_1(t) = u(t)$ 时,响应为 $y_1(t) = e^{-at}u(t)$,试求当激励 $f_2(t) = \delta(t)$ 时,响应 $y_2(t)$ 的表达式(假定起始时刻系统无储能)。

1-13　已知信号 $f(t)$ 的波形如题 1-13 图所示,试画出 $f(t+2)$,$f(-2t+2)$,$f(t-2)$,$f(2t)$,$f(2t+2)$ 的波形。

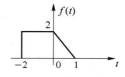

题 1-13 图

第2章 连续时间信号与系统的时域分析

连续时间系统处理连续时间信号,通常用微分方程来描述这类系统,也就是系统的输入与输出之间通过它们的时间函数及对时间 t 的各阶导数的线性组合联系起来。如果输入与输出只用一个高阶微分方程相联系,而且不研究系统内部其他信号的变化,这种描述系统的方法称为输入-输出法或端口描述法。系统分析的任务是对给定的系统模型和输入信号求系统的输出响应。分析系统的方法很多,其中时域分析法不通过任何变换,直接求解系统的微分、积分方程,系统的分析与计算全部在时间变量领域内进行,这种方法直观,物理概念清楚,是学习各种变换域分析方法的基础。

系统时域分析法包含两方面的内容:一是微分方程的求解;另一是已知系统单位冲激响应,将冲激响应与输入激励信号进行卷积积分,求出系统输出响应。本章将对两种方法进行阐述。在微分方程求解中,除去复习数学中经典解法外,着重说明解的物理意义。同时作为近代系统时域分析方法,将建立零输入响应和零状态响应两个重要的基本概念,它使线性系统的分析在理论上更完善,为解决实际问题带来方便。虽然用卷积积分只能得到系统的零状态响应,但它的物理概念明确,运算过程方便,同时卷积积分也是时间域与变换域分析线性系统的一条纽带,通过它把变换域分析赋予清晰的物理概念。

2.1　微分方程的建立与求解

2.1.1　微分方程的建立

为建立线性系统的数学模型,需列出描述系统特性的微分方程。一般根据实际系统的物理特性列写系统的微分方程。对于电路系统,主要是根据元件特性约束和网络拓扑约束列写系统的微分方程。

1. 元件特性约束

元件特性约束是表征元件特性的关系式。例如二端元件电阻、电容、电感各自的电压与电流的关系以及四端元件互感的初、次级电压与电流的关系等。

（1）电阻 R

$$u_R(t) = Ri_R(t) \tag{2-1}$$

（2）电感 L

$$u_L(t) = L\frac{\mathrm{d}i_L(t)}{\mathrm{d}t}, i_L = i_L(t_0) + \frac{1}{L}\int_{t_0}^{t} u_L(\tau)\mathrm{d}\tau \tag{2-2}$$

（3）电容 C

$$i_C(t) = C\frac{\mathrm{d}u_C(t)}{\mathrm{d}t}, u_C(t) = u_C(t_0) + \frac{1}{C}\int_{t_0}^{t} i_C(\tau)\mathrm{d}\tau \tag{2-3}$$

（4）互感（同、异名端连接）、理想变压器等原、副边电压、电流关系等。

2. 网络拓扑约束

网络拓扑约束是由网络结构决定的电压电流约束关系：KCL, KVL

现举例说明微分方程的建立方法。

例 2-1-1 图 2-1 所示的 RL 串联电路，已知 $L = 1\,\mathrm{H}, R = 2\,\Omega$，求电路中电流 $i(t)$ 与激励 $v(t)$ 之间的关系。

解 根据 KVL 得：

$$u_R(t) + u_L(t) = v(t) \tag{2-4}$$

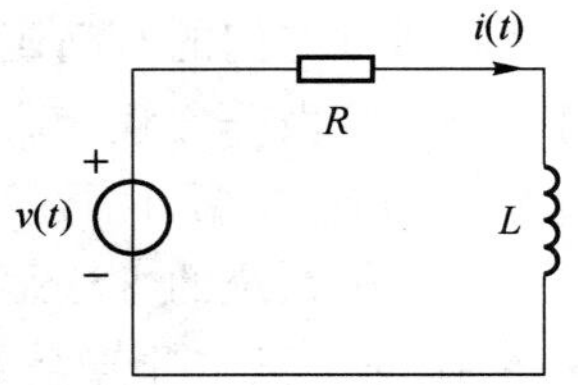

根据电阻、电感的伏安关系得

$$u_R(t) = Ri(t), u_L(t) = L\frac{\mathrm{d}i(t)}{\mathrm{d}t} \tag{2-5}$$

将式（2-5）代入式（2-4）得

$$L\frac{\mathrm{d}i(t)}{\mathrm{d}t} + Ri(t) = v(t) \tag{2-6}$$

代入数据得：

$$\frac{\mathrm{d}i(t)}{\mathrm{d}t} + 2i(t) = v(t) \tag{2-7}$$

图 2-1 例 2-1-1 图

例 2-1-2 图 2.2 所示电路，试写出电流 $i(t)$ 与激励源 $i_S(t)$ 间的关系。

解 根据 KCL 得

$$i_C(t) = i_S(t) - i(t) \tag{2-8}$$

根据 KVL 得

$$u_L(t) = u_C(t) - u_R(t) \tag{2-9}$$

根据电阻的伏安关系得

$$u_R(t) = Ri(t) \tag{2-10}$$

根据电容的伏安关系得

$$u_C(t) = \frac{1}{C}\int_{-\infty}^{t} i_C(\tau)\mathrm{d}\tau \tag{2-11}$$

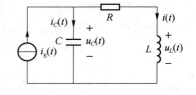

图 2-2 例 2-1-2 图

根据电感的伏安关系得

$$u_L(t) = L\frac{\mathrm{d}i(t)}{\mathrm{d}t} \tag{2-12}$$

综合以上各式，列写系统微分方程如下：

$$i''(t) + \frac{R}{L}i'(t) + \frac{1}{LC}i(t) = \frac{1}{LC}i_S(t) \tag{2-13}$$

通过上面的例子说明了系统微分方程的建立方法。一般来说，LTI 系统的数学模型是线性常系数微分方程。其激励信号 $e(t)$ 与响应信号 $r(t)$ 之间的关系，可以用下列形式的 n 阶微分方程式来描述

$$a_n \frac{\mathrm{d}^n r(t)}{\mathrm{d}t^n} + a_{n-1} \frac{\mathrm{d}^{n-1} r(t)}{\mathrm{d}t^{n-1}} + \cdots + a_1 \frac{\mathrm{d}r(t)}{\mathrm{d}t} + a_0 r(t)$$

$$= b_m \frac{\mathrm{d}^m e(t)}{\mathrm{d}t^m} + b_{m-1} \frac{\mathrm{d}^{m-1} e(t)}{\mathrm{d}t^{m-1}} + \cdots + b_1 \frac{\mathrm{d}e(t)}{\mathrm{d}t} + b_0 e(t) \tag{2-14}$$

若系统为时不变的,则 C,E 均为常数,此方程为常系数的 n 阶线性常微分方程。方程的阶次由独立的动态元件的个数决定。

2.1.2　微分方程的求解

微分方程的全解由齐次解和特解组成。齐次方程的解即为齐次解,用 $y_h(t)$ 表示。非齐次方程的特解用 $y_p(t)$ 表示。即有

$$r(t) = r_h(t) + r_p(t)$$

1. 齐次解

齐次解形式由齐次微分特征方程的特征根确定,对于式(2-14)所示的微分方程,令等式右端为零,得齐次方程

$$a_n \frac{\mathrm{d}^n r(t)}{\mathrm{d}t^n} + a_{n-1} \frac{\mathrm{d}^{n-1} r(t)}{\mathrm{d}t^{n-1}} + \cdots + a_1 \frac{\mathrm{d}r(t)}{\mathrm{d}t} + a_0 r(t) = 0 \tag{2-15}$$

由高等数学经典理论知,该齐次微分方程的特征方程为

$$a_n \lambda^n + a_{n-1} \lambda^{n-1} + \cdots + a_1 \lambda + a_0 = 0$$

此方程有 n 个特征根($\lambda_1, \lambda_2, \cdots, \lambda_n$),称为微分方程的特征根。根据特征根的不同取值,微分方程的齐次解有以下三种类型:

(1) 特征方程有 n 个不同的单根 $\lambda_1, \lambda_2, \cdots, \lambda_n$,则对应的齐次解的形式为

$$r_h(t) = C_1 e^{\lambda_1 t} + C_2 e^{\lambda_2 t} + \cdots + C_n e^{\lambda_n t} = \sum_{j=1}^{k} C_j e^{\lambda_j t}, t \geqslant 0 \tag{2-16}$$

例 2-1-3　求微分方程 $\dfrac{\mathrm{d}^2 r(t)}{\mathrm{d}t^2} + 3 \dfrac{\mathrm{d}r(t)}{\mathrm{d}t} + 2r(t) = e(t)$ 的齐次解。

解　特征方程为

$$\lambda^2 + 3\lambda + 2 = 0$$

解得特征根　　　　　　　　　　$\lambda_1 = -1, \lambda_2 = -2$

因此该方程的齐次解　　　$r_h(t) = C_1 e^{-t} + C_2 e^{-2t}, t \geqslant 0$

(2) 特征根有 k 阶重根。若 λ_1 是特征方程的 γ 重根,即有 $\lambda_1 = \lambda_2 = \lambda_3 = \cdots = \lambda_\gamma$,而其余 $(n-\gamma)$ 个根 $\lambda_{\gamma+1}, \lambda_{\gamma+2}, \cdots, \lambda_n$ 都是单根,则微分方程的齐次解为

$$r_h(t) = (C_1 t^{k-1} + C_2 t^{k-2} + \cdots + C_{k-1} t + C_k) e^{\lambda_n t} = \left(\sum_{j=1}^{k} C_j t^{k-j} \right) e^{\lambda_j t}, t \geqslant 0 \tag{2-17}$$

例 2-1-4　求微分方程 $\dfrac{\mathrm{d}^2 r(t)}{\mathrm{d}t^2} + 2 \dfrac{\mathrm{d}r(t)}{\mathrm{d}t} + r(t) = e(t)$ 的齐次解。

解　由特征方程

$$\lambda^2 + 2\lambda + 1 = 0$$

解得二重根

$$\lambda_1 = \lambda_2 = -1$$

因此该方程的齐次解

$$r_h(t) = C_1 e^{-t} + C_2 t e^{-t}, t \geqslant 0$$

例 2-1-5 求微分方程 $\dfrac{d^3}{dt^3}r(t) + 7\dfrac{d^2}{dt^2}r(t) + 16\dfrac{d}{dt}r(t) + 12r(t) = e(t)$ 的齐次解。

解 系统的特征方程为

$$\lambda^3 + 7\lambda^2 + 16\lambda + 12 = 0$$

$$(\lambda + 2)^2(\lambda + 3) = 0$$

特征根 $\qquad\qquad \lambda_1 = -2 \quad (重根), \lambda_2 = -3$

因而对应的齐次解为 $\quad r_h(t) = (A_1 t + A_2)e^{-2t} + A_3 e^{-3t}, t \geqslant 0$

（3）特征根有一对单复根。即 $\lambda_{1,2} = a \pm jb$，则微分方程的齐次

$$r_h(t) = C_1 e^{at} \cos bt + C_3 e^{at} \sin bt, t \geqslant 0 \qquad (2\text{-}18)$$

2. 特解

特解的函数形式与激励函数的形式有关。将激励函数 $f(t)$ 代入微分方程式(2.14)的右端，化简后右端表 2-1 列出了几种类型的激励函数 $f(t)$ 及其所对应的特征解 $y_p(t)$。选定特解后，将它代入到原微分方程，求出其待定系数 P_i，就可得出特解。

表 2-1 几种典型激励函数相应的特解

自由项函数	特解函数式
E（常数）	Q
t^r	$Q_0 + Q_1 t + \cdots + Q_r t^r$
e^{at}	$Q_0 e^{at}$（a 不等于特征根） $(Q_0 + Q_1 t)e^{at}$（a 等于特征根） $(Q_0 + Q_1 + \cdots + Q_r t^r)e^{at}$ （a 等于 r 重特征根）
$\cos(\omega t)$ 或 $\sin(\omega t)$	$Q_1 \cos(\omega t) + Q_2 \sin(\omega t)$ 或 $A\cos(\omega t + \varphi)$
$t^r e^{at} \cos(\omega t)$ 或 $t^r e^{at} \sin(\omega t)$	$(Q_0 + Q_1 t + \cdots + Q_r t^r)e^{at}\cos(\omega t) + (p_0 + p_1 t + \cdots + p_r t^r)e^{at}\sin(\omega t)$

例 2-1-6 已知微分方程

$$\frac{d^2 r(t)}{dt^2} + 2\frac{dr(t)}{dt} + 3r(t) = \frac{de(t)}{dt} + e(t)$$

已知激励信号 $e(t) = t^2$，求方程的特解。

解 激励信号 $e(t) = t^2$ 代入方程右端得自由项为

$$t^2 + 2t$$

查表 2-1 可知其特解的函数式为

$$r_p(t) = B_2 t^2 + B_1 t + B_0$$

将特解的函数式代入方程得

$$3B_2 t^2 + (4B_2 + 3B_1)t + (2B_2 + 2B_1 + 3B_0) = t^2 + 2t$$

根据等式两端各相同幂次项系数相等的原则，有

$$3B_2 = 1$$

$$4B_2 + 3B_1 = 2$$

$$2B_2 + 2B_1 + 3B_0 = 0$$

联立求解得

$$B_1 = \frac{1}{3}, B_2 = \frac{2}{9}, B_3 = -\frac{10}{27}$$

3. 全解

得到齐次解和特解后,将两者相加可以得到微分方程全解的表达式。将已知的 n 个初始条件代入微分方程全解得表达式中,确定齐次解中待定系数,即可得到微分方程的全解。

例 2-1-7　描述某线性非时变连续系统的微分方程为

$$\frac{\mathrm{d}^2 r(t)}{\mathrm{d}t^2} + 3\frac{\mathrm{d}r(t)}{\mathrm{d}t} + 2r(t) = e(t)$$

已知系统的初始条件是 $r(0) = 1, r'(0) = 2$,输入激励 $e(t) = \mathrm{e}^t$,试求全响应 $r(t)$。

解　在例 2-3 和例 2-6 中已求得该方程的齐次解,为

$$r_\mathrm{h}(t) = c_1 \mathrm{e}^{-t} + c_2 \mathrm{e}^{-2t}, t \geqslant 0$$

根据表 2-1 可知其特解的函数式为

$$r_\mathrm{p}(t) = B\mathrm{e}^t$$

代入方程后有:

$$B\mathrm{e}^t + 3B\mathrm{e}^t + 2B\mathrm{e}^t = \mathrm{e}^t$$

解得

$$B = \frac{1}{3}$$

因此,完全解

$$r(t) = c_1 \mathrm{e}^{-t} + c_2 \mathrm{e}^{-2t} + \frac{1}{3}\mathrm{e}^t, t \geqslant 0$$

由初始条件 $r(0) = 1, r'(0) = 2$,有

$$r(0) = c_1 + c_2 + \frac{1}{3} = 1$$

$$r'(0) = -c_1 - 2c_2 = 2$$

解得 $c_1 = \frac{10}{3}, c_2 = -\frac{8}{3}$,所以,全响应为

$$r(t) = \left(\frac{10}{3}\mathrm{e}^{-t} - \frac{8}{3}\mathrm{e}^{-2t} + \frac{1}{3}\right)u(t)$$

2.1.3　零输入响应和零状态响应

线性非时变系统的完全响应也可分解为零输入响应和零状态响应。零输入响应是激励为零时仅由系统的初始状态 $x(0)$ 所引起的响应,用 $r_\mathrm{zi}(t)$ 表示;零状态响应是系统的初始状态为零(即系统的初始储能为零)时,仅由输入信号所引起的响应,用 $r_\mathrm{zs}(t)$ 表示。这样,线性非时变系统的全响应将是零输入响应(Zero-Input Response)和零状态响应(Zero-State Response)之和,即

$$r(t) = r_\mathrm{zi}(t) + r_\mathrm{zs}(t) \tag{2-19}$$

1. 零输入响应(Zero-Input Response)

从观察得初始时刻(例如 $t=0$)起不再施加输入信号(即零输入)条件下,仅由系统的初始状态所产生的响应。对应的微分方程为齐次方程

$$a_n \frac{\mathrm{d}^n r_\mathrm{zi}(t)}{\mathrm{d}t^n} + a_{n-1}\frac{\mathrm{d}^{n-1} r_\mathrm{zi}(t)}{\mathrm{d}t^{n-1}} + \cdots + a_1 \frac{\mathrm{d}r_\mathrm{zi}(t)}{\mathrm{d}t} + a_0 r_\mathrm{zi}(t) = 0 \tag{2-20}$$

若其特征根全为单根,则其零输入响应

$$r_{zi}(t) = \sum_{k=1}^{n} c_{zik} e^{\lambda_k t}, t \geqslant 0 \qquad (2\text{-}21)$$

式中 c_{zik} 为待定常数。可由初始状态 $r(0), r'(0), \cdots, r^{(n-1)}(0)$ 确定。值得注意的是,系统的初始状态 $r^{(n)}(0_-)$ 是指系统没有外加激励信号时系统的固有状态,反映的是系统以往的历史信息,而经典法中的 $r^n(0_-)$ 是指加入激励信号后系统的初始条件,若系统在外加激励信号瞬间有跃变,则 $r^{(n)}(0_+) \neq r^{(n)}(0_-)$。后面将通过例题具体说明系统零输入响应的求解过程。

2. 零状态响应(Zero-State Response)

若系统的初始储能为零,亦即初始状态为零,仅由输入信号所引起的响应。对应的微分方程为非齐次方程。

$$a_n \frac{d^n r_{zs}(t)}{dt^n} + a_{n-1} \frac{d^{n-1} r_{zs}(t)}{dt^{n-1}} + \cdots + a_1 \frac{dr_{zs}(t)}{dt} + a_0 r_{zs}(t)$$
$$= b_m \frac{d^m e(t)}{dt^m} + b_{m-1} \frac{d^{m-1} e(t)}{dt^{m-1}} + \cdots + b_1 \frac{de(t)}{dt} + b_0 e(t) \qquad (2\text{-}22)$$

若其特征根均为单根,则其零状态响应

$$r_{zs}(t) = \sum_{k=1}^{n} c_{zsk} e^{\lambda_k t} + r_p(t), t \geqslant 0 \qquad (2\text{-}23)$$

式中 c_{zsk} 为待定常数 $r_p(t)$ 是特解。由式(2-23)可见,在激励信号的作用下,零状态响应由齐次解响应的一部分及强迫响应 $r_p(t)$ 构成。

至此,系统的完全响应表达式为

$$r(t) = \sum_{k=1}^{n} c_z e^{\lambda_k t} + r_p(t) = \sum_{k=1}^{n} c_{zik} e^{\lambda_k t} + \sum_{k=1}^{n} c_{zsk} e^{\lambda_k t} + r_p(t), t \geqslant 0$$

在电路分析中,为确定初始条件,常常利用系统内部储能的连续性,即电容上电荷的连续性和电感中磁链的连续性。这就是动态电路中的换路定理。若换路发生在 $t = t_0$ 时刻,有

$$\left. \begin{array}{c} u_C(t_{0+}) = u_C(t_{0-}) \\ i_C(t_{0+}) = i_L(t_{0-}) \end{array} \right\}$$

由常系数微分方程描述的系统在下述意义上是线性的。

(1) 响应可分解为:零输入响应+零状态响应。

(2) 零状态线性:当起始状态为零时,系统的零状态响应对于各激励信号呈线性。

(3) 零输入线性:当激励为零时,系统的零输入响应对于各起始状态呈线性。

例 2-1-8 已知一线性时不变系统,在相同初始条件下,当激励为 $e(t)$ 时,其全响应为:$r_1(t) = [2e^{-3t} + \sin(2t)]u(t)$;当激励为 $2e(t)$ 时,其全响应为 $r_2(t) = [e^{-3t} + 2\sin(2t)]u(t)$。

求:(1) 初始条件不变,当激励为 $e(t-t_0)$ 时的全响应 $r_3(t)$,t_0 为大于零的实常数。

(2) 初始条件增大 1 倍,当激励为 $0.5e(t)$ 时的全响应 $r_4(t)$。

解 (1) 设零输入响应为 $r_{zi}(t)$,零状态响应为 $r_{zs}(t)$,则有

$$r_1(t) = r_{zi}(t) + r_{zs}(t) = [2e^{-3t} + \sin(2t)]u(t)$$
$$r_2(t) = r_{zi}(t) + 2r_{zs}(t) = [e^{-3t} + 2\sin(2t)]u(t)$$

解得

$$r_{zi}(t) = 3e^{-3t}u(t)$$
$$r_{zs}(t) = [-e^{-3t} + \sin(2t)]u(t)$$

由系统的时移特性得:

$$r_3(t) = r_{zi}(t) + r_{zs}(t-t_0)$$
$$= 3e^{-3t}u(t) + [-e^{-3(t-t_0)} + \sin(2t-2t_0)]u(t-t_0)$$

（2）由零输入线性和零状态线性性质得：

$$r_4(t) = 2r_{zi}(t) + 0.5r_{zs}(t) = 2[3e^{-3t}u(t)] + 0.5[-e^{-3t} + \sin(2t)]u(t)$$

例 2-1-9　给定某系统的微分方程为

$$\frac{d^2r(t)}{dt^2} + 3\frac{dr(t)}{dt} + 2r(t) = e(t)$$

已知系统的初始条件是 $r(0)=1, r'(0)=2$ 输入激励 $e(t)=e^t$，试求系统的零输入响应与零状态响应。

解　（1）先求系统的零输入响应，特征方程为

$$\lambda^2 + 3\lambda + 2 = 0$$

解得特征根

$$\lambda_1 = -1, \lambda_2 = -2$$

故有

$$r_{zi}(t) = C_{zi1}e^{-t} + C_{zi2}e^{-2t}$$

将已知初始条件代入得

$$r_{zi}(t) = C_{zi1}e^{-t} + C_{zi2}e^{-2t}, t \geq 0$$

$$\begin{cases} C_{zi1} + C_{zi2} = 1 \\ -C_{zi1} - 2C_{zi2} = 2 \end{cases} \Rightarrow \begin{cases} C_{zi1} = 4 \\ C_{zi2} = -3 \end{cases}$$

则系统零输入响应为

$$r_{zi}(t) = 4e^{-t} - 3e^{-2t}, t \geq 0$$

（2）再求系统的零状态响应，查表得

$$r_p(t) = Be^t$$

代入方程后有：

$$Be^t + 3Be^t + 2Be^t = e^t$$

解得

$$B = \frac{1}{3}$$

所以

$$r_{zs}(t) = C_{zs1}e^{-t} + C_{zs2}e^{-2t} + r_p(t)$$

将 $r(0)=0, r'(0)=0$ 代入得：

于是

$$\begin{cases} C_{zs1} + C_{zs2} + \frac{1}{3} = 0 \\ -C_{zs1} - 2C_{zs2} = 0 \end{cases} \Rightarrow \begin{cases} C_{zs1} = -\frac{2}{3} \\ C_{zs2} = \frac{1}{3} \end{cases}$$

$$r_{zs}(t) = -\frac{2}{3}e^{-t} + \frac{1}{3}e^{-2t} + \frac{1}{3}, t \geq 0$$

系统的完全响应

$$r(t) = r_{zi}(t) + r_{zs}(t) = 4e^{-t} - 3e^{-2t} + -\frac{2}{3}e^{-t} + \frac{1}{3}e^{-2t} + \frac{1}{3}$$

$$= \frac{10}{3}e^{-t} - \frac{3}{3}8e^{-2t} + \frac{1}{3}, t \geq 0$$

与例 2-1-7 的结果完全相同。

2.2 冲激响应和阶跃响应

2.2.1 冲激响应

线性非时变系统(LTI),当其初始状态为零时,输入为单位冲激信号 $\delta(t)$ 所引起的响应称为单位冲激响应,简称冲激响应,用 $h(t)$ 表示。也即冲激响应是激励为单位冲激信号 $\delta(t)$ 时,系统的零状态响应。其示意图如图 2-3 所示。

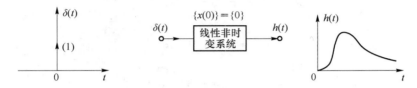

图 2-3 冲激响应示意图

1. 一阶系统的冲激响应

例 2-2-1 求图 2-4 所示 RC 电路的冲激响应。

解 列系统微分方程:

$$RC\frac{\mathrm{d}v_C(t)}{\mathrm{d}t}+v_C(t)=\delta(t)$$

$$t>0,\delta(t)=0$$

$$RC\frac{\mathrm{d}v_C(t)}{\mathrm{d}t}+v_C(t)=0$$

冲激 $\delta(t)$ 在 $t=0$ 时转为系统的储能(由 $v_C(0_+)$ 体现),$t>0$ 时,在非零初始条件下齐次方程的解,即为原系统的冲激响应。

特征方程 $\qquad\qquad\qquad\qquad RCa+1=0$

特征根 $\qquad\qquad\qquad\qquad a=-\dfrac{1}{RC}$

$$v_C(t)=Ae^{-\frac{t}{RC}}u(t)\qquad(t>0_+)$$

下面的问题是确定系数 A,求 A 有两种方法。

方法 1:求 $v_C(0_+)$

$$\begin{cases}\dfrac{\mathrm{d}v_C(t)}{\mathrm{d}t}=a\delta(t)+b\Delta u(t)\\[2mm]v_C(t)=a\Delta u(t)\end{cases}$$

代入方程得 $\qquad\qquad RCa\delta(t)+RCb\Delta u(t)+a\Delta u(t)=\delta(t)$

得出 $\qquad\qquad\qquad RCa=1\quad 即\quad a=\dfrac{1}{RC}$

所以 $\qquad\qquad\qquad v_C(0_+)=v_C(0_-)+\dfrac{1}{RC}=\dfrac{1}{RC}$

把 $v_C(0_+)$ 代入 $v_C(t)=Ae^{-\frac{1}{RC}t}$ 得 $A=\dfrac{1}{RC}$

$$v_C(t) = \frac{1}{RC} e^{-\frac{1}{RC}t} u(t)$$

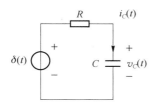

图 2-4　例 2-2-1 图

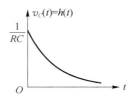

图 2-5　电容电压的冲激响应

方法 2：奇异函数项相平衡原理

已知方程

$$RC \frac{dv_C(t)}{dt} + v_C(t) = \delta(t)$$

冲激响应

$$v_C(t) = A e^{-\frac{t}{RC}} u(t)$$

求导

$$\frac{dv_C(t)}{dt} = A\delta(t) - \frac{A}{RC} e^{-\frac{1}{RC}t} u(t)$$

代入原方程

$$RC\left(-\frac{1}{RC}\right) A e^{-\frac{t}{RC}} u(t) + RCA\delta(t) + A e^{-\frac{t}{RC}} u(t) = \delta(t)$$

整理，方程左右奇异函数项系数相平衡

$$RCA\delta(t) = \delta(t)$$

$$RCA = 1 \Rightarrow A = \frac{1}{RC}$$

波形如图 2-6 所示。

$$i_C(t) = C \frac{dv_C(t)}{dt}$$

$$= -\frac{1}{R^2 C} e^{-\frac{1}{RC}t} u(t) + \frac{1}{R}\delta(t)$$

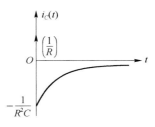

图 2-6　电容电流
的冲激响应

电容器的电流在 $t=0$ 时有一冲激，这就是电容电压突变 n 阶系统的冲激响应。

对于线性时不变系统，它的冲激响应 $h(t)$ 满足下列微分方程

$$C_0 \frac{d^n h(t)}{dt^n} + C_1 \frac{d^{n-1} h(t)}{dt^{n-1}} + \cdots + C_{n-1} \frac{dh(t)}{dt} + C_n h(t) =$$

$$E_0 \frac{d^m \delta(t)}{dt^m} + E_1 \frac{d^{m-1}\delta(t)}{dt^{m-1}} + \cdots + E_{m-1} \frac{d\delta(t)}{dt} + E_m \delta(t) \tag{2-24}$$

及起始条件 $h^{(k)}(t) = 0 (k=0,1,\cdots,n-1)$，由于 $\delta(t)$ 及其导数在 $t \geqslant 0_+$ 时都为零，因而方程式右端的自由项恒等于零，这样原系统的冲激响应形式与齐次解的形式相同。

1）当 $n > m$ 时，冲激响应可以表示为

$$h(t) = \left[\sum_{i=1}^{n} A_i e^{\alpha_i t}\right] u(t) \tag{2-25}$$

2）当 $n = m$ 时，冲激响应中将含有冲激信号 $\delta(t)$，可以表示为

$$h(t) = \left[\sum_{i=1}^{n} A_i e^{\alpha_i t}\right] u(t) + B\delta(t) \tag{2-26}$$

3）当 $n < m$ 时，冲激响应中将含有冲激信号 $\delta(t)$ 及其相应阶的导数，可以表示为

$$h(t) = \left[\sum_{i=1}^{n} A_i e^{\alpha_i t}\right] u(t) + \sum_{k=0}^{m-n} B_k \delta^k(t) \tag{2-27}$$

例 2-2-2　求系统 $\dfrac{\mathrm{d}^2 r(t)}{\mathrm{d}t^2} + 4\dfrac{\mathrm{d}r(t)}{\mathrm{d}t} + 3r(t) = \dfrac{\mathrm{d}e(t)}{\mathrm{d}t} + 2e(t)$ 的冲激响应。

解　由冲激响应的定义,将 $e(t) \to \delta(t), r(t) \to h(t)$,原方程改写为

$$\frac{\mathrm{d}^2 h(t)}{\mathrm{d}t^2} + 4\frac{\mathrm{d}h(t)}{\mathrm{d}t} + 3h(t) = \frac{\mathrm{d}\delta(t)}{\mathrm{d}t} + 2\delta(t), t \geqslant 0$$

首先写出微分方程的特征方程,求出方程的特征根为

$$\alpha^2 + 4\alpha + 3 = 0$$

求特征根 $\qquad\qquad\qquad \alpha_1 = -1, \alpha_2 = -3$

$n = 2, m = 1, n > m$ 系统冲激响应 $h(t)$ 的形式为

$$h(t) = (A_1 e^{-t} + A_2 e^{-3t}) u(t)$$

求待定系数可用两种方法,求 0_+ 法、奇异函数项相平衡法。

2. 求 0_+ 定系数

设
$$\begin{cases} \dfrac{\mathrm{d}^2 r(t)}{\mathrm{d}t^2} = a\delta'(t) + b\delta(t) + c\Delta u(t) \\[2mm] \dfrac{\mathrm{d}r(t)}{\mathrm{d}t} = a\delta(t) + b\Delta u(t) \\[2mm] r(t) = a\Delta u(t) \end{cases}$$

$$h(0_+) = 1, h'(0_+) = -2$$

$$\begin{cases} A_1 + A_2 = 1 \\ -3A_1 - A_2 = -2 \end{cases} \Rightarrow \begin{cases} A_1 = \dfrac{1}{2} \\[2mm] A_2 = \dfrac{1}{2} \end{cases}$$

$$h(t) = \frac{1}{2}(e^{-t} + e^{-3t}) u(t)$$

3. 用奇异函数项相平衡法求待定系数

$$h(t) = (A_1 e^{-t} + A_2 e^{-3t}) u(t)$$

$$h'(t) = (A_1 e^{-t} + A_2 e^{-3t})\delta(t) + (-A_1 e^{-t} - 3A_2 e^{-3t}) u(t)$$

$$= (A_1 + A_2)\delta(t) + (-A_1 e^{-t} - 3A_2 e^{-3t}) u(t)$$

$$h''(t) = (A_1 + A_2)\delta'(t) + (-A_1 - 3A_2)\delta(t) + (A_1 e^{-t} + 9A_2 e^{-3t}) u(t)$$

将 $h(t), h'(t), h''(t)$ 代入原方程

$$(A_1 + A_2)\delta'(t) + (3A_1 + A_2)\delta(t) + 0 \cdot u(t) = \delta'(t) + 2\delta(t)$$

根据系数平衡,得

$$\begin{cases} A_1 + A_2 = 1 \\ 3A_1 + A_2 = 2 \end{cases} \Rightarrow \begin{cases} A_1 = \dfrac{1}{2} \\[2mm] A_2 = \dfrac{1}{2} \end{cases}$$

$$h(t) = \frac{1}{2}(e^{-t} + e^{-3t}) u(t)$$

两种方法得到的结果相同。

例 2-2-3　已知某线性非时变(LTI)系统在 $f_1(t) = 4u(t-1)$ 作用下,产生的零状态响应为

$y_1(t) = e^{-2u(t-2)} u(t-2) + 4u(t-3)$，试求系统的冲激响 $h(t)$。

解　已知系统在 $f_1(t)$ 作用下产生响应为 $y_1(t)$，而系统的冲激响应 $h(t)$ 为系统在冲激信号 $\delta(t)$ 作用下产生的零状态响应。因此，为求得系统的冲激响应 $h(t)$，只需找出 $f_1(t)$ 与冲激信号 $\delta(t)$ 之间的关系即可。

已知

$$f_1(t) = 4u(t-1), y_1(t) = e^{-2u(t-2)} u(t-2) + 4u(t-3)$$

根据非时变系统的特性，可以有

$$f_2(t) = f_1(t+1) = 4u(t) \Rightarrow y_2(t) = y_1(t+1) = e^{-2(t-1)} u(t-1) + 4u(t-2)$$

根据线性系统的特性，可以有

$$f_3(t) = \frac{1}{4} f_2(t) = u(t) \Rightarrow y_3(t) = \frac{1}{4} y_2(t) = \frac{1}{4} e^{-2(t-1)} u(t-1) + u(t-2)$$

$$f_4(t) = \frac{\mathrm{d}f_3(t)}{\mathrm{d}t} = \delta(t) \Rightarrow y_4(t) = \frac{\mathrm{d}f_3(t)}{\mathrm{d}t} = -\frac{1}{2} e^{-2(t-1)} u(t-1) + \frac{1}{4} \delta(t-1) + \delta(t-2)$$

2.2.2　阶跃响应

线性非时变系统（LTI），当其初始状态为零时，输入为单位阶跃函数所引起的响应称为单位阶跃响应，简称阶跃响应，用 $g(t)$ 表示。阶跃响应是激励为单位阶跃函数 $u(t)$ 时，系统的零状态响应，如图 2-7 所示。

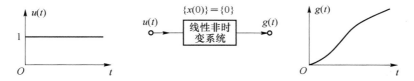

图 2-7　阶跃响应示意图

n 阶线性时不变系统的跃响应 $g(t)$ 对应的微分方程为

$$C_0 \frac{\mathrm{d}^n g(t)}{\mathrm{d}t^n} + C_1 \frac{\mathrm{d}^{n-1} g(t)}{\mathrm{d}t^{n-1}} + \cdots + C_{n-1} \frac{\mathrm{d}g(t)}{\mathrm{d}t} + C_n g(t) =$$

$$E_0 \frac{\mathrm{d}^m u(t)}{\mathrm{d}t^m} + E_1 \frac{\mathrm{d}^{m-1} u(t)}{\mathrm{d}t^{m-1}} + \cdots + E_{m-1} \frac{\mathrm{d}u(t)}{\mathrm{d}t} + E_m u(t) \tag{2-28}$$

及起始条件 $g^{(k)}(t) = 0 (k = 0, 1, \cdots, n-1)$，激励 $u(t)$ 的各阶导数为零，但 $E_m u(t)$ 不为零，等式右端为常数 E_m，因此，系统的阶跃响应 $g(t)$ 的形式为齐次解加特解。

例 2-2-4　已知系统的微分方程为 $\dfrac{\mathrm{d}^2 g_1(t)}{\mathrm{d}t^2} + 3 \dfrac{\mathrm{d}g_1(t)}{\mathrm{d}t} + 2g_1(t) = u(t)$，求系统的阶跃响应。

解
$$\frac{\mathrm{d}^2 g_1(t)}{\mathrm{d}t^2} + 3 \frac{\mathrm{d}g_1(t)}{\mathrm{d}t} + 2g_1(t) = u(t)$$

特征根为
$$\alpha_{1,2} = -1, -2$$

则
$$g_1(t) = (A_1 e^{-t} + A_2 e^{-2t}) \cdot u(t) + \frac{1}{2} u(t)$$

$$\begin{cases} g_1(0^+) = 0 \\ g_1^{(1)}(0^+) = 0 \end{cases} \text{代入得:} \qquad \begin{cases} A_1 = -1 \\ A_2 = \dfrac{1}{2} \end{cases}$$

所以

$$g_1(t) = \left(-\mathrm{e}^{-t} + \frac{1}{2}\mathrm{e}^{-2t} + \frac{1}{2} \right) u(t)$$

由零状态线性得:

$$g(t) = \frac{\mathrm{d}g_1(t)}{\mathrm{d}t} + 3g_1(t) = \left(-2\mathrm{e}^{-t} + \frac{1}{2}\mathrm{e}^{-2t} + \frac{3}{2} \right) u(t)$$

阶跃响应和冲激响应一样,完全由系统本身决定。考虑到冲激信号 $\delta(t)$ 与单位阶跃信号 $u(t)$ 间存在微分和积分关系,因而阶跃响应 $g(t)$ 与冲激响应 $h(t)$ 间也存在微分和积分关系,即

$$u(t) = \int_{-\infty}^{t} \delta(t)\mathrm{d}t$$

$$g(t) = \int_{-\infty}^{t} h(t)\mathrm{d}t$$

$$h(t) = \frac{\mathrm{d}g(t)}{\mathrm{d}t}$$

2.3　卷 积 积 分

卷积方法最早的研究可追溯到 19 世纪初期的数学家欧拉(Euler)、泊松(Possion)等人,以后许多科学家对此问题做了大量工作,其中,最值得记起的是杜阿美尔(Duhamel,1833)。近代,随着信号与系统理论研究的深入及计算机技术的发展,不仅卷积方法得到了广泛的应用,反卷积的问题也越来越受到重视。在现代地震勘测、超声诊断、光学成像、系统辨识及其他诸多领域中卷积和反卷积无处不在,而且许多都是有待深入开发研究的课题。本节将对卷积积分的运算方法做一说明,然后阐述卷积的性质及其应用。

2.3.1　卷积的定义

对于任意两个函数 $f_1(t)$ 和 $f_2(t)$,两者做卷积运算可定义为

$$f(t) = \int_{-\infty}^{\infty} f_1(\tau) f_2(t-\tau)\mathrm{d}\tau \tag{2-29}$$

称为 $f_1(t)$ 和 $f_2(t)$ 的卷积积分,简称卷积,记为

$$f(t) = f_1(t) \otimes f_2(t) \text{ 或 } f(t) = f_1(t) * f_2(t)$$

这里的积分限取 $-\infty$ 和 ∞,这是由于对 $f_1(t)$ 和 $f_2(t)$ 的作用时间范围没有限制。由于系统的因果性或激励信号存在时间的局限性,其积分限会有变化,这一点借助卷积的图形解释可以看得很清楚。可以说卷积积分中积分限的确定是非常关键的。这一点借助卷积的图形分析看得很清楚。

2.3.2　利用卷积求系统的零状态响应

任意信号 $e(t)$ 可表示为冲激序列之和,若把它作用于冲激响应 $h(t)$,则响应为

$$r(t) = \mathscr{H}[e(t)] = \mathscr{H}\left[\int_{-\infty}^{\infty} e(\tau)\delta(t-\tau)\mathrm{d}\tau\right]$$

$$= \left[\int_{-\infty}^{\infty} e(\tau)\mathscr{H}[\delta(t-\tau)]\mathrm{d}\tau\right]$$

$$= \int_{-\infty}^{\infty} e(\tau)h(t-\tau)\mathrm{d}\tau$$

这就是系统的零状态响应

$$r_{zs}(t) = e(t) \bigotimes h(t) = e(t) * h(t)$$

2.3.3　卷积的计算

卷积积分计算的一种方法是直接利用式(2-29)进行计算,另一种方法是用图解法。其中图解法说明卷积运算可以把一些抽象的关系形象化,便于理解卷积的概念,且方便运算。下面通过图解法说明卷积的运算。

若要实现函数 $f_1(t)$ 和 $f_2(t)$ 的卷积运算,从式(2-29)中可以看到,需要经过下列五个步骤:

(1) 变量置换:将 $f_1(t)$ 和 $f_2(t)$ 变换为 $f_1(\tau)$,$f_2(\tau)$,即以 τ 为积分变量;

(2) 反转:由 $f_2(\tau)$ 反转 $\to f_2(-\tau)$;

(3) 平移:将 $f_2(-\tau)$ 向右平移 t,变为 $f_2(t-\tau)$,其中 t 为参变量,τ 为积分变量;

(4) 乘积:将 $f_1(\tau)$ 和 $f_2(t-\tau)$ 相乘;

(5) 积分:分段对 $f_1(\tau)$ 和 $f_2(t-\tau)$ 的重叠部分的乘积进行积分,积分限的确定取决于两个图形交叠部分的范围。特别注意积分限的确定。

例 2-3-1　已知信号 $f_1(t) = u(t) - u(t-3)$,$f_2(t) = \mathrm{e}^{-t}u(t)$,试用图解法计算 $y(t) = f_1(t) * f_2(t)$。

解

$$f_1(\tau) = u(\tau) - u(\tau-3), f_2(\tau) = \mathrm{e}^{-\tau}u(\tau)$$

$$f_2(-\tau) = \mathrm{e}^{\tau}u(-\tau) \qquad f_2(t-\tau) = \mathrm{e}^{-(t-\tau)}u(t-\tau)$$

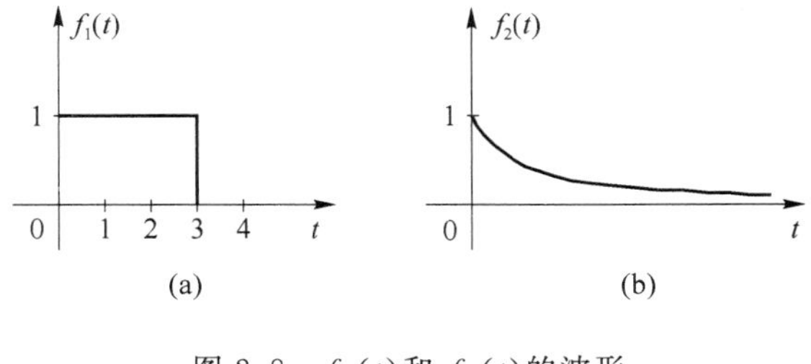

图 2-8　$f_1(t)$ 和 $f_2(t)$ 的波形

如图 2-9 所示,当 $t < 0$ 时

$$y(t) = f_1(t) * f_2(t) = 0$$

当 $0 < t < 3$ 时:

$$y(t) = f_1(t) * f_2(t) = \int_{-\infty}^{+\infty} f_1(\tau)f_2(t-\tau)\mathrm{d}\tau$$

$$= \int_0^t \mathrm{e}^{-(t-\tau)}\mathrm{d}\tau = \mathrm{e}^{-t}\int_0^t \mathrm{e}^{\tau}\mathrm{d}\tau = \mathrm{e}^{-t} \cdot \mathrm{e}^{\tau}\Big|_0^t$$

$$= \mathrm{e}^{-t} \cdot (\mathrm{e}^t - 1) = 1 - \mathrm{e}^{-t}$$

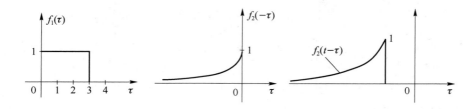

图 2-9 $f_1(t)$ 和 $f_2(t)$ 及 $f_2(t-\tau)$ 的波形

当 $t > 3$ 时：

$$y(t) = \int_{-\infty}^{+\infty} f_1(\tau) f_2(t-\tau)\mathrm{d}\tau = \int_0^3 \mathrm{e}^{-(t-\tau)}\mathrm{d}\tau$$

$$= \mathrm{e}^{-t}\int_0^3 \mathrm{e}^{\tau}\mathrm{d}\tau = \mathrm{e}^{-t} \cdot \mathrm{e}^{\tau}\big|_0^3 = \mathrm{e}^{-t} \cdot (\mathrm{e}^3 - 1)$$

$$y(t) = f_1(t) * f_2(t)$$

$$= \begin{cases} 0 & t < 0 \\ 1 - \mathrm{e}^{-t} & 0 < t < 3 \\ \mathrm{e}^{-t}(\mathrm{e}^3 - 1) & t > 3 \end{cases}$$

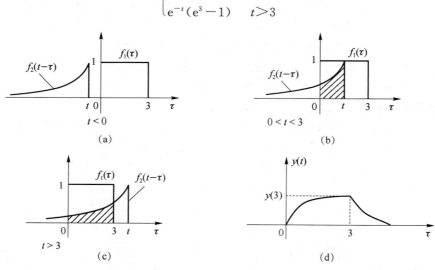

图 2-10 $f_1(t)$ 和 $f_2(t)$ 及 $f_2(t-\tau)$ 的分段卷积波形

图 2-10 所示的阴影面积,即为相乘积分的结果。从上述图解分析法可以看出,卷积中积分限的确定取决于两个图形交叠部分的范围。卷积结果所占的时宽等于两个函数各自时宽的总和。

用图解法直观,尤其是函数式复杂时,用图形分段求出定积分限尤为方便准确,用解析式作容易出错,最好将两种方法结合起来。

2.3.4 卷积积分的性质

作为一种数学运算,卷积运算具有一些基本性质,一方面利用这些性质可以简化运算,另一方面这些性质在信号与系统分析中有很重要的作用。

1. 代数性质

（1）交换律 $\qquad\qquad f_1(t) * f_2(t) = f_2(t) * f_1(t)$ $\hfill$ (2-30)

（2）结合律 $\qquad [f(t) * f_1(t)] * f_2(t) = f(t) * [f_1(t) * f_2(t)]$ $\hfill$ (2-31)

（3）分配律 $\quad f_1(t) * [f_2(t) + f_3(t)] = f_1(t) * f_2(t) + f_1(t) * f_3(t)$ $\hfill$ (2-32)

2. 卷积的微分、积分性质

（1）微分性 $\qquad\quad f'(t) = f_1(t) * f'_2(t) = f'_1(t) * f_2(t)$ $\hfill$ (2-33)

（2）积分性 $\qquad\quad f^{(-1)}(t) = f_1(t) * f_2^{(-1)}(t) = f_1^{(-1)}(t) * f_2(t)$ $\hfill$ (2-34)

（3）微积分性 $\qquad f(t) = f_1^{(-1)}(t) * f'_2(t) = f'_1(t) * f_2^{(-1)}(t)$ $\hfill$ (2-35)

若 $\qquad\qquad\qquad\qquad f(t) = f_1(t) * f_2(t)$

则 $\qquad\qquad\qquad\qquad f^{(i)}(t) = f_1^{(j)}(t) * f_2^{(i-j)}(t)$ $\hfill$ (2-36)

特例 $\qquad\qquad\qquad f_1(t) * f_2(t) = f'_1(t) * f_2^{(-1)}(t)$ $\hfill$ (2-37)

3. 卷积移位特性

若 $\qquad\qquad\qquad\qquad f_1(t) * f_2(t) = f(t)$

则 $\qquad\qquad\qquad f_1(t-t_1) * f_2(t-t_2) = f(t-t_1-t_2)$

4. 函数与冲激函数的卷积

一个函数 $f(t)$ 与冲激函数 $\delta(t)$ 的卷积仍然是这个函数本身 $f(t)$ 本身，即

$$f(t) * \delta(t) = \int_{-\infty}^{\infty} f(\tau)\delta(t-\tau)\mathrm{d}\tau = \int_{-\infty}^{\infty} f(t-\tau)\delta(\tau)\mathrm{d}\tau = f(t) \qquad (2\text{-}38)$$

另外，利用卷积的微分、积分特性，还可以得到以下结论：

$$f(t) * \delta'(t) = f'(t)$$

$$f(t) * u(t) = \int_{-\infty}^{t} f(\lambda)\,\mathrm{d}\lambda$$

$$f(t) * \delta^{(k)}(t) = f^{(k)}(t)$$

任意函数 $f(t)$ 与时移后的冲激函数 $\delta(t)$ 的卷积，其结果等于函数 $f(t)$ 本身时移，即

$$f(t) * \delta(t-t_0) = f(t-t_0)$$

推广到一般情况，有

$$f(t) * \delta^{(k)}(t-t_0) = f^{(k)}(t-t_0)$$

卷积的时移特性还可以进一步延伸，如

$$f(t-t_1) * \delta(t-t_2) = f(t-t_1-t_2)$$

表 2-2 列出了一些常用函数卷积积分的结果，供读者用时参考。

例 2-3-2　已知 $f(t) = \sin t \cdot u(t)$，$h(t) = \delta'(t) + u(t)$，求 $f(t) * h(t)$。

解　$\qquad\qquad f(t) * h(t) = f(t) * [\delta'(t) + \varepsilon(t)]$

$$= f(t) * \delta'(t) + f(t) * u(t)$$

$$= f'(t) + \int_{-\infty}^{t} f(\lambda)\,\mathrm{d}\lambda$$

$$= \sin t \cdot \delta(t) + \cos t \cdot u(t) + [1-\cos t] \cdot u(t)$$

$$= u(t)$$

表 2-2　卷积表

序号	$f_1(t)$	$f_2(t)$	$f_1(t) * f_2(t)$
1	K(常数)	$f(t)$	$K \cdot [f(t)$波形的净面积值$]$
2	$f(t)$	$\delta^{(1)}(t)$	$f^{(1)}(t)$
3	$f(t)$	$\delta(t)$	$f(t)$
4	$f(t)$	$u(t)$	$f^{(-1)}(t)$
5	$u(t)$	$u(t)$	$tu(t)$
6	$u(t)$	$tu(t)$	$\dfrac{1}{2}t^2u(t)$
7	$u(t)$	$e^{-\alpha t}u(t)$	$\dfrac{1}{\alpha}(1-e^{-\alpha t})u(t)$
8	$e^{-\alpha t}u(t)$	$e^{-\alpha t}u(t)$	$te^{-\alpha t}u(t)$
9	$e^{-\alpha_1 t}$	$e^{-\alpha_2 t}u(t)$	$\dfrac{1}{\alpha_2-\alpha_1}(e^{-\alpha_1 t}-e^{-\alpha_2 t})u(t),(\alpha_1\neq\alpha_2)$
10	$f_1(t)$	$\delta_T(t)$	$\displaystyle\sum_{=\infty}^{\infty}f_1(t-mT)$

习　题　二

2-1　已知系统响应的齐次方程及其对应的初始条件分别为

(1) $\dfrac{\mathrm{d}^2 r(t)}{\mathrm{d}t^2}+2\dfrac{\mathrm{d}r(t)}{\mathrm{d}t}+2r(t)=0, r(0)=1, r'(0)=2$;

(2) $\dfrac{\mathrm{d}^2 r(t)}{\mathrm{d}t^2}+2\dfrac{\mathrm{d}r(t)}{\mathrm{d}t}+r(t)=0, r(0)=1, r'(0)=2$;

(3) $\dfrac{\mathrm{d}^3 r(t)}{\mathrm{d}t^2}+2\dfrac{\mathrm{d}r^2(t)}{\mathrm{d}t^2}+\dfrac{\mathrm{d}}{\mathrm{d}t}r(t)=0, r(0)=r'(0)=1, r''(0)=1$。

求系统的响应。

2-2　描述某线性时不变系统的微分方程为

$$\dfrac{\mathrm{d}^2 r(t)}{\mathrm{d}t^2}+3\dfrac{\mathrm{d}r(t)}{\mathrm{d}t}+2r(t)=2\dfrac{\mathrm{d}e(t)}{\mathrm{d}t}+6e(t)$$

若激励信号和起始状态为以下两种情况：

(1) $e(t)=u(t), r(0_-)=2, r'(0_-)=2$,

(2) $e(t)=e^{-3t}u(t), r(0_-)=2, r'(0_-)=2$。

求系统的完全响应，并指出零输入响应和零状态响应。

2-3　已知某线性时不变系统的微分方程为

$$\dfrac{\mathrm{d}^2 r(t)}{\mathrm{d}t^2}+5\dfrac{\mathrm{d}r(t)}{\mathrm{d}t}+6r(t)=3\dfrac{\mathrm{d}e(t)}{\mathrm{d}t}+2e(t)$$

试求其冲激响应。

2-4　已知系统框图如题 2-4 图所示，列出系统方程，并在 $x(t)=2e^{-2t}u(t)$ 时，求系统的零状态响应。

2-5　已知某 LTI 系统，输入信号 $e(t)=2e^{-3t}u(t)$，在该输入下的响应为 $r(t)$，即 $r(t)=H[e(t)]$ 又已知 $H\left[\dfrac{\mathrm{d}}{\mathrm{d}t}e(t)\right]=-3r(t)+e^{-2t}u(t)$，求该系统的单位冲激响应。

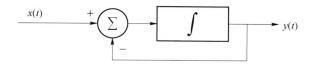

题 2-4 图

2-6　试计算下列卷积：

(1) $f(t) * \delta(t)$

(2) $f(t) * \delta'(t)$

(3) $f(t) * u(t)$

(4) $f(t) * \delta(t+3)$

(5) $f(t-t_1) * f(t-t_2)$

(6) $e^{-2t} * \delta'(t)$

2-7　已知 $f(t)=u(t+2)-u(t-2)$，$g(t)=\delta\left(t+\dfrac{1}{2}\right)+\delta\left(t-\dfrac{1}{2}\right)$，求 $y(t)=f(t) * g(t)$ 并作图描述。

2-8　已知某线性时不变系统的单位冲激响应 $h(t)=\varepsilon(t)-\varepsilon(t-1)$，利用卷积积分求系统对输入 $f(t)=\delta(t+3)+\delta(t-3)$ 的零状态响应 $y(t)$，并画出 $y(t)$ 的图形。

2-9　已知某系统满足微分方程 $y''(t)+3y'(t)+2y(t)=f'(t)+6f(t)$，系统的初始条件 $y(0_-)=1$，$y'(0_-)=3$，试求：

(1) 系统的零输入响应；

(2) 输入 $u(t)$ 时，系统的零状态响应和全响应。

2-10　已知 $f_1(t)=u(t+2)-u(t-2)$，$f_2(t)=\delta(t+5)+\delta(t-5)$，$f_3(t)=\delta(t+1)+\delta(t-1)$，试画出下列各卷积积分的波形。

(1) $f_1(t) * f_2(t)$

(2) $f_1(t) * f_2(t) * f_3(t)$

2-11　描述系统的微分方程分别为

(1) $y'(t)+2y(t)=f(t)$

(2) $y''(t)+2y'(t)+y(t)=2f'(t)+3f(t)$

(3) $y'''(t)+8y''(t)+19y'(t)+12y(t)=4f'(t)+10f(t)$

求各系统的冲激响应。

2-12　计算下列各卷积。

(1) $t^2 * \delta(t-2)$

(2) $\sin \pi t[u(t)-u(t-2)] * [\delta(t)+\delta(t-1)]$

(3) $e^{-t}u(t) * \delta(2t-3)$

2-13　一个系统的阶跃响应是 $g(t)=e^{-t}u(t)$，(1)求系统的冲激响应 $h(t)$，(2)当 $f(t)=\delta(t+1)+\delta(t-1)$ 时，计算这个系统的零状态响应。

2-14　如题 2-14 图所示的系统，当输入为 $e(t)=e^{-t}u(t)$ 时，求系统的零状态响应。

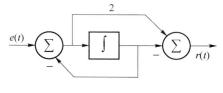

题 2-14 图

2-15 已知线性时不变系统数学模型为 $\dfrac{\mathrm{d}^2 y(t)}{\mathrm{d}t^2}+4\dfrac{\mathrm{d}y(t)}{\mathrm{d}t}+3y(t)=\dfrac{\mathrm{d}f(t)}{\mathrm{d}t}+5f(t)$，求系统的系统函数 $H(s)$ 及冲激响应 $h(t)$；若输入信号 $f(t)=\mathrm{e}^{-2t}u(t)$，求该系统的零状态响应。

2-16 如题 2-16 图所示的系统，当输入为 $e(t)=\mathrm{e}^{-t}u(t)$ 时，求系统的零状态响应。

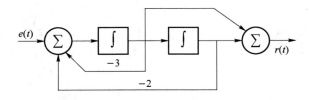

题 2-16 图

2-17 已知某线性时不变系统的单位冲激响应 $h(t)=u(t-1)$，利用卷积积分求系统对输入 $f(t)=\delta(4+t)+\delta(4-t)$ 的零状态响应 $y(t)$，并画出 $y(t)$ 的图形。

第3章　连续时间信号与系统的频域分析

前面讲述了 LTI 连续系统的时域分析,由于任意输入信号都可以用加权的冲激信号线性组合表示,因此任意信号所产生的零状态响应都是冲激响应的线性组合,即利用卷积的方法可以求出系统的零状态响应。本章将虚指数函数 $e^{j\omega t}$ 作为基本信号,将任意周期信号和非周期信号分解为一系列虚指数函数或三角函数的离散和或连续和。周期信号利用傅里叶级数对其进行分解,非周期信号利用傅里叶变换对其进行分析。因此,从本章开始,分析的变量是频率变量,故称为频域分析。频域分析揭示了信号内在的频率特性,以及其与时间特性之间的密切关系,从而引出了信号的频谱、带宽以及滤波、调制和频分复用等重要的概念。

3.1　周期信号的分解与合成

3.1.1　周期信号的三角级数表示

1807 年,法国数学家吉·傅里叶(J. Fourier,1768—1830)在向法兰西研究院提交的论文中提出:任何周期信号都可以用正弦函数级数表示。这个观点虽然受到了拉普拉斯的支持,但是由于拉格朗日的强烈反对,傅里叶的论文没有公开发表,直到 1822 年,在他发表的《热的分析理论》著作中提出了这一观点,激励和推动了傅里叶级数问题的深入研究,不仅对数学学科的发展产生了深刻的影响,并且在极为广泛的科学和工程领域具有很大的价值。

数学中的傅里叶级数理论指出,任何连续周期信号 $f(t)$,其周期为 T,$\omega_1 = \dfrac{2\pi}{T}$ 是 $f(t)$ 的基波角频率,只要满足狄里赫利(Dirichlet)条件时,则可展开(分解)成正弦(余弦)信号的线性组合

$$f(t) = a_0 + a_1 \cos \omega_1 t + a_2 \cos 2\omega_1 t + a_3 \cos 3\omega_1 t + \cdots + b_1 \sin \omega_1 t + b_2 \sin 2\omega_1 t + b_3 \sin 3\omega_1 t + \cdots$$

$$= a_0 + \sum_{n=1}^{\infty} (a_n \cos n\omega_1 t + b_n \sin n\omega_1 t) \tag{3-1}$$

式(3-1)称为周期信号 $f(t)$ 的三角形式傅里叶级数。

备注:狄里赫利(Dirichlet)条件是:(1)在一个周期内只有有限个间断点;(2)在一个周期内只有有限个极值点;(3)在一个周期内函数绝对可积限,即 $\displaystyle\int_{-\frac{T}{2}}^{\frac{T}{2}} |f(t)| \, \mathrm{d}t < \infty$

式中，a_0、a_n、b_n 是傅里叶系数，a_0 为 $f(t)$ 的直流分量，a_n 和 b_n 分别为 $f(t)$ 的各次谐波余弦分量和正弦分量的幅度；由级数理论可知，傅里叶系数

$$\begin{cases} a_0 = \dfrac{1}{T}\displaystyle\int_0^T f(t)\,\mathrm{d}t \\[2mm] a_n = \dfrac{2}{T}\displaystyle\int_0^T f(t)\cos\,(n\omega_1 t)\,\mathrm{d}t \\[2mm] b_n = \dfrac{2}{T}\displaystyle\int_0^T f(t)\sin\,(n\omega_1 t)\,\mathrm{d}t \end{cases} \tag{3-2}$$

在确定上述积分时，只要积分区间是一个周期即可，对积分区间的起止并无特别要求。显然，傅里叶系数 a_n 和 b_n 都是 $n\omega_1$ 的函数，a_n 是 n（或 $n\omega_1$）的偶函数，即有 $a_{-n} = a_n$；b_n 是 n（或 $n\omega_1$）的奇函数，即有 $b_{-n} = -b_n$。傅里叶系数一旦确定，傅里叶级数便得以确定，所以求取傅里叶系数是确定傅里叶级数的关键。

将式（3-1）中同频率项合并，即 $a_n\cos n\omega_1 t + b_n\sin n\omega_1 t = A_n\cos\,(n\omega_1 t + \varphi_n)$
可得到单一余弦形式的傅里叶级数

$$\begin{aligned} f(t) &= a_0 + A_1\cos\,(\omega_1 t + \varphi_1) + A_2\cos\,(2\omega_1 t + \varphi_2) + \cdots \\ &= a_0 + \sum_{n=1}^{\infty} A_n\cos\,(n\omega_1 t + \varphi_n) \end{aligned} \tag{3-3}$$

式中 $\qquad a_n = A_n\cos\varphi_n$，$b_n = -A_n\sin\varphi_n$

$$\begin{cases} A_n = \sqrt{a_n^2 + b_n^2} \\[2mm] \varphi_n = -\arctan\left(\dfrac{b^n}{a^n}\right) \end{cases} \tag{3-4}$$

式（3-3）表明，任何满足狄里赫利条件的周期函数可分解为直流和许多余弦（或正弦）分量。其中，第一项 a_0 是常数项，它是周期信号中所包含的直流分量；第二项 $A_1\cos\,(\omega_1 t + \varphi_1)$ 称为基波或一次谐波，它的角频率与原周期信号相同，A_1 是基波振幅，φ_1 是基波初相角；第三项 $A_2\cos\,(2\omega_1 t + \varphi_2)$ 称为二次谐波，它的频率是基波角频率的二倍，A_2 是二次谐波的振幅，φ_2 是其初相角。依次类推，还有三次、四次……谐波。式（3-3）表明，周期信号可以分解为各次谐波分量之和。

例 3-1-1 如图 3-1 所示的周期性方波信号，将其展开为三角形式的傅里叶级数。

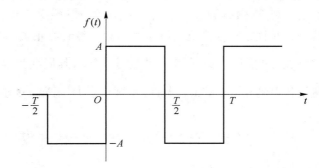

图 3-1 例 3-1-1 图

解 由（3-2）式，因为 $f(t)$ 是奇函数，所以

$$a_0 = \frac{1}{T}\int_{-\frac{T}{2}}^{\frac{T}{2}} f(t)\,\mathrm{d}t = 0$$

$$a_n = \frac{2}{T} \int_{-\frac{T}{2}}^{\frac{T}{2}} f(t) \cos\,(n\omega_1 t)\,\mathrm{d}t = 0$$

$$b_n = \frac{2}{T} \int_{-\frac{T}{2}}^{\frac{T}{2}} f(t) \sin\,(n\omega_1 t)\,\mathrm{d}t = \frac{4}{T} \int_{0}^{\frac{T}{2}} \sin\,(n\omega_1 t)\,\mathrm{d}t$$

$$= \frac{4A}{T} \left[\frac{-\cos n\omega_1 t}{n\omega_1} \,\bigg|\, \begin{matrix} \frac{T}{2} \\ 0 \end{matrix} \right] = \begin{cases} 0, & n = 2,4,6,\cdots \\ \frac{4A}{n\pi}, & n = 1,3,5,\cdots \end{cases}$$

将它们代入到式(3-1),得到图 3-1 所示信号的傅里叶级数展开式为

$$f(t) = \frac{4A}{\pi}(\sin \omega_1 t + \frac{1}{3}\sin 3\omega_1 t + \frac{1}{5}\sin 5\omega_1 t + \cdots + \frac{1}{n}\sin n\omega_1 t + \cdots),\, n = 1,3,5\cdots$$

也可将其写成式(3-3)的形式

$$f(t) = \frac{4A}{\pi} \left[\cos\,(\omega_1 t - \frac{\pi}{2}) + \frac{1}{3}\cos\,(3\omega_1 t - \frac{\pi}{2}) + \frac{1}{5}\cos\,(5\omega_1 t - \frac{\pi}{2}) + \cdots \right]$$

可以看出,该周期信号只含有一、三、五……奇次谐波的正弦分量。

图 3-2 画出了一个周期的方波组成过程。由图可见,当它包含的谐波分量越多时,波形越接近原来的方波信号,频率较低的谐波,其振幅较大,它们组成方波的主体,而频率较高的高次谐波振幅较小,它们主要影响波形的细节,波形中所包含的高次谐波越多,波形的边缘越陡峭。

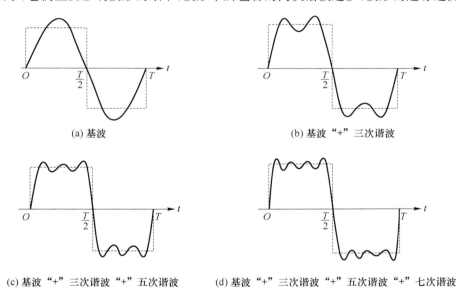

(a) 基波

(b) 基波"+"三次谐波

(c) 基波"+"三次谐波"+"五次谐波

(d) 基波"+"三次谐波"+"五次谐波"+"七次谐波

图 3-2 方波的组成

由图 3-2 还可以看到,合成波形所包含的谐波分量越多时,除间断点附近外,它越接近于原方波信号。在间断点附近,随着所含谐波次数的增高,合成波形的尖峰越靠近间断点,但尖峰幅度并未明显减小,可以证明,即使合成波形所含谐波次数 $n \to \infty$ 时,在间断点处仍有约 9%的偏差,这种现象称为吉布斯(Gibbs)现象。

3.1.2 周期信号的复指数级数表示

三角形式傅里叶级数,物理含义明确,但运算不便,因而常用复指数形式的傅里叶级数。

由欧拉公式
$$\cos \omega_0 t = \frac{\mathrm{e}^{\mathrm{j}\omega_0 t} + \mathrm{e}^{-\mathrm{j}\omega_0 t}}{2}$$

$$\sin \omega_0 t = \frac{\mathrm{e}^{\mathrm{j}\omega_0 t} - \mathrm{e}^{-\mathrm{j}\omega_0 t}}{2\mathrm{j}}$$

则式(3-1)可写为

$$f(t) = a_0 + \sum_{n=1}^{\infty} \left(a_n \frac{\mathrm{e}^{\mathrm{j}n\omega_1 t} + \mathrm{e}^{-\mathrm{j}n\omega_1 t}}{2} + b_n \frac{\mathrm{e}^{\mathrm{j}n\omega_1 t} - \mathrm{e}^{-\mathrm{j}n\omega_1 t}}{2\mathrm{j}} \right)$$

$$= a_0 + \sum_{n=1}^{\infty} \left(\frac{a_n - \mathrm{j}b_n}{2} \mathrm{e}^{\mathrm{j}n\omega_1 t} + \frac{a_n + \mathrm{j}b_n}{2} \mathrm{e}^{-\mathrm{j}n\omega_1 t} \right) \tag{3-5}$$

令 $F_0 = a_0$，$F_n = \frac{1}{2}(a_n - \mathrm{j}b_n)$，将 F_n 中 n 用 $-n$ 代换，且考虑到 $a_{-n} = a_n$，$b_{-n} = -b_n$，则有

$F_{-n} = \frac{1}{2}(a_{-n} - \mathrm{j}b_{-n}) = \frac{1}{2}(a_n + \mathrm{j}b_n)$，将 F_n 和 F_{-n} 代入式(3-5)，得

$$f(t) = a_0 + \sum_{n=1}^{\infty} (F_n \mathrm{e}^{\mathrm{j}n\omega_1 t} + F_{-n} \mathrm{e}^{-\mathrm{j}n\omega_1 t})$$

即

$$f(t) = \sum_{n=-\infty}^{\infty} F_n \mathrm{e}^{\mathrm{j}n\omega_1 t}, \quad \omega_1 = \frac{2\pi}{T} \tag{3-6}$$

式(3-6)即为周期信号 $f(t)$ 的复指数形式的傅里叶级数。其中 F_n 为复指数级数的系数，由 $F_n = \frac{1}{2}(a_n - \mathrm{j}b_n)$，将式(3-2)代入，得

$$F_n = \frac{1}{2} \left[\frac{2}{T} \int_{-\frac{T}{2}}^{\frac{T}{2}} f(t) \cos(n\omega_1 t) \mathrm{d}t - \mathrm{j} \frac{2}{T} \int_{-\frac{T}{2}}^{\frac{T}{2}} f(t) \sin(n\omega_1 t) \mathrm{d}t \right]$$

$$= \frac{1}{T} \int_{-\frac{T}{2}}^{\frac{T}{2}} f(t) \left[\cos(n\omega_1 t) - \mathrm{j}\sin(n\omega_1 t) \right] \mathrm{d}t$$

$$= \frac{1}{T} \int_{-\frac{T}{2}}^{\frac{T}{2}} f(t) \mathrm{e}^{-\mathrm{j}n\omega_1 t} \mathrm{d}t$$

即傅里叶复系数

$$F_n = \frac{1}{T} \int_{-\frac{T}{2}}^{\frac{T}{2}} f(t) \mathrm{e}^{-\mathrm{j}n\omega_1 t} \mathrm{d}t, \quad n = 0, \pm 1, \pm 2, \cdots \tag{3-7}$$

式(3-6)表明，任意周期信号 $f(t)$ 可分解为许多不同频率的虚指数信号 $\mathrm{e}^{\mathrm{j}n\omega_1 t}$ 之和，其各分量的复数幅度为 F_n。

由上可知，复系数 F_n 中，下标变量 n 的有效范围是 $-\infty < n < \infty$，且 $F_{-n} = F_n^*$，若将 F_n 表示为 $F_n = |F_n| \mathrm{e}^{\mathrm{j}\varphi_n}$，则 $F_{-n} = |F_n| \mathrm{e}^{-\mathrm{j}\varphi_n}$，这里 $|F_n|$ 为各次谐波的幅度，φ_n 为各次谐波的相位。对于式(3-6)，n 取每一个值都会有频率为 $n\omega_1$ 的分量 $F_n \mathrm{e}^{\mathrm{j}n\omega_1 t}$，同时也会有频率为 $-n\omega_1$ 的分量 $F_{-n} \mathrm{e}^{-\mathrm{j}n\omega_1 t}$，负频率的出现仅仅是数学形式，实际并不存在。除了直流分量是 F_0 外，单独一个分量 $F_n \mathrm{e}^{\mathrm{j}n\omega_1 t}$ 不能构成物理上的一个谐波分量，必须是成对的两个分量 $F_n \mathrm{e}^{\mathrm{j}n\omega_1 t}$ 和 $F_{-n} \mathrm{e}^{-\mathrm{j}n\omega_1 t}$ 才能构成一个实际存在的谐波分量，即

$$F_n \mathrm{e}^{\mathrm{j}n\omega_1 t} + F_{-n} \mathrm{e}^{-\mathrm{j}n\omega_1 t} = |F_n| \mathrm{e}^{\mathrm{j}\varphi_n} \mathrm{e}^{\mathrm{j}n\omega_1 t} + |F_n| \mathrm{e}^{-\mathrm{j}\varphi_n} \mathrm{e}^{-\mathrm{j}n\omega_1 t}$$

$$= |F_n| \left[\mathrm{e}^{\mathrm{j}(n\omega_1 t + \varphi_n)} + \mathrm{e}^{-\mathrm{j}(n\omega_1 t + \varphi_n)} \right]$$

$$= 2|F_n| \cos(n\omega_1 t + \varphi_n)$$

与式(3-3)比较，可得 $A_n = 2|F_n|$，也就是说周期信号 $f(t)$ 的各次谐波振幅 A_n 是各次谐

波幅度 $|F_n|$ 的 2 倍。周期信号 $f(t)$ 的三角级数形式和复指数级数形式只是同一信号的两种不同表示方法,都是把周期信号表示为不同频率的各分量。

例 3-1-2　如图 3-1 所示的周期性方波信号,将其展开为复指数形式的傅里叶级数。

解

$$F_n = \frac{1}{T}\int_{-\frac{T}{2}}^{\frac{T}{2}} f(t)\mathrm{e}^{-\mathrm{j}n\omega_1 t}\mathrm{d}t$$

$$= \frac{1}{2}(a_n - \mathrm{j}b_n) = \frac{2A}{\mathrm{j}n\pi}(n = 1,3,5\cdots)$$

$$F_0 = a_0 = 0$$

所以

$$f(t) = \sum_{n=-\infty}^{\infty} \frac{2A}{\mathrm{j}n\pi}\mathrm{e}^{\mathrm{j}n\omega_1 t} \quad (n = 1,3,5\cdots)$$

3.2　周期信号的频谱

3.2.1　周期信号频谱的特点

如前所述,周期信号可以分解成一系列正弦信号或虚指数信号之和,即

$$f(t) = a_0 + \sum_{n=1}^{\infty} A_n\cos(n\omega_1 t + \varphi_n)$$

或

$$f(t) = \sum_{n=-\infty}^{\infty} F_n\mathrm{e}^{\mathrm{j}n\omega_1 t}$$

为了直观的表示出信号所含各分量的振幅,以频率为横坐标,以各谐波的幅度 $|F_n|$ 或振幅 A_n 为纵坐标,可得到幅度(振幅)随频率变化的图形,称为幅度(振幅)频谱,简称为幅度谱。类似地,以频率为横坐标,以各谐波初相角 φ_n 为纵坐标,可得到相位随频率变化的图形,称为相位频谱,简称为相位谱。频谱图包括幅度频谱和相位频谱。以图 3-1 所示周期性方波为例,将其分别展开成三角形式的傅里叶级数和复指数形式的傅里叶级数(参考例 3-1-1 和例 3-1-2),由此可以得到该信号的幅度频谱图和相位频谱图,如图 3-3 所示。

频谱图中,每条竖线称为谱线,其所在频率位置 $n\omega_1$ 为该次谐波的角频率。图 3-3(a)中,信号分解为各余弦分量,图中的每一条谱线表示该次谐波的振幅(称为单边幅度谱),而在图 3-3(c)中,信号分解为各虚指数函数,图中每一条谱线表示各分量的幅度 $|F_n|$(称为双边幅度谱,其中 $|F_n| = \frac{1}{2}A_n$)。类似地,图 3-3(b)和图 3-3(d)分别为单边相位谱和双边相位谱,每一条谱线表示该次谐波(分量)的相位值。如果 F_n 为实数,那么可用 F_n 的正负来表示 φ_n 为 0 或 π,这时常把幅度谱和相位谱画在一张图上。

图 3-3 显示了周期性方波信号频谱的一些规律,实际上也反映了一般周期信号频谱的普遍规律。一般地说,周期信号的频谱具有下列特点。

(1)**离散性**:频谱中的谱线在离散的频率上才存在,因此称为离散频谱。单边谱中一条谱线代表了一个谐波分量,而双边谱中左右对称的两条谱线代表了一个谐波分量。

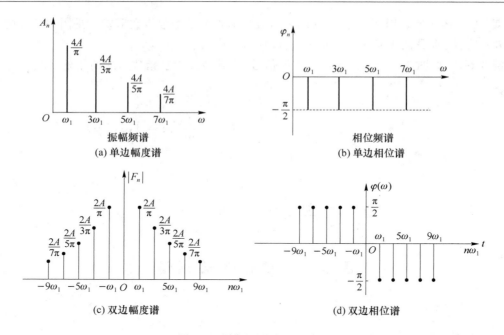

图 3-3　周期矩形波的频谱图

（2）谐波性：频谱中的每一条谱线只能在基波频率 ω_1 的整数倍频率上出现。

（3）收敛性：频谱中幅度（或振幅）谱线的高度虽然随 $n\omega_1$ 的变化有起伏变化，但总的趋势是随着 $n\omega_1$ 的增大而逐渐减小。当 $n \to \infty$ 时，幅度（或振幅）趋于无穷小。

由此可见，周期信号的频谱实际上就是它的各种频率分量的分布情况，知道了信号的频谱，也就知道了信号本身，所以说信号的频谱是信号的另一种表示，它提供了从频域角度来观察和分析信号的途径。

例 3-2-1 已知周期信号

$$f(t) = 2 + 3\cos(\pi t + 10°) + 2\cos(2\pi t + 20°) + 0.4\cos(3\pi t + 45°) + 0.8\cos(6\pi t + 30°),$$

试画出 $f(t)$ 的振幅频谱和相位频谱。

解　题中所给的 $f(t)$ 表达式可视为 $f(t)$ 的傅里叶级数展开式。据

$$f(t) = a_0 + \sum_{n=1}^{\infty} A_n \cos(n\Omega t + \varphi_n)$$

可知，其基波频率 $\omega_1 = \pi$（rad/s），基本周期 $T = 2$ s，角频率为 2π、3π、6π 分别为二、三、六次谐波的频率。且有直流分量 $a_0 = 2$，各次谐波振幅 $A_1 = 3$，$A_2 = 2$，$A_3 = 0.4$，$A_6 = 0.8$；各次谐波相位 $\varphi_0 = 0°$，$\varphi_1 = 10°$，$\varphi_2 = 20°$，$\varphi_3 = 45°$，$\varphi_6 = 30°$。由此，可画出周期信号 $f(t)$ 的振幅频谱和相位频谱，如图 3-4 所示。

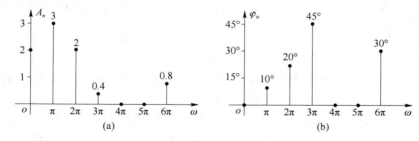

图 3-4　振幅频谱和相位频谱

3.2.2　周期矩形脉冲信号的频谱

设有一幅度为 A，脉冲宽度为 τ 的周期性矩形脉冲，其周期为 T，如图 3-5 所示。

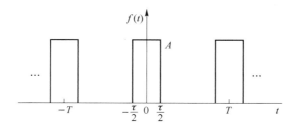

图 3-5　周期矩形脉冲

$f(t)$ 在一个周期内可表示为

$$f(t) = \begin{cases} A, & |t| < \dfrac{\tau}{2} \\ 0, & |t| > \dfrac{\tau}{2} \end{cases}$$

根据式(3-7)，可以求得其复系数

$$F_0 = a_0 = \frac{1}{T}\int_{-\frac{T}{2}}^{\frac{T}{2}} A\mathrm{d}t = \frac{A\tau}{T}$$

$$F_n = \frac{1}{T}\int_{-\frac{T}{2}}^{\frac{T}{2}} f(t)\mathrm{e}^{-\mathrm{j}n\omega_1 t}\mathrm{d}t = \frac{1}{T}\int_{-\frac{\tau}{2}}^{\frac{\tau}{2}} A\mathrm{e}^{-\mathrm{j}n\omega_1 t}\mathrm{d}t$$

$$= \frac{A}{T}\cdot\frac{1}{-\mathrm{j}n\omega_1}(\mathrm{e}^{-\mathrm{j}\frac{n\omega_1\tau}{2}} - \mathrm{e}^{\mathrm{j}\frac{n\omega_1\tau}{2}}) = \frac{2A}{Tn\omega_1}\sin\left(\frac{n\omega_1\tau}{2}\right)$$

$$= \frac{A\tau}{T}\cdot\frac{\sin\left(\dfrac{n\omega_1\tau}{2}\right)}{\left(\dfrac{n\omega_1\tau}{2}\right)} = \frac{A\tau}{T}\mathrm{Sa}\left(\frac{n\omega_1\tau}{2}\right) \tag{3-8}$$

根据式(3-6)，可写出该周期性矩形脉冲的复指数形式傅里叶级数展开式为

$$f(t) = \sum_{n=-\infty}^{\infty} F_n\mathrm{e}^{\mathrm{j}n\omega_1 t} = \frac{A\tau}{T}\sum_{n=-\infty}^{\infty}\mathrm{Sa}\left(\frac{n\omega_1\tau}{2}\right)\mathrm{e}^{\mathrm{j}n\omega_1 t} \quad (n = 0, \pm 1, \pm 2, \cdots) \tag{3-9}$$

图 3-6 画出了 $T = 4\tau$ 的周期矩形脉冲的频谱，并分别画出了幅度谱和相位谱。由于本例中 F_n 为实函数，故当 F_n 的谱线为正时，其相位为零，谱线为负时，相位为 π 或 $-\pi$。

根据第 2 章介绍的取样函数 $\mathrm{Sa}(x)$ 的知识，F_n 在 $n\omega_1$ 出现的各条谱线的幅度按包络线 $\mathrm{Sa}(x)$ 的规律变化。在 $\dfrac{n\omega_1\tau}{2} = \pm k\pi(k = 1, 2, 3, \cdots)$ 各处，即 $n\omega_1 = \pm\dfrac{2k\pi}{\tau}$ 时，包络为零，其相应的谱线，亦即相应的频率分量也等于零。

周期矩形脉冲信号含有无穷多条谱线，也就是说，它可分解为无穷多个频率分量。实际上，由于各分量的幅度随频率的增高而减小，信号能量主要集中在第一个零交点 $n\omega_1 = \dfrac{2\pi}{\tau}$ 以内。在允许一定失真的条件下，只需传送频率较低的那些分量就够了。通常把 $\left(0 \sim \dfrac{2\pi}{\tau}\right)$ 这段频率范围称为周期矩形脉冲信号的频带宽度或信号的带宽，用符号 $\Delta\omega$ 表示，即周期矩形脉冲

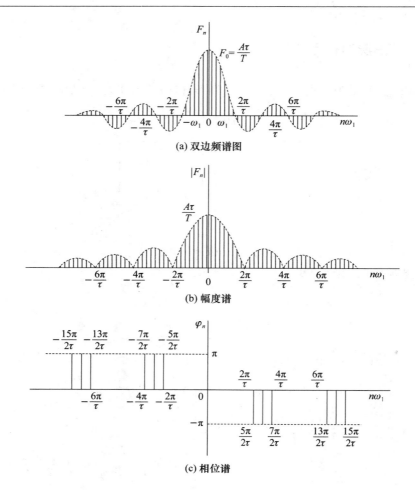

图 3-6　周期矩形脉冲的频谱图

信号的频带宽度（带宽）为

$$\Delta\omega = \frac{2\pi}{\tau}(\text{rad/s}) \tag{3-10}$$

或者

$$\Delta f = \frac{1}{\tau}(\text{Hz}) \tag{3-11}$$

周期矩形脉冲的脉冲宽度 τ 和周期 T 的变化对其频谱结构有重要影响。图 3-7 画出了周期相同，脉冲宽度不同的信号及其频谱。由图可见，由于周期相同，因而相邻谱线的间隔相同，即谱线疏密不变；脉冲宽度 τ 减小时，其最大值 $F_0 = \frac{A\tau}{T}$ 减小，各条谱线的高度也相应地减小；其频谱包络线第一个零交点 $\frac{2\pi}{\tau}$ 增大，即信号带宽增大，频带内所含的频率分量增多，即谱线的数目增多。可见，信号的频带宽度与信号的持续时间（脉冲宽度）成反比，信号持续时间越长，其频带越窄；反之，信号脉冲越窄，其频带越宽。

图 3-8 画出了脉冲宽度相同而周期不同的信号及其频谱。随着 T 的增大，频谱幅度 $|F_n|$ 随之减小；第一个零交点 $\frac{2\pi}{\tau}$ 不变，即信号的带宽不变；相邻谱线的间隔 $\omega_1 = \frac{2\pi}{T}$ 变小，谱线变

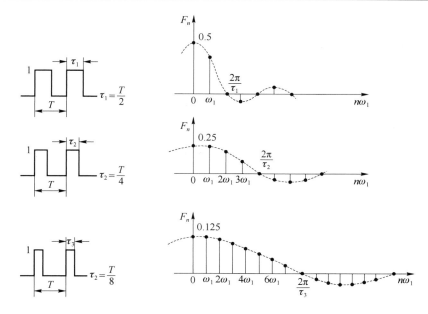

图 3-7　脉冲宽度与频谱的关系

密;当 $T \to \infty$ 时,相邻谱线的间隔将趋近于零,这时周期信号已转化为非周期信号,离散线谱变为连续面谱。

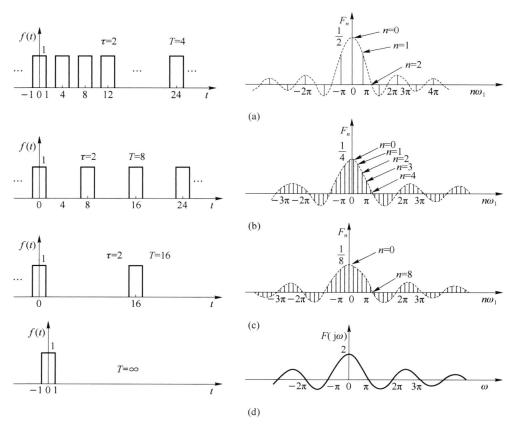

图 3-8　周期与频谱的关系

3.2.3 周期信号的平均功率

功率有限的信号称为功率信号,周期信号是功率信号。为了方便,研究周期信号在 $1\,\Omega$ 电阻上消耗的平均功率,称为归一化平均功率。如果周期信号 $f(t)$ 是实函数,无论它是电压信号还是电流信号,其平均功率都为

$$P = \frac{1}{T}\int_{-\frac{T}{2}}^{\frac{T}{2}} f^2(t)\,\mathrm{d}t \tag{3-12}$$

将 $f(t)$ 的傅里叶级数展开式代入上式,得

$$P = \frac{1}{T}\int_{-\frac{T}{2}}^{\frac{T}{2}} \left[a_0 + \sum_{n=1}^{\infty} A_n\cos\left(n\omega_1 t + \varphi_n\right) \right]^2 \mathrm{d}t$$

$$= a_0^2 + \frac{1}{2}\sum_{n=1}^{\infty} A_n^2 \tag{3-13}$$

上式等号右端的第一项为直流功率,第二项为各次谐波的功率之和。由于 $|F_n|$ 是 n 的偶函数,且 $|F_n| = \frac{1}{2}A_n$,式(3-13)可改写成

$$P = \frac{1}{T}\int_{-\frac{T}{2}}^{\frac{T}{2}} f^2(t)\,\mathrm{d}t = |F_0|^2 + 2\sum_{n=1}^{\infty} |F_n|^2 = \sum_{n=-\infty}^{\infty} |F_n|^2 \tag{3-14}$$

式(3-13)和式(3-14)称为周期信号的帕赛瓦尔(Parseval)定理,它表明,周期信号的平均功率等于直流及各次谐波的平均功率之和,在时域中求得的信号功率与在频域中求得的信号功率相等。将 $|F_n|^2$ 与 $n\omega_1$ 的关系用图形表示出来即是周期信号的功率谱。显然,周期信号的功率谱也是离散谱。

3.3 非周期信号的频谱

3.3.1 傅里叶变换

前已指出,当周期 T 趋近于无穷大时,相邻谱线的间隔 ω_1 趋近于无穷小,从而信号的频谱密集成为连续频谱。同时,各频率分量的幅度也都趋近于无穷小,不过,这些无穷小量之间仍保持一定的比例关系。为了描述非周期信号的频谱特性,引入频谱密度的概念。

令

$$F(\omega) = \lim_{\Delta f \to 0} \frac{F_n}{\Delta f} = \lim_{T\to\infty} \frac{F_n}{\frac{1}{T}} = \lim_{T\to\infty} F_n T \tag{3-15}$$

从式(3-15)可以看出,$F(\omega)$ 表示了单位频带占有的振幅,类似于物理学中质量线密度 $\rho_l = \lim_{\Delta l \to 0}\frac{\Delta m}{\Delta l}$,具有密度的意义,所以把 $F(\omega)$ 称为频谱密度函数,简称频谱函数。$F(\omega)$ 可理解为一种密度频谱,当 T 趋于无穷大时,$F(\omega)$ 不趋于零而趋于有限值。

由式(3-7)和式(3-6)可得

$$F_n T = \int_{-\frac{T}{2}}^{\frac{T}{2}} f(t) e^{-jn\omega_1 t} dt \qquad (3-16)$$

$$f(t) = \sum_{n=-\infty}^{\infty} F_n T e^{jn\omega_1 t} \cdot \frac{1}{T} \qquad (3-17)$$

考虑到当周期 T 趋近于无穷大时，ω_1 趋近于无穷小，故 ω_1 可用 $d\omega$ 代替，而 $\frac{1}{T} = \frac{\omega_1}{2\pi}$ 可用 $\frac{d\omega}{2\pi}$ 表示。离散变量 $n\omega_1$ 变为连续变量 ω，同时离散求和变为连续和（积分）。于是式(3-16)成为

$$F(\omega) = \lim_{T\to\infty} F_n T = \lim_{T\to\infty} \int_{-\frac{T}{2}}^{\frac{T}{2}} f(t) e^{-jn\omega_1 t} dt = \int_{-\infty}^{\infty} f(t) e^{-j\omega t} dt$$

由于 $F(\omega) = \lim_{T\to\infty} F_n T$，代入式(3-17)得

$$f(t) = \lim_{T\to\infty} \sum_{n=-\infty}^{\infty} F(\omega) e^{jn\omega_1 t} \cdot \frac{1}{T} = \frac{1}{2\pi} \int_{-\infty}^{\infty} F(\omega) e^{j\omega t} d\omega$$

由以上分析，得到了一对重要关系，即傅里叶变换（Fourier transform），简称傅氏变换：

正变换

$$F(\omega) = \int_{-\infty}^{\infty} f(t) e^{-j\omega t} dt \qquad (3-18)$$

反变换

$$f(t) = \frac{1}{2\pi} \int_{-\infty}^{\infty} F(\omega) e^{j\omega t} d\omega \qquad (3-19)$$

式(3-18)和式(3-19)称为傅里叶变换对，$F(\omega)$ 称为 $f(t)$ 的频谱密度函数或频谱函数，而 $f(t)$ 称为 $F(\omega)$ 的原函数，可用符号简记作

$$F(\omega) = \mathscr{F}[f(t)]$$

$$f(t) = \mathscr{F}^{-1}[F(\omega)]$$

或简记为

$$f(t) \leftrightarrow F(\omega)$$

频谱函数 $F(\omega)$ 一般为 ω 的复函数，故有时把 $F(\omega)$ 记作 $F(j\omega)$。$F(\omega)$ 可写为

$$F(\omega) = |F(\omega)| e^{j\varphi(\omega)} \qquad (3-20)$$

$F(\omega)$ 随 ω 变化的规律就是非周期信号的频谱，把 $|F(\omega)| \sim \omega$ 的关系曲线称为幅度频谱；$\varphi(\omega) \sim \omega$ 的关系曲线称为相位频谱，它们都是频率 ω 的连续函数。也可利用欧拉公式将 $F(\omega)$ 的实部和虚部分别表示出来。

$$F(\omega) = \int_{-\infty}^{\infty} f(t) e^{-j\omega t} dt = \int_{-\infty}^{\infty} f(t) \cos \omega t \, dt - j \int_{-\infty}^{\infty} f(t) \sin \omega t \, dt$$

$$= a(\omega) - jb(\omega) \qquad (3-21)$$

式中，$a(\omega)$ 为 ω 的偶函数，$b(\omega)$ 为 ω 的奇函数，从而可以得到

$$|F(\omega)| = \sqrt{a^2(\omega) + b^2(\omega)} \qquad \text{为 } \omega \text{ 的偶函数}$$

$$\varphi(\omega) = -\arctan\left[\frac{b(\omega)}{a(\omega)}\right] \qquad \text{为 } \omega \text{ 的奇函数}$$

将非周期信号的频谱表示为傅里叶积分，要求式(3-18)的积分必须存在，意味着信号 $f(t)$ 要满足绝对可积条件，即

$$\int_{-\infty}^{\infty} |f(t)| \, dt < \infty \qquad\qquad (3\text{-}22)$$

但这仅是充分条件,而不是必要条件。凡满足绝对可积条件的信号,它的傅里叶变换 $F(\omega)$ 必然存在,但不满足式(3-22)的信号,其傅里叶变换也可能存在。

3.3.2 典型信号的傅里叶变换

1. 门函数的频谱

矩形脉冲也称为门函数,将幅度为 1,宽度为 τ 的矩形脉冲用符号 $g_\tau(t)$ 表示,其表达式为

$$g_\tau(t) = \begin{cases} 1, & |t| < \dfrac{\tau}{2} \\[2mm] 0, & |t| > \dfrac{\tau}{2} \end{cases}$$

其波形如图 3-9(a)所示。

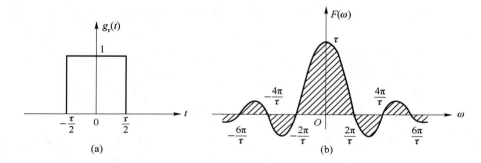

图 3-9 门函数及其频谱

由式(3-18),可得 $g_\tau(t)$ 的频谱密度函数为

$$F(\omega) = \int_{-\infty}^{\infty} g_\tau(t) \, e^{-j\omega t} \, dt = \int_{-\frac{\tau}{2}}^{\frac{\tau}{2}} e^{-j\omega t} \, dt$$

$$= \frac{e^{-j\frac{\omega\tau}{2}} - e^{j\frac{\omega\tau}{2}}}{-j\omega} = \frac{2\sin\left(\dfrac{\omega\tau}{2}\right)}{\omega}$$

$$= \tau \cdot \frac{\sin\left(\dfrac{\omega\tau}{2}\right)}{\left(\dfrac{\omega\tau}{2}\right)} = \tau \cdot \mathrm{Sa}\left(\frac{\omega\tau}{2}\right)$$

所以,门函数的频谱为

$$g_\tau(t) \leftrightarrow \tau \cdot \mathrm{Sa}\left(\frac{\omega\tau}{2}\right) \qquad\qquad (3\text{-}23)$$

图 3-9(b)为其 $F(\omega)$ 的图形。可见,非周期信号的频谱是连续谱。虽然矩形脉冲信号在时域持续时间有限,然而它的频谱却以 $\mathrm{Sa}\left(\dfrac{\omega\tau}{2}\right)$ 的规律变化,分布在无限宽的频率范围上,但是其信号能量主要集中在 $\left(0 \sim \dfrac{2\pi}{\tau}\right)$ 范围内,因此,$g_\tau(t)$ 的信号频带宽度为

$$\Delta\omega = \frac{2\pi}{\tau}$$

门函数的幅度频谱和相位频谱分别为

$$|F(\omega)| = \tau\left|\mathrm{Sa}(\frac{\omega\tau}{2})\right|$$

$$\varphi(\omega) = \begin{cases} 0, \dfrac{4n\pi}{\tau} < |\omega| < \dfrac{2(2n+1)\pi}{\tau} \\ \pm\pi, \dfrac{2(2n+1)\pi}{\tau} < |\omega| < \dfrac{2(2n+2)\pi}{\tau} \end{cases} \quad n = 0,1,2\cdots$$

其图形如图 3-10 所示。

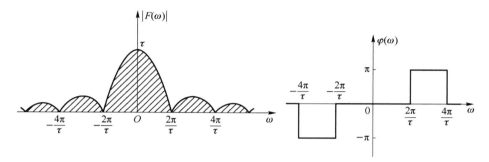

图 3-10　门函数的幅度谱和相位谱

2. 单边指数信号的频谱

设单边指数信号的表达式为

$$f(t) = \mathrm{e}^{-\alpha t}u(t)(\alpha > 0)$$

如图 3-12(a)所示,其傅里叶变换为

$$F(\omega) = \int_{-\infty}^{\infty} f(t)\mathrm{e}^{-\mathrm{j}\omega t}\mathrm{d}t = \int_{0}^{\infty} \mathrm{e}^{-(\alpha+\mathrm{j}\omega)t}\mathrm{d}t$$

$$= \frac{1}{\alpha + \mathrm{j}\omega}$$

即有变换对

$$\mathrm{e}^{-\alpha t}u(t) \leftrightarrow \frac{1}{\alpha + \mathrm{j}\omega} \tag{3-24}$$

其幅度频谱为

$$|F(\omega)| = \frac{1}{\sqrt{\alpha^2 + \omega^2}}$$

相位频谱为

$$\varphi(\omega) = -\arctan(\frac{\omega}{\alpha})$$

它们的图形如图 3-11(b)所示。

3. 双边指数信号的频谱

设双边指数信号的表达式为

$$f(t) = \mathrm{e}^{-\alpha|t|},(\alpha > 0)$$

或者写为

$$f(t) = \begin{cases} \mathrm{e}^{-\alpha t}, t > 0 \\ \mathrm{e}^{\alpha t}, t < 0 \end{cases} \quad (\alpha > 0)$$

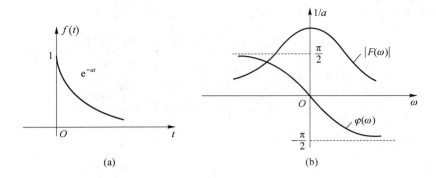

图 3-11   单边指数信号及其频谱

如图 3-12(a)所示,其傅里叶变换为

$$F(\omega) = \int_{-\infty}^{0} e^{\alpha t} e^{-j\omega t}\,dt + \int_{0}^{\infty} e^{-\alpha t} e^{-j\omega t}\,dt = \frac{1}{\alpha - j\omega} + \frac{1}{\alpha + j\omega}$$

$$= \frac{2\alpha}{\alpha^2 + \omega^2}$$

即有变换对

$$e^{-\alpha|t|} \leftrightarrow \frac{2\alpha}{\alpha^2 + \omega^2}, (\alpha > 0) \tag{3-25}$$

其幅度频谱为

$$|F(\omega)| = \frac{2\alpha}{\alpha^2 + \omega^2}$$

相位频谱为

$$\varphi(\omega) = 0$$

因为双边指数信号的相位频谱为零,所以其频谱如图 3-12(b)所示。

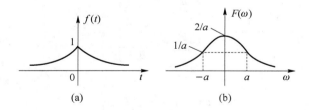

图 3-12   双边指数信号及其频谱

4. 冲激函数 $\delta(t)$ 的频谱

由傅里叶变换的定义式(3-18),并应用 $\delta(t)$ 的取样性质,得

$$F(\omega) = \int_{-\infty}^{\infty} \delta(t) e^{-j\omega t}\,dt = 1$$

即有变换对

$$\delta(t) \leftrightarrow 1 \tag{3-26}$$

可见,单位冲激函数的频谱是常数 1,也就是说,其频谱密度在整个频率范围内($-\infty < \omega < \infty$)处处相等,这种频谱通常称为"均匀谱"或"白色谱",如图 3-13 所示。单位冲激函数的频谱结构也说明信号的脉冲宽度和频带宽度的反比关系是普遍存在的规律。

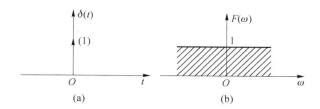

图 3-13　单位冲激函数及其频谱

5. 单位直流信号的频谱

设直流信号的表达式为

$$f(t) = 1, (-\infty < t < +\infty)$$

如图 3-14(a)所示,利用傅里叶反变换公式(3-19)可得

$$\delta(t) = \frac{1}{2\pi} \int_{-\infty}^{\infty} 1 \cdot e^{j\omega t} d\omega$$

由于 $\delta(t)$ 是 t 的偶函数,所以有

$$\delta(t) = \delta(-t) = \frac{1}{2\pi} \int_{-\infty}^{\infty} 1 \cdot e^{-j\omega t} d\omega$$

将上式中 ω 换为 t, t 换为 ω,则有

$$2\pi\delta(\omega) = \int_{-\infty}^{\infty} 1 \cdot e^{-j\omega t} dt$$

上式表明单位直流信号的傅里叶变换(频谱)为 $2\pi\delta(\omega)$,即

$$1 \leftrightarrow 2\pi\delta(\omega) \tag{3-27}$$

如图 3-14(b)所示。可见,直流信号的频谱只在 $\omega = 0$ 处有一冲激,说明其只包含 $\omega = 0$ 的频率分量,而不含其他频率分量。

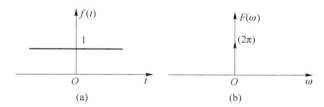

图 3-14　直流信号及其频谱

6. 符号函数的频谱

符号函数记作 sgn(t),定义为

$$\text{sgn}(t) = \begin{cases} 1, & t > 0 \\ -1, & t < 0 \end{cases}$$

其波形如图 3-15(a)所示。虽然符号函数不满足绝对可积条件,但其傅里叶变换存在。构造奇双边指数信号 $f_1(t)$,令

$$f_1(t) = \text{sgn}(t)e^{-\alpha |t|} = \begin{cases} e^{-\alpha t}, & t > 0 \\ -e^{\alpha t}, & t < 0 \end{cases} \quad (\alpha > 0)$$

可以发现,当 $\alpha \to 0$ 时对 $f_1(t)$ 取极限,即可得到 sgn(t),即

$$\text{sgn}(t) = \lim_{\alpha \to 0} f_1(t)$$

因此,可先求出 $f_1(t)$ 的频谱,然后取极限,从而得到符号函数的频谱。设 $f_1(t) \leftrightarrow F_1(\omega)$ 则

$$F_1(\omega) = \int_{-\infty}^{\infty} f_1(t) e^{-j\omega t} dt = \int_{-\infty}^{0} -e^{\alpha t} e^{-j\omega t} dt + \int_{0}^{\infty} e^{-\alpha t} e^{-j\omega t} dt$$

$$= \frac{-1}{\alpha - j\omega} + \frac{1}{\alpha + j\omega} = \frac{-2j\omega}{\alpha^2 + \omega^2}$$

所以，符号函数的频谱为

$$F(\omega) = \lim_{\alpha \to 0} F_1(\omega) = \lim_{\alpha \to 0} \frac{-2j\omega}{\alpha^2 + \omega^2} = \frac{2}{j\omega}$$

即有变换对

$$\mathrm{sgn}(t) \leftrightarrow \frac{2}{j\omega} \qquad\qquad (3\text{-}28)$$

其幅度频谱为

$$|F(\omega)| = \frac{2}{|\omega|}$$

相位频谱为

$$\varphi(\omega) = \begin{cases} -\dfrac{\pi}{2}, & \omega > 0 \\[2mm] \dfrac{\pi}{2}, & \omega < 0 \end{cases}$$

其频谱如图 3-15(b)所示。

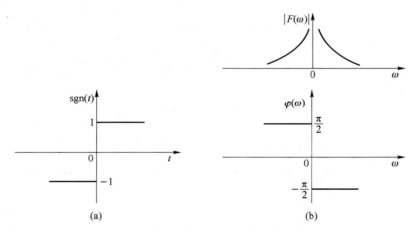

图 3-15　符号函数及其频谱

7. 单位阶跃信号的频谱

单位阶跃信号 $u(t)$ 也不满足绝对可积条件，但其傅里叶变换同样存在。单位阶跃信号可用直流信号和符号函数表示为

$$u(t) = \frac{1}{2} + \frac{1}{2}\mathrm{sgn}(t)$$

如图 3-16(a)所示，对上式两边进行傅里叶变换，得

$$\mathscr{F}[u(t)] = \mathscr{F}\left[\frac{1}{2}\right] + \mathscr{F}\left[\frac{1}{2}\mathrm{sgn}(t)\right]$$

由式(3-27)和式(3-28)可得

$$\mathscr{F}[u(t)] = \pi\delta(\omega) + \frac{1}{j\omega}$$

即有变换对

$$u(t) \leftrightarrow \pi\delta(\omega) + \frac{1}{j\omega} \tag{3-29}$$

其幅度频谱和相位频谱如图 3-16(b)和图 3-16(c)所示。

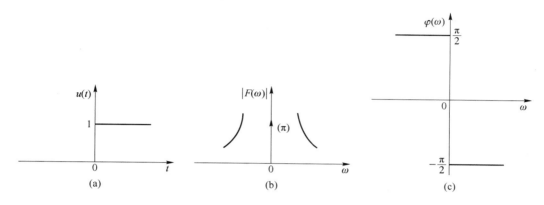

图 3-16　单位阶跃信号及其频谱

表 3-1 列出了常用信号的傅里叶变换。

由以上分析,可以得到如下重要结论:

(1) 非周期信号的频谱是连续频谱;

(2) 若信号在时域中持续时间有限,则其频谱在频域将延伸到无限,反之,若在时域中持续时间无限,则其频谱在频域是有限的;

(3) 信号的频带宽度与时域持续时间成反比,脉冲宽度越窄,则信号带宽越宽;

(4) 绝大多数信号的主要能量一般集中在低频分量。

表 3-1　常用非周期信号的傅里叶变换表

编号	信号名称	$f(t)$	$F(\omega)$
1	矩形脉冲	$\begin{cases} 1, & \|t\| < \dfrac{\tau}{2} \\ 0, & \|t\| > \dfrac{\tau}{2} \end{cases}$	$\tau \cdot \text{Sa}\left(\dfrac{\omega\tau}{2}\right)$
2	单边指数信号	$e^{-\alpha t}u(t)(\alpha > 0)$	$\dfrac{1}{\alpha + j\omega}$
3	双边指数信号	$e^{-\alpha\|t\|}\ (\alpha > 0)$	$\dfrac{2\alpha}{\alpha^2 + \omega^2}$
4	单位冲激信号	$\delta(t)$	1
5	单位直流信号	1	$2\pi\delta(\omega)$
6	符号函数	$\text{sgn}(t) = \begin{cases} 1, & t > 0 \\ -1, & t < 0 \end{cases}$	$\dfrac{2}{j\omega}$
7	单位阶跃函数	$u(t)$	$\pi\delta(\omega) + \dfrac{1}{j\omega}$
8	复指数信号	$e^{\pm j\omega_0 t}$	$2\pi\delta(\omega \mp \omega_0)$
9	余弦函数	$\cos(\omega_0 t)$	$\pi[\delta(\omega + \omega_0) + \delta(\omega - \omega_0)]$
10	正弦函数	$\sin(\omega_0 t)$	$j\pi[\delta(\omega + \omega_0) - \delta(\omega - \omega_0)]$
11	冲激序列	$\delta_T(t) = \displaystyle\sum_{n=-\infty}^{\infty} \delta(t - nT)$	$\dfrac{2\pi}{T} \displaystyle\sum_{n=-\infty}^{\infty} \delta(\omega - n\omega_1)$

3.3.3 非周期信号的能量

信号(电压或电流) $f(t)$ 在 $1\ \Omega$ 电阻上的瞬时功率为 $|f(t)|^2$,若用 E 表示信号在 $(-\infty,\ \infty)$ 区间上的能量,则有

$$E \overset{\mathrm{def}}{=} \lim_{T\to\infty} \int_{-T}^{T} |f(t)|^2 \mathrm{d}t$$

如果 $f(t)$ 是实函数,则上式可写为

$$E = \int_{-\infty}^{\infty} f^2(t)\mathrm{d}t \tag{3-30}$$

如果信号能量有限,即 $0 < E < \infty$,称信号为能量有限信号,简称能量信号,大多数非周期信号都为能量信号,如门函数、单边或双边指数衰减信号等。

信号能量和频谱函数之间有确定的关系。将式(3-19)代入到式(3-30),得

$$E = \int_{-\infty}^{\infty} f^2(t)\mathrm{d}t = \int_{-\infty}^{\infty} f(t)\left[\frac{1}{2\pi}\int_{-\infty}^{\infty} F(\omega)\mathrm{e}^{\mathrm{j}\omega t}\mathrm{d}\omega\right]\mathrm{d}t$$

交换积分次序,得

$$E = \frac{1}{2\pi}\int_{-\infty}^{\infty} F(\omega)\left[\int_{-\infty}^{\infty} f(t)\mathrm{e}^{\mathrm{j}\omega t}\mathrm{d}t\right]\mathrm{d}\omega = \frac{1}{2\pi}\int_{-\infty}^{\infty} F(\omega)F(-\omega)\mathrm{d}\omega$$

由于 $F(-\omega) = F^*(\omega)$,则 $F(\omega)F(-\omega) = |F(\omega)|^2$,最后得

$$E = \int_{-\infty}^{\infty} f^2(t)\mathrm{d}t = \frac{1}{2\pi}\int_{-\infty}^{\infty} |F(\omega)|^2 \mathrm{d}\omega \tag{3-31}$$

式(3-31)也常称为非周期信号的能量公式或帕塞瓦尔(Parseval)公式。它表明,信号 $f(t)$ 的能量可以通过频谱密度函数 $F(\omega)$ 求得,在时域中求得的信号能量和在频域中求得的信号能量相等。

3.4 傅里叶变换的性质

傅里叶变换的性质揭示了信号的时域特性和频域特性之间的确定的内在联系,利用傅里叶变换的性质使得信号分析和工程应用更有依据,运算更简化。

3.4.1 线性性质

线性性质包括:
(1) 齐次性。若 $f(t) \leftrightarrow F(\omega)$,则 $af(t) \leftrightarrow aF(\omega)$
(2) 可加性。若 $f_1(t) \leftrightarrow F_1(\omega)$,$f_2(t) \leftrightarrow F_2(\omega)$,则

$$f_1(t) + f_2(t) \leftrightarrow F_1(\omega) + F_2(\omega)$$

当同时满足齐次性和可加性,则具有线性性质,即
若

$$f_1(t) \leftrightarrow F_1(\omega),f_2(t) \leftrightarrow F_2(\omega)$$

则对任意常数 a_1 和 a_2,有

$$a_1 f_1(t) + a_2 f_2(t) \leftrightarrow a_1 F_1(\omega) + a_2 F_2(\omega) \qquad (3\text{-}32)$$

式(3-32)说明信号时域线性组合的频谱是它们各自频谱作相同的线性组合。傅里叶变换的线性性质不难推广到有多个信号的情况。

在求单位阶跃函数 $u(t)$ 的频谱函数时已经利用了线性性质。

3.4.2　尺度变换特性

某信号 $f(t)$ 的波形如图 3-17(a)所示,若将该信号波形沿时间轴压缩到原来的 $\dfrac{1}{a}$（例如 $\dfrac{1}{2}$）,就成为图 3-17(e)所示的波形,它可表示为 $f(at)$。这里 a 是实常数,如果 $a > 1$, 则 $f(t)$ 波形压缩;如果 $0 < a < 1$, 则 $f(t)$ 波形展宽。如果 $a < 0$, 则 $f(t)$ 波形反转并压缩或展宽。

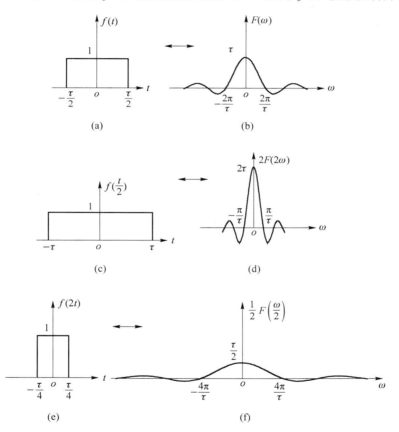

图 3-17　尺度变换示意图

若

$$f(t) \leftrightarrow F(\omega)$$

则对于实常数 $a(a \neq 0)$,有

$$f(at) \leftrightarrow \frac{1}{|a|} F\left(\frac{\omega}{a}\right) \qquad (3\text{-}33)$$

特别的,当 $a = -1$ 时,得

$$f(-t) \leftrightarrow F(-\omega) \tag{3-33}$$

式(3-32)表明,若信号 $f(t)$ 的波形沿时间轴压缩到原来的 $\dfrac{1}{a}$(压缩了 a 倍),那么 $\dfrac{1}{|a|}F\left(\dfrac{\omega}{a}\right)$ 则表示 $F(\omega)$ 沿频率展宽了 a 倍,且幅度减小到原来的 $\dfrac{1}{|a|}$。也就是说,信号时域波形的压缩,对应其频谱在频域中的扩展,反之,信号在时域中的扩展对应于其频谱在频域中的压缩。这一规律称为尺度变换特性。图 3-17 分别画出了门函数 $f(t)$,当 $a = \dfrac{1}{2}$(扩展了 2 倍),$a = 2$(压缩为原来的 $\dfrac{1}{2}$)时的时域波形及其频谱图。

式(3-32)可证明如下:设 $f(t) \leftrightarrow F(\omega)$

当 $a > 0$ 时,令 $x = at$,$t = \dfrac{x}{a}$,$dt = \dfrac{1}{a}dx$

$$\mathscr{F}[f(at)] = \int_{-\infty}^{\infty} f(at)e^{-j\omega t}dt = \frac{1}{a}\int_{-\infty}^{\infty} f(x)e^{-j\omega\frac{x}{a}}dx = \frac{1}{a}F\left(\frac{\omega}{a}\right)$$

当 $a < 0$ 时,令 $a = -|a|$,则 $x = at = -|a|t$,$t = \dfrac{x}{a} = -\dfrac{1}{|a|}x$,$dt = -\dfrac{1}{|a|}dx$

$$\mathscr{F}[f(at)] = \int_{-\infty}^{\infty} f(at)e^{-j\omega t}dt = \frac{-1}{|a|}\int_{+\infty}^{-\infty} f(x)e^{-j\omega\frac{x}{a}}dx$$

$$= \frac{1}{|a|}\int_{-\infty}^{\infty} f(x)e^{-j\frac{\omega}{a}x}dx = \frac{1}{|a|}F\left(\frac{\omega}{a}\right)$$

综合以上两种情况,即得式(3-32)。

由尺度变换特性可知,信号的持续时间与信号的频带宽度成反比。在电子信息、通信技术中,有时需要将信号持续时间缩短,以加快信息传输速度,这就不得不在频域内以频带加宽为代价,因此,在实际工程中应合理地选择信号的脉冲宽度与占有的频带。

3.4.3　时移特性

时移特性也称为延时特性。

若

$$f(t) \leftrightarrow F(\omega)$$

且 t_0 为常数,则有

$$f(t \pm t_0) \leftrightarrow F(\omega)e^{\pm j\omega t_0} \tag{3-34}$$

证明　因为

$$\mathscr{F}[f(t-t_0)] = \int_{-\infty}^{\infty} f(t-t_0)e^{-j\omega t}dt$$

作变量代替,令 $x = t - t_0$,则 $t = x + t_0$,$dt = dx$,代入上式,有

$$\mathscr{F}[f(t-t_0)] = \int_{-\infty}^{\infty} f(x)e^{-j\omega(x+t_0)}dx = e^{-j\omega t_0}\int_{-\infty}^{\infty} f(x)e^{-j\omega x}dx$$

$$= F(\omega)e^{-j\omega t_0}$$

同理可证

$$\mathscr{F}[f(t+t_0)] = F(\omega)e^{j\omega t_0}$$

具体地,利用 $F(\omega) = |F(\omega)|e^{j\varphi(\omega)}$,当信号 $f(t)$ 在时域中右移(即延时)t_0,其频谱函数

可表示为

$$F(\omega)\mathrm{e}^{-\mathrm{j}\omega t_0} = |F(\omega)|\mathrm{e}^{\mathrm{j}\varphi(\omega)} \cdot \mathrm{e}^{-\mathrm{j}\omega t_0} = |F(\omega)|\mathrm{e}^{\mathrm{j}[\varphi(\omega)-\omega t_0]}$$

可见，$f(t)$ 延时 t_0 后，其对应的幅度频谱保持不变，但相位频谱中所有频率分量的相位均滞后 ωt_0，滞后角与频率成正比。

不难证明，如果信号既有时移又有尺度变换，则有：

若

$$f(t) \leftrightarrow F(\omega)$$

且 a 和 b 为实常数，$a \neq 0$，则

$$f(at \pm b) \leftrightarrow \frac{1}{|a|}F\left(\frac{\omega}{a}\right) \cdot \mathrm{e}^{\pm \mathrm{j}\omega \frac{b}{a}} \tag{3-35}$$

显然，尺度变换和时移特性是上式的两种特殊情况，当 $b = 0$ 时得式(3-32)，当 $a = 1$ 时得式(3-34)。

例 3-4-1　设信号 $f(t)$ 由三个波形相同的脉冲组成，其相邻间隔为 $T = 3\tau$，如图 3-18(a) 所示，求其频谱函数 $F(\omega)$。

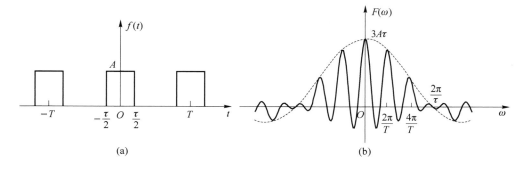

图 3-18　例 3-4-1 图

解　设位于坐标原点的单个脉冲用函数 $f_0(t)$ 表示，其频谱函数为 $F_0(\omega)$，则图 3-18(a) 中的信号可表示为

$$f(t) = f_0(t) + f_0(t + T) + f_0(t - T)$$

又因为

$$f_0(t) = Ag_\tau(t)$$

则

$$\mathscr{F}[f_0(t)] = F_0(\omega) = A\tau \cdot \mathrm{Sa}\left(\frac{\omega\tau}{2}\right)$$

根据线性性质和时移性质，得

$$\begin{aligned}
F(\omega) &= F_0(\omega) + F_0(\omega)\mathrm{e}^{\mathrm{j}\omega T} + F_0(\omega)\mathrm{e}^{-\mathrm{j}\omega T} \\
&= F_0(\omega)(1 + \mathrm{e}^{\mathrm{j}\omega T} + \mathrm{e}^{-\mathrm{j}\omega T}) \\
&= A\tau \cdot \mathrm{Sa}\left(\frac{\omega\tau}{2}\right)[1 + 2\cos(\omega T)]
\end{aligned}$$

频谱如图 3-18(b) 所示，其中包络虚线为单个矩形脉冲信号频谱的变化规律。当脉冲的数目 m 增加时，信号的能量将向 $\omega = \dfrac{2m\pi}{T}$ 处集中，在这些频率处频谱幅度增大，而在其他频率处幅度较小。当脉冲的个数无限增多时，这时就成为周期信号，除 $\omega = \dfrac{2m\pi}{T}$ 的各冲激谱线外，

其余频率分量均等于零,从而变成离散谱。

3.4.4 频移特性

若

$$f(t) \leftrightarrow F(\omega)$$

且 ω_0 为常数,则有

$$f(t) e^{\pm j\omega_0 t} \leftrightarrow F(\omega \mp \omega_0) \tag{3-36}$$

证明 根据傅里叶变换的定义,有

$$\mathscr{F}[f(t) e^{j\omega_0 t}] = \int_{-\infty}^{\infty} f(t) e^{j\omega_0 t} \cdot e^{-j\omega t} dt$$

$$= \int_{-\infty}^{\infty} f(t) e^{-j(\omega - \omega_0)t} dt = F(\omega - \omega_0)$$

同理可证

$$\mathscr{F}[f(t) e^{-j\omega_0 t}] = F(\omega + \omega_0)$$

式(3-36)表明,将信号 $f(t)$ 乘以因子 $e^{j\omega_0 t}$,对应于将频谱函数沿 ω 轴右移 ω_0;将信号 $f(t)$ 乘以因子 $e^{-j\omega_0 t}$,对应于将频谱函数沿 ω 轴左移 ω_0。

频移特性在通信技术中应用广泛,由于携带原始信息的基带信号一般属于低频信号,不利于在某些信道中传输,因此需要将其频谱搬移到高频附近,这个过程称为调制。以幅度调制为例,它是将基带信号 $f(t)$(称为调制信号)乘以高频载波 $\cos(\omega_0 t)$ 或 $\sin(\omega_0 t)$,得到高频已调信号 $f_a(t)$,即

$$f_a(t) = f(t)\cos(\omega_0 t)$$

根据欧拉公式,已调信号可表示为

$$f_a(t) = f(t)\cos(\omega_0 t) = \frac{1}{2}[f(t) e^{j\omega_0 t} + f(t) e^{-j\omega_0 t}]$$

从而有调制定理
若

$$f(t) \leftrightarrow F(\omega)$$

则

$$f(t)\cos(\omega_0 t) \leftrightarrow \frac{1}{2}[F(\omega + \omega_0) + F(\omega - \omega_0)] \tag{3-37}$$

同理可得

$$f(t)\sin(\omega_0 t) \leftrightarrow \frac{1}{2}j[F(\omega + \omega_0) - F(\omega - \omega_0)] \tag{3-38}$$

图 3-19 给出了 $f(t)$、$f_a(t)$ 及其频谱的示意图。可见,若时域上 $f(t)$ 乘以 $\cos(\omega_0 t)$ 或 $\sin(\omega_0 t)$,则频域上等效于将 $f(t)$ 的频谱 $F(\omega)$ 一分为二,沿频率轴分别向左和向右搬移 ω_0,因此,将式(3-37)和式(3-38)称为调制定理。

例 3-4-2 已知矩形调幅信号 $f_a(t) = g_\tau(t)\cos(\omega_0 t)$,试求其频谱函数。

解 已知门函数的频谱

$$g_\tau(t) \leftrightarrow \tau \cdot \mathrm{Sa}\left(\frac{\omega\tau}{2}\right)$$

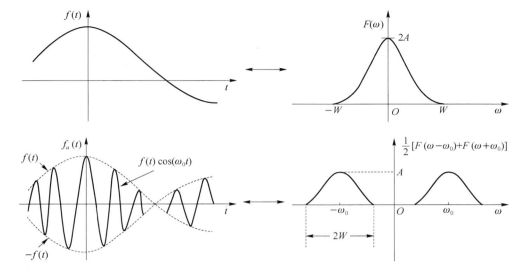

图 3-19 调幅信号的频谱

则矩形调幅信号

$$f_a(t) = \frac{1}{2} g_\tau(t)(\mathrm{e}^{\mathrm{j}\omega_0 t} + \mathrm{e}^{-\mathrm{j}\omega_0 t})$$

由调制定理,得

$$F_a(\omega) = \frac{\tau}{2}\mathrm{Sa}\left[\frac{(\omega - \omega_0)\tau}{2}\right] + \frac{\tau}{2}\mathrm{Sa}\left[\frac{(\omega + \omega_0)\tau}{2}\right] \tag{3-39}$$

其频谱图如图 3-20 所示。由图 3-20(b)中的门函数的频谱,可以看出其带宽为 $\frac{2\pi}{\tau}$,当调幅之后,已调信号的频谱 $F_a(\omega)$ 中,带宽变为

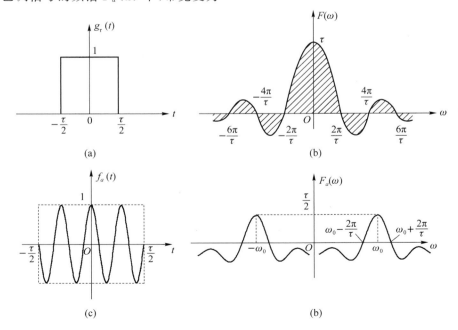

图 3-20 例 3-4-2 图

$$\Delta\omega = \omega_0 + \frac{2\pi}{\tau} - (\omega_0 - \frac{2\pi}{\tau}) = \frac{4\pi}{\tau}$$

可见,已调信号的带宽是原信号的带宽的 2 倍。

利用调制定理,可分别将需要传输的若干低频信号的频谱搬移到不同的载波频率附近,并使它们的频谱互不重叠。这样,就可以在同一信道内传送许多路信号,实现所谓的"频分复用多路通信"。

3.4.5 时-频对称性

若

$$f(t) \leftrightarrow F(\omega)$$

则

$$F(t) \leftrightarrow 2\pi f(-\omega) \tag{3-40}$$

式(3-40)表明,若函数 $f(t)$ 的频谱为 $F(\omega)$,则时间信号 $F(t)=F(\omega)\big|_{\omega=t}$ 对应的频谱为 $2\pi f(-\omega) = 2\pi f(t)\big|_{t=-\omega}$。若 $f(t)$ 为偶函数,则有

$$F(t) \leftrightarrow 2\pi f(\omega) \tag{3-41}$$

证明 由傅里叶反变换

$$f(t) = \frac{1}{2\pi} \int_{-\infty}^{\infty} F(\omega) e^{j\omega t} d\omega$$

将上式中的自变量 t 换为 $-t$,得

$$f(-t) = \frac{1}{2\pi} \int_{-\infty}^{\infty} F(\omega) e^{-j\omega t} d\omega$$

再将上式中的 t 换为 ω,将原有的 ω 换为 t,得

$$f(-\omega) = \frac{1}{2\pi} \int_{-\infty}^{\infty} F(t) e^{-j\omega t} dt$$

或

$$2\pi f(-\omega) = \int_{-\infty}^{\infty} F(t) e^{-j\omega t} dt$$

即

$$F(t) \leftrightarrow 2\pi f(-\omega)$$

例如,已知

$$\delta(t) \leftrightarrow 1 (-\infty < \omega < \infty)$$

由对称性可得

$$1(-\infty < t < \infty) \leftrightarrow 2\pi\delta(-\omega)$$

因为 $\delta(\omega)$ 是 ω 的偶函数,即 $\delta(\omega) = \delta(-\omega)$,所以有

$$1 \leftrightarrow 2\pi\delta(\omega)$$

这与式(3-27)的结果相同。

例 3-4-3 求取样函数 $\mathrm{Sa}(t) = \dfrac{\sin t}{t}$ 的频谱函数。

解 由式(3-23)可知

$$g_{\tau}(t) \leftrightarrow \tau \cdot \mathrm{Sa}\left(\frac{\omega\tau}{2}\right)$$

将上式中的 ω 换为 t，t 换为 ω，利用时-频对称性可得

$$\tau \cdot \mathrm{Sa}\left(\frac{\tau t}{2}\right) \leftrightarrow 2\pi g_\tau(\omega)$$

令 $\frac{\tau}{2} = 1$，即 $\tau = 2$，得

$$\mathrm{Sa}(t) \leftrightarrow \pi g_2(\omega)$$

即

$$\mathscr{F}\left[\mathrm{Sa}(t)\right] = \pi g_2(\omega) = \begin{cases} \pi, & |\omega| < 1 \\ 0, & |\omega| > 1 \end{cases}$$

其波形如图 3-21 所示。可见,时域有限的门函数对应频域无限的 Sa 函数,反过来,形如时域无限的 Sa 函数,其对应的频谱为频域有限的门函数。

图 3-21　例 3-4-3 图

3.4.6　卷积定理

若

$$f_1(t) \leftrightarrow F_1(\omega)$$
$$f_2(t) \leftrightarrow F_2(\omega)$$

则时域卷积定理为

$$f_1(t) * f_2(t) \leftrightarrow F_1(\omega) F_2(\omega) \tag{3-42}$$

上式表明,两时域函数的卷积对应频域函数的相乘。

证明　由傅里叶变换的定义

$$\begin{aligned}
\mathscr{F}\left[f_1(t) * f_2(t)\right] &= \int_{-\infty}^{\infty} \left[\int_{-\infty}^{\infty} f_1(\tau) f_2(t-\tau)\mathrm{d}\tau\right] \mathrm{e}^{-\mathrm{j}\omega t}\, \mathrm{d}t \\
&= \int_{-\infty}^{\infty} f_1(\tau) \left[\int_{-\infty}^{\infty} f_2(t-\tau)\mathrm{e}^{-\mathrm{j}\omega t}\, \mathrm{d}t\right] \mathrm{d}\tau \\
&= \int_{-\infty}^{\infty} f_1(\tau) F_2(\omega) \mathrm{e}^{-\mathrm{j}\omega\tau}\, \mathrm{d}\tau \\
&= F_2(\omega) \int_{-\infty}^{\infty} f_1(\tau) \mathrm{e}^{-\mathrm{j}\omega\tau}\, \mathrm{d}\tau \\
&= F_1(\omega) F_2(\omega)
\end{aligned}$$

例 3-4-4　设有门函数卷积所得三角形脉冲 $f(t)$

$$f(t) = g_\tau(t) * g_\tau(t)$$

求其对应的频谱函数。

解　由时域卷积定理可知

$$F(\omega) = \tau\mathrm{Sa}\left(\frac{\omega\tau}{2}\right) \cdot \tau\mathrm{Sa}\left(\frac{\omega\tau}{2}\right) = \tau^2 \mathrm{Sa}^2\left(\frac{\omega\tau}{2}\right)$$

其过程如图 3-22 所示。显然,对该三角形脉冲,其频谱的主要能量也集中在低频分量。

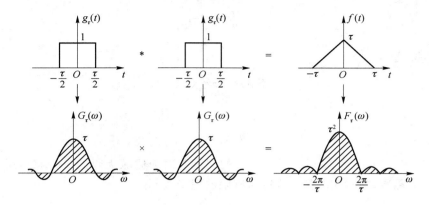

图 3-22 例 3-4-4 图

类似地,又可以得到频域卷积定理:

若

$$f_1(t) \leftrightarrow F_1(\omega)$$

$$f_2(t) \leftrightarrow F_2(\omega)$$

则

$$f_1(t) f_2(t) \leftrightarrow \frac{1}{2\pi} F_1(\omega) * F_2(\omega) \tag{3-43}$$

上式表明时域相乘对应频域卷积。

卷积定理在信号与系统的分析中非常有用。例如,系统的零状态响应为

$$y(t) = h(t) * f(t)$$

根据卷积定理,设 $h(t) \leftrightarrow H(\omega)$,$f(t) \leftrightarrow F(\omega)$,则

$$Y(\omega) = H(\omega) F(\omega)$$

上式表明:时域内的卷积对应为频谱的相乘,这给系统分析带来方便。

类似地,信号的时移特性也可以由卷积定理得出,即

$$f(t - t_0) = f(t) * \delta(t - t_0) \leftrightarrow F(\omega) \mathrm{e}^{-\mathrm{j}\omega t_0}$$

频移特性可由频域卷积定理推出,即

$$f(t) \cdot \mathrm{e}^{\mathrm{j}\omega_0 t} \leftrightarrow \frac{1}{2\pi} \big[F(\omega) * 2\pi\delta(\omega - \omega_0) \big] = F(\omega - \omega_0)$$

3.4.7 时域微分特性

若

$$f(t) \leftrightarrow F(\omega)$$

则有微分特性

$$\frac{\mathrm{d}f(t)}{\mathrm{d}t} \leftrightarrow \mathrm{j}\omega F(\omega) \tag{3-44}$$

证明 由傅里叶反变换

$$f(t) = \frac{1}{2\pi} \int_{-\infty}^{\infty} F(\omega) \mathrm{e}^{\mathrm{j}\omega t} \, \mathrm{d}\omega$$

对上式两边对 t 求导,得

$$\frac{\mathrm{d}f(t)}{\mathrm{d}t} = \frac{1}{2\pi}\int_{-\infty}^{\infty} F(\omega)\mathrm{j}\omega\mathrm{e}^{\mathrm{j}\omega t}\,\mathrm{d}\omega$$

即

$$\frac{\mathrm{d}f(t)}{\mathrm{d}t} \leftrightarrow \mathrm{j}\omega F(\omega)$$

这说明函数在时域中的微分对应为在频域中乘以 $\mathrm{j}\omega$。如果应用此性质对微分方程两端求傅里叶变换,即可将微分方程变换成代数方程。从理论上讲,这就为微分方程的求解找到了一种新的方法。进一步推广得

$$\frac{\mathrm{d}^n f(t)}{\mathrm{d}t^n} \leftrightarrow (\mathrm{j}\omega)^n F(\omega) \tag{3-45}$$

例如,我们知道 $\delta(t) \leftrightarrow 1$,利用时域微分性质显然有

$$\delta'(t) \leftrightarrow \mathrm{j}\omega$$

再如

$$u(t) \leftrightarrow \pi\delta(\omega) + \frac{1}{\mathrm{j}\omega}$$

从而有

$$u'(t) = \delta(t) \leftrightarrow \mathrm{j}\omega\left[\pi\delta(\omega) + \frac{1}{\mathrm{j}\omega}\right] = 1$$

3.4.8　时域积分特性

若

$$f(t) \leftrightarrow F(\omega)$$

则有积分特性

$$\int_{-\infty}^{t} f(\tau)\mathrm{d}\tau \leftrightarrow \pi F(0)\delta(\omega) + \frac{F(\omega)}{\mathrm{j}\omega} \tag{3-46}$$

其中,$F(0) = F(\omega)\big|_{\omega=0}$,它也可以由傅里叶变换定义式中令 $\omega = 0$ 得到,即

$$F(0) = F(\omega)\big|_{\omega=0} = \int_{-\infty}^{\infty} f(t)\mathrm{d}t$$

如果 $F(0) = 0$,则式(3-46)为

$$\int_{-\infty}^{t} f(\tau)\mathrm{d}\tau \leftrightarrow \frac{F(\omega)}{\mathrm{j}\omega} \tag{3-47}$$

证明　函数 $f(t)$ 的积分可写为

$$f^{(-1)}(t) = f^{(-1)}(t) * \delta(t) = f(t) * u(t)$$

根据时域卷积定理,并考虑到冲激函数的取样性质,得

$$\mathscr{F}\big[f^{(-1)}(t)\big] = \mathscr{F}\big[f(t)\big] \cdot \mathscr{F}\big[u(t)\big] = F(\omega) \cdot \left[\pi\delta(\omega) + \frac{1}{\mathrm{j}\omega}\right]$$

$$= \pi F(0)\delta(\omega) + \frac{F(\omega)}{\mathrm{j}\omega}$$

即式(3-46)得证。时域积分性质多用于 $F(0) = 0$ 的情况,而 $F(0) = 0$ 表明 $f(t)$ 的频谱函数中直流分量的频谱密度为零。

例 3-4-5 如图 3-23(a)所示三角形脉冲,求其频谱函数 $F(\omega)$。

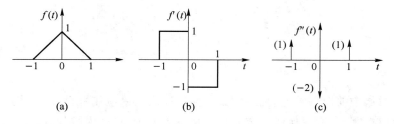

图 3-23　例 3-4-5 图

解 为了方便,将 $f(t)$ 的一阶、二阶导数求出,如图 3-23(b)、(c)所示。其中 $f''(t)$ 由三个冲激函数组成,可以写为

$$f''(t) = \delta(t+1) - 2\delta(t) + \delta(t-1)$$

由于 $\delta(t) \leftrightarrow 1$,根据时移特性,$f''(t)$ 的频谱函数可以写为

$$\mathscr{F}[f''(t)] = e^{j\omega} - 2 + e^{-j\omega} = 2(\cos\omega - 1) = -4\sin^2\left(\frac{\omega}{2}\right)$$

由图 3-23(b)、(c)可见,$\int_{-\infty}^{\infty} f'(t)\mathrm{d}t = 0$,$\int_{-\infty}^{\infty} f''(t)\mathrm{d}t = 0$,利用式(3-47),得 $f(t)$ 的频谱函数

$$\mathscr{F}[f(t)] = \frac{1}{(j\omega)^2}\mathscr{F}[f''(t)]$$

$$= \frac{4\sin^2\left(\frac{\omega}{2}\right)}{\omega^2} = \frac{\sin^2\left(\frac{\omega}{2}\right)}{\left(\frac{\omega}{2}\right)^2} = \mathrm{Sa}^2\left(\frac{\omega}{2}\right)$$

例 3-4-6 求门函数 $g_\tau(t)$ 积分的频谱函数。

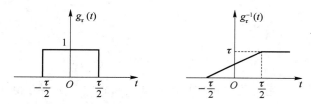

图 3-24　门函数 $g_\tau(t)$ 及其积分的波形

解 门函数的频谱为 $g_\tau(t) \leftrightarrow \tau\mathrm{Sa}\left(\frac{\omega\tau}{2}\right)$

由于 $\mathrm{Sa}(0) = \tau$,由式(3-46)可得 $g_\tau^{(-1)}(t)$ 的频谱函数为

$$\mathscr{F}[g_\tau^{(-1)}(t)] = \pi\tau\delta(\omega) + \frac{\tau}{j\omega}\mathrm{Sa}\left(\frac{\omega\tau}{2}\right)$$

3.4.9　频域微分特性

若

$$f(t) \leftrightarrow F(\omega)$$

则有

$$tf(t) \leftrightarrow \mathrm{j}\frac{\mathrm{d}F(\omega)}{\mathrm{d}\omega} \tag{3-48}$$

或

$$-\mathrm{j}tf(t) \leftrightarrow \frac{\mathrm{d}F(\omega)}{\mathrm{d}\omega}$$

推广到 n 阶有

$$t^n f(t) \leftrightarrow (\mathrm{j})^n F^n(\omega)$$

3.4.10　频域积分特性

若

$$f(t) \leftrightarrow F(\omega)$$

则有

$$\pi f(0)\delta(t) + \frac{1}{-\mathrm{j}t}f(t) \leftrightarrow F^{(-1)}(\omega) \tag{3-49}$$

式中

$$f(0) = \frac{1}{2\pi}\int_{-\infty}^{\infty} F(\omega)\mathrm{d}\omega$$

如果 $f(0) = 0$，则式(3-49)为

$$\frac{1}{-\mathrm{j}t}f(t) \leftrightarrow F^{(-1)}(\omega) \tag{3-50}$$

频域微分和积分的结果可以用频域卷积定理证明，其方法与时域类似，这里从略。

最后将傅里叶变换的性质归纳如表 3-2 所示，以便查阅。

表 3-2　傅里叶变换的性质

名称	时域 $f(t)$	频域 $F(\omega)$
定义	$F(\omega) = \int_{-\infty}^{\infty} f(t)\mathrm{e}^{-\mathrm{j}\omega t}\mathrm{d}t$	$f(t) = \frac{1}{2\pi}\int_{-\infty}^{\infty} F(\omega)\mathrm{e}^{\mathrm{j}\omega t}\mathrm{d}\omega$
线性性质	$a_1 f_1(t) + a_2 f_2(t)$	$a_1 F_1(\omega) + a_2 F_2(\omega)$
时移特性	$f(t \pm t_0)$	$F(\omega)\mathrm{e}^{\pm\mathrm{j}\omega t_0}$
频移特性	$f(t)\mathrm{e}^{\pm\mathrm{j}\omega_0 t}$	$F(\omega \mp \omega_0)$
尺度变换	$f(at)$	$\frac{1}{\lvert a \rvert}F\left(\frac{\omega}{a}\right)$
时-频对称性	$F(t)$	$2\pi f(-\omega)$
时域卷积	$f_1(t) * f_2(t)$	$F_1(\omega)F_2(\omega)$
频域卷积	$f_1(t)f_2(t)$	$\frac{1}{2\pi}F_1(\omega) * F_2(\omega)$
时域微分	$\frac{\mathrm{d}f(t)}{\mathrm{d}t}$	$\mathrm{j}\omega F(\omega)$
时域积分	$\int_{-\infty}^{t} f(\tau)\mathrm{d}\tau$	$\pi F(0)\delta(\omega) + \frac{F(\omega)}{\mathrm{j}\omega}$
频域微分	$tf(t)$	$\mathrm{j}\frac{\mathrm{d}F(\omega)}{\mathrm{d}\omega}$
频域积分	$\pi f(0)\delta(t) + \frac{1}{-\mathrm{j}t}f(t)$	$F^{(-1)}(\omega)$

3.5 周期信号的傅里叶变换

前面讨论了周期信号的傅里叶级数和非周期信号的傅里叶变换,本节将研究周期信号的傅里叶变换,以及傅里叶级数与傅里叶变换之间的关系。这样,就能把周期信号与非周期信号的分析方法统一起来,使傅里叶变换的应用范围更加广泛。

3.5.1 正、余弦函数的傅里叶变换

由于常数 1(即幅值为 1 的直流信号)的傅里叶变换
$$\mathscr{F}[1] = 2\pi\delta(\omega)$$
根据频移特性可得
$$\mathscr{F}[\mathrm{e}^{\pm\mathrm{j}\omega_0 t}] = 2\pi\delta(\omega\mp\omega_0) \tag{3-51}$$
对于周期正弦、余弦信号,利用欧拉公式和频移特性得
$$\mathscr{F}[\cos\omega_0 t] = \mathscr{F}\left[\frac{1}{2}(\mathrm{e}^{\mathrm{j}\omega_0 t} + \mathrm{e}^{-\mathrm{j}\omega_0 t})\right] = \pi[\delta(\omega+\omega_0) + \delta(\omega-\omega_0)] \tag{3-52}$$
$$\mathscr{F}[\sin\omega_0 t] = \mathscr{F}\left[\frac{1}{2\mathrm{j}}(\mathrm{e}^{\mathrm{j}\omega_0 t} - \mathrm{e}^{-\mathrm{j}\omega_0 t})\right] = \mathrm{j}\pi[\delta(\omega+\omega_0) - \delta(\omega-\omega_0)] \tag{3-53}$$
正、余弦信号的波形及频谱如图 3-25 所示。

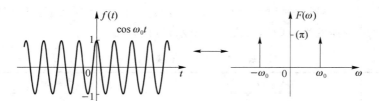

(a) 余弦函数及其频谱

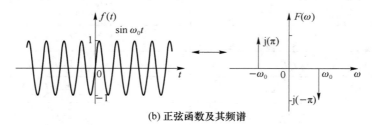

(b) 正弦函数及其频谱

图 3-25 正弦、余弦函数及其频谱

3.5.2 一般周期信号的傅里叶变换

对于一般周期为 T 的周期信号 $f(t)$,其指数形式的傅里叶级数展开式为
$$f(t) = \sum_{n=-\infty}^{\infty} F_n \mathrm{e}^{\mathrm{j}n\omega_1 t}$$

式中 ω_1 是基波分量，F_n 是傅里叶系数

$$F_n = \frac{1}{T}\int_{-\frac{T}{2}}^{\frac{T}{2}} f(t)\mathrm{e}^{-\mathrm{j}n\omega_1 t}\mathrm{d}t$$

对周期信号取傅里叶变换，利用傅里叶变换的线性性质和频移特性，且考虑到 F_n 与时间 t 无关，可得

$$
\begin{aligned}
F(\omega) &= \mathscr{F}\big[f(t)\big] \\
&= \mathscr{F}\Big[\sum_{-\infty}^{\infty} F_n\mathrm{e}^{\mathrm{j}n\omega_1 t}\Big] = \sum_{-\infty}^{\infty} F_n\mathscr{F}\big[\mathrm{e}^{\mathrm{j}n\omega_1 t}\big] \\
&= 2\pi\sum_{-\infty}^{\infty} F_n\delta(\omega - n\omega_1)
\end{aligned}
\tag{3-54}
$$

式（3-54）表明，一般周期信号的傅里叶变换（频谱函数）是由无穷多个冲激函数组成的，这些冲激函数位于信号的各谐波频率 $n\omega_1(n = 0, \pm 1, \pm 2, \cdots)$ 处，其强度为相应傅里叶级数系数 F_n 的 2π 倍。

例 3-5-1　周期性矩形脉冲信号 $f(t)$ 如图 3-26 所示，其周期为 T，脉冲宽度为 τ，幅度为 1，试求其频谱函数。

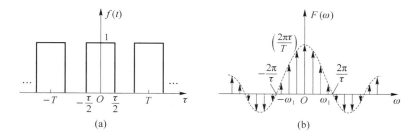

图 3-26　周期性矩形脉冲信号及其频谱

解　前面已经求得图 3-26(a)所示周期性矩形脉冲信号 $f(t)$ 的傅里叶系数为

$$F_n = \frac{\tau}{T}\mathrm{Sa}\Big(\frac{n\omega_1\tau}{2}\Big)$$

代入式（3-54），得

$$
\begin{aligned}
\mathscr{F}\big[f(t)\big] &= 2\pi\sum_{n=-\infty}^{\infty} F_n\delta(\omega - n\omega_1) \\
&= \frac{2\pi\tau}{T}\sum_{n=-\infty}^{\infty} \mathrm{Sa}\Big(\frac{n\omega_1\tau}{2}\Big)\delta(\omega - n\omega_1)
\end{aligned}
\tag{3-55}
$$

由图 3-26(b)可见，周期矩形脉冲信号 $f(t)$ 的频谱密度是离散的。需要注意的是，虽然从频谱的图形看，这里的 $F(\omega)$ 与前面的 F_n 是极相似的，但是二者含义不同。当对周期函数进行傅里叶变换时，得到的是频谱；而将该函数展开为傅里叶级数时，得到的是傅里叶系数，它代表虚指数分量的幅度和相位。

例 3-5-2　如图 3-27(a)所示为周期性单位冲激序列 $\delta_T(t)$，试求其傅里叶变换，并画出其频谱图。

解　周期性单位冲激序列可表示为

$$\delta_T(t) = \sum_{n=-\infty}^{\infty} \delta(t - nT)$$

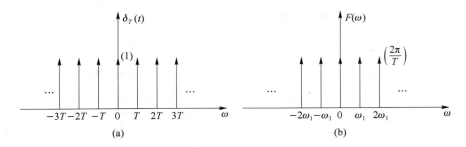

图 3-27 例 3-5-2 图

则其傅里叶系数

$$F_n = \frac{1}{T}\int_{-\frac{T}{2}}^{\frac{T}{2}} \delta_T(t)\mathrm{e}^{-jn\omega_1 t}\mathrm{d}t = \frac{1}{T} \tag{3-56}$$

从而傅里叶级数展开式为

$$\delta_T(t) = \frac{1}{T}\sum_{n=-\infty}^{\infty} \mathrm{e}^{jn\omega_1 t}$$

进一步可得 $\delta_T(t)$ 的傅里叶变换为

$$F(w) = 2\pi\sum_{n=-\infty}^{\infty} F_n\delta(\omega - n\omega_1)$$

$$= \frac{2\pi}{T}\sum_{n=-\infty}^{\infty} \delta(\omega - n\omega_1) = \omega_1\sum_{n=-\infty}^{\infty} \delta(\omega - n\omega_1) \tag{3-57}$$

上式表明,在时域中周期为 T 的单位冲激函数序列 $\delta_T(t)$ 的傅里叶变换是一个在频域中周期为 ω_1、强度为 ω_1 的冲激序列。

在引入了冲激函数以后,对周期函数也能进行傅里叶变换,从而对周期函数和非周期函数可以用相同的观点和方法进行分析计算,这给信号和系统分析带来很大方便。

3.6 连续系统的频域分析

线性时不变系统的频域分析法是一种变换域分析法,它把时域中求解响应的问题通过傅里叶变换转换成频域中的问题。整个分析过程在频域内进行,因此它主要是研究信号频谱通过系统后产生的变化,利用频域分析法可分析系统的频率响应、波形失真、物理可实现等实际问题。

3.6.1 频域系统函数

设 LTI 系统的冲激响应为 $h(t)$,对于任意输入信号 $f(t)$,其产生的零状态响应可由卷积积分得到,即

$$y(t) = f(t) * h(t)$$

因为

$$f(t) \leftrightarrow F(\omega)$$

$$h(t) \leftrightarrow H(\omega)$$

由时域卷积定理,则零状态响应 $y(t)$ 的傅里叶变换为

$$Y(\omega) = F(\omega)H(\omega) \tag{3-58}$$

则有系统函数

$$H(\omega) = \frac{Y(\omega)}{F(\omega)} = \frac{\text{零状态响应的频谱函数}}{\text{输入信号的频谱函数}} = \mid H(\omega) \mid e^{j\varphi(\omega)} \tag{3-59}$$

$H(\omega)$ 也称为频率响应函数,$\mid H(\omega) \mid$ 称为幅频特性,$\varphi(\omega)$ 称为相频特性。$H(\omega)$ 与 $h(t)$ 的对应关系具体表示为

$$H(\omega) = \int_{-\infty}^{\infty} h(t)e^{-j\omega t}\,dt \tag{3-60}$$

$$h(t) = \frac{1}{2\pi}\int_{-\infty}^{\infty} H(\omega)e^{-j\omega t}\,d\omega \tag{3-61}$$

$$
\begin{array}{ccc}
f(t) & \to h(t) \to & y(t) = f(t) * h(t) \\
\updownarrow & \updownarrow & \updownarrow \\
F(\omega) & \to H(\omega) \to & Y(\omega) = F(\omega)H(\omega)
\end{array}
$$

图 3-28　时域分析与频域分析的对应关系

因此,一个 LTI 系统又可以在频域中进行分析,如图 3-29 所示。其响应可表示为

$$y(t) = \mathscr{F}^{-1}\big[Y(\omega)\big]$$

例 3-6-1　描述某系统的微分方程为

$$y'(t) + 2y(t) = f(t)$$

求输入 $f(t) = e^{-t}\varepsilon(t)$ 时系统的响应。

解　设 $f(t) \leftrightarrow F(\omega), y(t) \leftrightarrow Y(\omega)$,对方程两边同时取傅里叶变换,得

$$j\omega Y(\omega) + 2Y(\omega) = F(\omega)$$

由上式可得该系统的频率响应函数

$$H(\omega) = \frac{Y(\omega)}{F(\omega)} = \frac{1}{2 + j\omega}$$

由于 $f(t) = e^{-t}\varepsilon(t)$,可得 $F(\omega) = \dfrac{1}{j\omega + 1}$,故有

$$Y(\omega) = F(\omega)H(\omega) = \frac{1}{(2 + j\omega)(1 + j\omega)}$$

根据附录 A 中部分分式展开方法,将 $j\omega$ 看作一个代数变量,则有

$$Y(\omega) = \frac{1}{(2 + j\omega)(1 + j\omega)} = \frac{K_1}{(1 + j\omega)} + \frac{K_2}{(2 + j\omega)}$$

其中系数

$$K_1 = (1 + j\omega)Y(\omega)\mid_{j\omega = -1} = 1$$
$$K_2 = (2 + j\omega)Y(\omega)\mid_{j\omega = -2} = -1$$

从而

$$Y(\omega) = \frac{1}{(1 + j\omega)} - \frac{1}{(2 + j\omega)}$$

取傅里叶逆变换,得

$$y(t) = (e^{-t} - e^{-2t})u(t)$$

例 3-6-2　如图 3-28 中的 RC 电路,若激励电压源 $u_s(t)$ 为单位阶跃函数 $u(t)$,求电容电

压 $u_c(t)$ 的零状态响应。

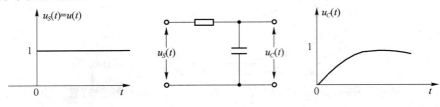

图 3-28　例 3-6-2 图

解　图 3-28 中 RC 电路的频率响应函数为

$$H(\omega) = \frac{U_C(\omega)}{U_S(\omega)} = \frac{\dfrac{1}{\mathrm{j}\omega C}}{R + \dfrac{1}{\mathrm{j}\omega C}} = \frac{\dfrac{1}{RC}}{\mathrm{j}\omega + \dfrac{1}{RC}} = \frac{\alpha}{\alpha + \mathrm{j}\omega}$$

式中 $\alpha = \dfrac{1}{RC}$。单位阶跃函数 $u(t)$ 的傅里叶变换为

$$u_S(t) = u(t) \leftrightarrow \pi\delta(\omega) + \frac{1}{\mathrm{j}\omega}$$

将它们代入到式(3-58),得该网络零状态响应 $u_C(t)$ 的频谱函数为

$$U_C(\omega) = Y(\omega) = H(\omega)F(\omega) = \frac{\alpha}{\alpha + \mathrm{j}\omega}\left[\pi\delta(\omega) + \frac{1}{\mathrm{j}\omega}\right]$$

$$= \frac{\alpha\pi}{\alpha + \mathrm{j}\omega}\delta(\omega) + \frac{\alpha}{\mathrm{j}\omega(\alpha + \mathrm{j}\omega)}$$

根据冲激函数的取样性质,并将上式第二项展开,得

$$U_C(\omega) = \pi\delta(\omega) + \frac{1}{\mathrm{j}\omega} - \frac{1}{\alpha + \mathrm{j}\omega}$$

对上式 $U_C(\omega)$ 取傅里叶反变换,得输出电压

$$u_C(t) = \mathscr{F}^{-1}\left[\pi\delta(\omega) + \frac{1}{\mathrm{j}\omega} - \frac{1}{\alpha + \mathrm{j}\omega}\right] = \frac{1}{2} + \frac{1}{2}\mathrm{sgn}(t) - \mathrm{e}^{-\alpha t}\varepsilon(t)$$

$$= (1 - \mathrm{e}^{-\alpha t})u(t)$$

式中 $\alpha = \dfrac{1}{RC}$。

例 3-6-3　如图 3-29(a)所示系统,已知乘法器的输入信号 $f(t) = \dfrac{\sin(2t)}{t}$,

$s(t) = \cos(3t)$,系统的频率响应为

$$H(\omega) = \begin{cases} 1, & |\omega| < 3 \text{ rad/s} \\ 0, & |\omega| > 3 \text{ rad/s} \end{cases}$$

求输出 $y(t)$。

解　由图 (a) 可知,乘法器的输出信号 $x(t) = f(t) \cdot s(t)$,设 $f(t) \leftrightarrow F(\omega), s(t) \leftrightarrow S(\omega)$,根据频域卷积定理可知,其频谱函数

$$X(\omega) = \frac{1}{2\pi}F(\omega) * S(\omega)$$

由于宽度为 τ 的门函数与其频谱函数的关系是

$$g_\tau(t) \leftrightarrow \tau \cdot \mathrm{Sa}\left(\frac{\omega\tau}{2}\right) = \frac{2\sin\left(\dfrac{\omega\tau}{2}\right)}{\omega}$$

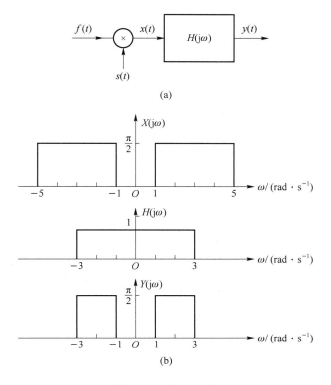

图 3-29　例 3-6-3 图

令 $\tau = 4$，根据时-频对称性可得

$$\frac{2\sin(2t)}{t} \leftrightarrow 2\pi g_4(-\omega) = 2\pi g_4(\omega)$$

所以 $f(t)$ 的频谱函数

$$F(\omega) = \pi g_4(\omega)$$

$s(t)$ 的频谱函数

$$S(\omega) = \pi[\delta(\omega+3) + \delta(\omega-3)]$$

由此可得

$$X(\omega) = \frac{1}{2\pi} \times \pi g_4(\omega) * \pi[\delta(\omega+3) + \delta(\omega-3)]$$

$$= \frac{\pi}{2}[g_4(\omega+3) + g_4(\omega-3)]$$

其频谱函数如图 3-29(b)所示。系统的频率响应函数可写为

$$H(\omega) = g_6(\omega)$$

则系统输出响应 $y(t)$ 的频谱函数

$$Y(\omega) = X(\omega)H(\omega) = \frac{\pi}{2}[g_4(\omega+3) + g_4(\omega-3)] \times g_6(\omega)$$

$$= \frac{\pi}{2}[g_2(\omega+2) + g_2(\omega-2)]$$

显然它可以写为

$$Y(\omega) = \frac{1}{2\pi} \times \pi g_2(\omega) * \pi[\delta(\omega+2) + \delta(\omega-2)]$$

取上式的傅里叶反变换,可得

$$y(t) = \frac{\sin (t)}{t} \cdot \cos (2t)$$

3.6.2 无失真传输

信号的无失真传输是指系统的输出信号与输入信号相比,只有幅度的大小和出现时间的先后不同,而没有波形上的变化。设输入信号为 $f(t)$,那么经过无失真传输后,输出信号应该为

$$y(t) = Kf(t - t_0) \tag{3-62}$$

即输出信号 $y(t)$ 的幅度是输入信号的 K 倍,而且比输入信号延时了 t_0 秒。设输出信号 $y(t)$ 的频谱函数为 $Y(\omega)$,输入信号 $f(t)$ 的频谱函数为 $F(\omega)$,则对式(3-62)两边取傅里叶变换,根据时移特性可得,输出与输入信号频谱之间的关系为

$$Y(\omega) = KF(\omega)e^{-j\omega t_0}$$

由上式可见,为使信号传输无失真,系统的频率响应函数(系统函数)应为

$$H(\omega) = Ke^{-j\omega t_0} \tag{3-63}$$

无失真传输的系统特性如图 3-30 所示。

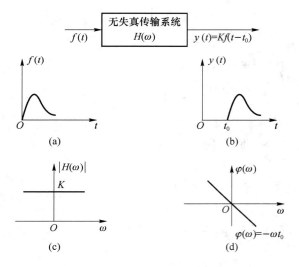

图 3-30　无失真传输条件

其幅频特性和相频特性分别为

$$\begin{cases} |H(\omega)| = K \\ \varphi(\omega) = -\omega t_0 \end{cases} \tag{3-64}$$

上式表明,为了使信号无失真传输,对频率响应函数提出的要求,即在全部频带($-\infty < \omega < \infty$)内,系统的幅频特性 $|H(\omega)|$ 应为一常数,而相频特性 $\varphi(\omega)$ 应为通过原点的直线。无失真传输的幅频、相频特性如图 3-31(c)和图 3-31(d)所示,可以看出,信号通过系统的延迟时间 t_0 是系统相频特性 $\varphi(\omega)$ 直线斜率的负值,即

$$t_0 = -\frac{d\varphi(\omega)}{d\omega} \tag{3-65}$$

为了直观地看清无失真传输系统的相位变化,现以简单的信号加以说明。

设

$$f(t) = A_1 \sin \omega_1 t + A_2 \sin \omega_2 t$$

则响应 $y(t)$ 应为

$$y(t) = KA_1 \sin (\omega_1 t - \varphi_1) + KA_2 \sin (2\omega_1 t - \varphi_2)$$

$$= KA_1 \sin \left[\omega_1 \left(t - \frac{\varphi_1}{\omega_1} \right) \right] + KA_2 \sin \left[2\omega_1 \left(t - \frac{\varphi_2}{2\omega_1} \right) \right]$$

为了使基波与二次谐波通过系统后有相同的延迟时间,以保证不产生相位失真,应满足

$$\frac{\varphi_1}{\omega_1} = \frac{\varphi_2}{2\omega_1} = t_0 \text{（常数）}$$

因此,相移应满足如下关系:

$$\frac{\varphi_1}{\varphi_2} = \frac{\omega_1}{2\omega_1}$$

即各频率分量的相移必须与频率成正比。

式(3-64)是信号无失真传输的理想条件,实际的线性系统,其幅频与相频特性都不可能完全满足不失真传输条件。当系统对信号各频率分量产生不同程度的衰减,使信号的幅度频谱改变时,会造成幅度失真;当系统对信号中各频率分量产生的相移与频率不成正比时,会使信号的相位频谱改变,造成相位失真。因此,根据信号传输系统的实际情况或要求,以上条件可以放宽,例如,在传输有限带宽的信号时,只要在信号占有频带范围内,系统的幅频、相频特性满足以上条件即可。

3.6.3　理想低通滤波器的响应

若系统能让某些频率的信号通过,而使其他频率的信号受到抑制,这样的系统称为滤波器。若系统的幅频特性在某一频带内保持为常数,而在该频带外为零,相频特性始终为过原点的一条直线,则这样的系统就称为理想滤波器。

具有图 3-31 所示幅频、相频特性得系统称为理想低通滤波器,它将低于某一角频率 ω_C 的信号无失真地传送,而阻止角频率高于 ω_C 的信号通过,其中 ω_C 称为截止频率。能使信号通过的频率范围称为通带,阻止信号通过的频率范围称为止带或阻带。

设理想低通滤波器的截止频率为 ω_C,通带内幅频特性 $|H(\omega)| = 1$,相频特性

$\varphi(\omega) = -\omega t_0$,则理想低通滤波器的频率响应可写为

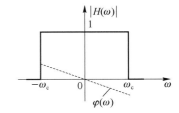

图 3-31　理想低通滤波器的
幅频、相频特性

$$H(\omega) = \begin{cases} \mathrm{e}^{-\mathrm{j}\omega t_0}, & |\omega| < \omega_C \\ 0, & |\omega| \omega_C \end{cases} \qquad (3\text{-}66)$$

与 $H(\omega)$ 对应的冲激响应为

$$h(t) = \mathscr{F}^{-1}\big[H(\omega)\big] = \frac{1}{2\pi} \int_{-\infty}^{\infty} H(\omega) \mathrm{e}^{\mathrm{j}\omega t} \, \mathrm{d}\omega$$

$$= \frac{1}{2\pi} \int_{-\omega_C}^{\omega_C} \mathrm{e}^{\mathrm{j}\omega(t - t_0)} \, \mathrm{d}\omega = \frac{1}{\mathrm{j}2\pi(t - t_0)} \mathrm{e}^{\mathrm{j}\omega(t - t_0)} \bigg|_{-\omega_C}^{\omega_C}$$

$$= \frac{1}{\pi(t-t_0)}\sin[\omega_C(t-t_0)] = \frac{\omega_C}{\pi}\frac{\sin[\omega_C(t-t_0)]}{\omega_C(t-t_0)}$$

即

$$h(t) = \frac{\omega_C}{\pi}\mathrm{Sa}[\omega_C(t-t_0)] \tag{3-67}$$

其时域波形如图 3-32(a)所示。由图可见，理想低通滤波器的冲激响应的峰值比输入的 $\delta(t)$ 延迟了 t_0，而且输出脉冲在其建立之前就已出现。对于实际的物理系统，当 $t<0$ 时，输入信号尚未接入，当然不可能有输出。这里的结果是由于采用了实际上不可能实现的理想化传输特性所致，说明理想低通滤波器是一个非因果系统。

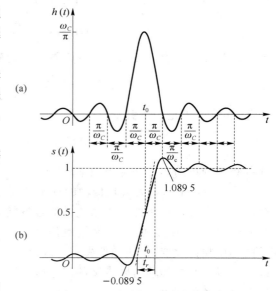

图 3-32　理想低通滤波器的响应

设理想低通滤波器的阶跃响应为 $s(t)$，它等于 $h(t)$ 与单位阶跃函数的卷积积分，即

$$s(t) = h(t) * u(t) = \int_{-\infty}^{t} h(\tau)\mathrm{d}\tau$$

将式(3-67)代入上式，得

$$s(t) = \int_{-\infty}^{t}\frac{\omega_C}{\pi}\frac{\sin[\omega_C(\tau-t_0)]}{\omega_C(\tau-t_0)}\mathrm{d}\tau$$

令 $\omega_C(t-t_0)=x$，则 $\omega_C\mathrm{d}\tau=\mathrm{d}x$，积分上限令为 x_C，$x_C=\omega_C(t-t_0)$，进行变量替换后得

$$s(t) = \frac{1}{\pi}\int_{-\infty}^{x_C}\frac{\sin x}{x}\mathrm{d}x = \frac{1}{\pi}\int_{-\infty}^{0}\frac{\sin x}{x}\mathrm{d}x + \frac{1}{\pi}\int_{0}^{x_C}\frac{\sin x}{x}\mathrm{d}x$$

引入正弦积分函数 $\mathrm{Si}(x)$，即

$$\mathrm{Si}(x) \stackrel{\mathrm{def}}{=} \int_{0}^{x}\frac{\sin\eta}{\eta}\mathrm{d}\eta$$

其函数值可以从正弦积分表中查得。由此，可得理想低通滤波器的阶跃响应

$$s(t) = \frac{1}{2} + \frac{1}{\pi}\mathrm{Si}(x_c) = \frac{1}{2} + \frac{1}{\pi}\mathrm{Si}[\omega_c(t-t_0)] \tag{3-68}$$

其波形如图 3-33(b)所示。由图可见，理想低通滤波器的阶跃响应不像单位阶跃信号那样陡直上升，而且在 $(-\infty<t<0)$ 区间就已经出现，这同样是采用理想化频率响应所致。

理想低通滤波器的阶跃响应的导数

$$\frac{\mathrm{d}s(t)}{\mathrm{d}t} = h(t)$$

它在 $t=t_0$ 处的极大值等于 $\frac{\omega_C}{\pi}$，此处阶跃响应上升的最快。如果定义信号的上升时间（或称建立时间）t_r 为 $s(t)$ 在 $t=t_0$ 处的斜率的倒数，则上升时间

$$t_r = \frac{\pi}{\omega_C} = \frac{0.5}{f_C} = \frac{0.5}{B}$$

式中 f_C 为理想低通滤波器的截止频率，B 为滤波器的通带宽度。图 3-33 给出两个截止频率不同的理想低通滤波器及其阶跃响应的波形。

由图可见，滤波器的通带越宽，也即截止频率越高，其阶跃响应的上升时间越短，波形越陡

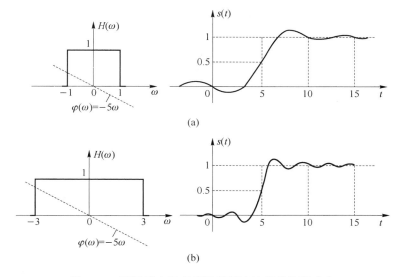

图 3-33　不同截止频率理想低通滤波器的阶跃响应

直。也就是说,阶跃响应的上升(或建立)时间与系统的通带宽度成反比。

为了能根据系统的幅频、相频特性或冲激、阶跃响应判断系统是否是物理可实现的,就希望找到物理可实现系统特性所应满足的条件。

就时域而言,一个物理可实现的系统,其冲激响应和阶跃响应在 $t < 0$ 时必须为零,即

$$\begin{cases} h(t) = 0, & t < 0 \\ s(t) = 0, & t < 0 \end{cases}$$

也就是说,响应不应在激励作用之前出现,这一要求称为"因果条件"。

就频域特性来说,佩利(Paley)和维纳(Wiener)证明了物理可实现的幅频特性 $|H(\omega)|$ 必须是平方可积的,即

$$\int_{-\infty}^{\infty} |H(\omega)|^2 \mathrm{d}\omega < \infty$$

而且满足

$$\int_{-\infty}^{\infty} \frac{|\ln|H(\omega)||}{1+\omega^2} \mathrm{d}\omega < \infty \tag{3-69}$$

式(3-69)称为佩利-维纳准则(定理)。由佩利-维纳准则可以看出,如果系统的幅频特性在某一有限频带内为零,则在此频带范围内 $|\ln|H(\omega)|| \to \infty$,从而不满足式(3-69),这样的系统是非因果的,例如图 3-32 那样的理想滤波器是物理不可实现的。对于物理可实现系统,其幅频特性可以在某些孤立的频率点上为零,但不能在某个有限频带内为零。

3.7　取样定理

3.7.1　信号的取样

所谓"取样"就是利用取样脉冲序列,从连续时间信号 $f(t)$ 中"抽取"一系列离散样本值的过程,这样得到的离散信号称为取样信号,用 $f_s(t)$ 来表示,如图 3-34(a)所示。

从本质上讲,信号的取样过程是完成输入信号 $f(t)$ 与取样脉冲相乘的运算,其模型如图 3-34(b) 所示。取样信号 $f_s(t)$ 可表示为

$$f_S(t) = f(t)s(t) \tag{3-70}$$

式中取样脉冲序列 $s(t)$ 也称为开关函数。如果其各脉冲间隔的时间相同,均为 T_s,就称为均匀取样。T_S 称为取样周期,$f_s = \dfrac{1}{T_S}$ 称为取样频率,$\omega_s = \dfrac{2\pi}{T_S}$ 为取样角频率。

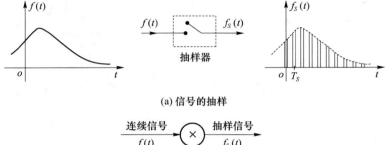

(a) 信号的抽样

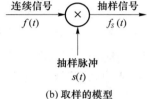

(b) 取样的模型

图 3-34　信号的取样过程

1. 理想取样

如果取样脉冲序列 $s(t)$ 是周期为 T_S 的理想冲激函数序列 $\delta_{T_S}(t)$ 时,则称为理想取样(冲激取样),其中

$$\delta_{T_S}(t) = \sum_{n=-\infty}^{\infty} \delta(t - nT_S)$$

其频谱也为周期性的冲激形式

$$\mathscr{F}[\delta_{T_S}(t)] = \frac{2\pi}{T_S} \sum_{n=-\infty}^{\infty} \delta(\omega - n\omega_s)$$

设连续信号 $f(t) \leftrightarrow F(\omega)$,可得理想取样信号

$$f_S(t) = f(t)\delta_{T_S}(t) = \sum_{n=-\infty}^{\infty} f(t)\delta(t - nT_S)$$
$$= \sum_{n=-\infty}^{\infty} f(nT_S)\delta(t - nT_S) \tag{3-71}$$

根据频域卷积定理,$f_S(t)$ 的频谱函数为

$$F_S(\omega) = \mathscr{F}[f(t)\delta_{T_S}(t)] = \frac{1}{2\pi} \cdot \frac{2\pi}{T_S}\left[F(\omega) * \sum_{n=-\infty}^{\infty} \delta(\omega - n\omega_s)\right]$$
$$= \frac{1}{T_S} \sum_{n=-\infty}^{\infty} F(\omega) * \delta(\omega - n\omega_s)$$
$$= \frac{1}{T_S} \sum_{n=-\infty}^{\infty} F(\omega - n\omega_s) \tag{3-72}$$

图 3-35 给出了理想取样信号 $f_S(t)$ 时域波形及频谱的变化过程。由图 3-35(b)和式(3-72)可知,取样信号 $f_S(t)$ 的频谱由原信号 $F(\omega)$ 的无限个频移项组成,其频移的角频率分别为

$n\omega_S(n=0,\pm1,\pm2,\cdots)$，其幅值变为原频谱的 $\dfrac{1}{T_S}$。由取样信号 $f_S(t)$ 的频谱可以看出，如果 $\omega_S\geqslant2\omega_m$（即 $f_S\geqslant2f_m$ 或 $T_S\leqslant\dfrac{1}{2f_m}$），那么各相邻频移后的频谱不会发生互相重叠，如图 3-35（b）所示。如果 $\omega_S<2\omega_m$，那么频移后的各相邻频谱将相互重叠，如图 3-35（c）所示。这样就无法将它们分开，因而也不能再恢复原始信号。可见，为了不发生混叠现象，必须满足 $\omega_S\geqslant2\omega_m$。

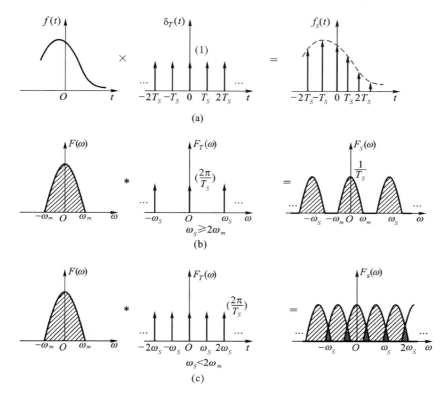

图 3-35　理想取样与频谱变化

2. 自然取样

如果取样脉冲序列 $s(t)$ 是幅度为 1，脉宽为 τ（$\tau<T_S$）的矩形脉冲序列 $p(t)$ 时，则取样信号可表示为

$$f_S(t)=f(t)p(t)$$

式中取样脉冲 $p(t)$ 可由图 3-36（a）所示的电子开关得到。电子开关（常用 MOS 管）周期性地接到 a 和 b，信号 $f(t)$ 连接在 $1-1'$ 端，设开关周期为 T_S，开关接通 a 的时间为 τ，则在 $2-2'$ 端便可以得到取样信号 $f_S(t)$，因为 $f_S(t)$ 幅度按连续信号 $f(t)$ 变换，如图 3-36（c）所示，因此这种取样称为自然取样。

对于周期矩形脉冲序列 $p(t)$，其频谱函数

$$P(\omega)=2\pi\sum_{n=-\infty}^{\infty}F_n\delta(\omega-n\omega_S)$$

式中，离散谱函数

$$F_n=\frac{\tau}{T_S}\mathrm{Sa}\left(\frac{n\omega_S\tau}{2}\right)$$

设 $f(t) \leftrightarrow F(\omega)$，应用频域卷积定理，可得取样信号 $f_S(t)$ 的频谱

$$F_S(\omega) = \frac{1}{2\pi} F(\omega) * P(\omega) = \frac{\tau}{T_S} \sum_{n=-\infty}^{\infty} \mathrm{Sa}\left(\frac{n\omega_S\tau}{2}\right) F(\omega - n\omega_S) \tag{3-73}$$

上式说明：以周期矩形窄脉冲对信号取样时，所得取样信号 $f_S(t)$ 的频谱是由原信号频谱 $F(\omega)$ 沿 ω 轴不断频移 $n\omega_S$ 所得的一串频谱组成，只要取样周期 $T_S \leqslant \frac{1}{2f_m}$ （或 $\omega_S \geqslant 2\omega_m$ ）时，取样信号的频谱 $F_S(\omega)$ 也不会出现混叠，从而能从取样信号 $f_S(t)$ 中恢复原信号 $f(t)$。图 3-36 给出了矩形脉冲取样信号及其频谱的示意图。

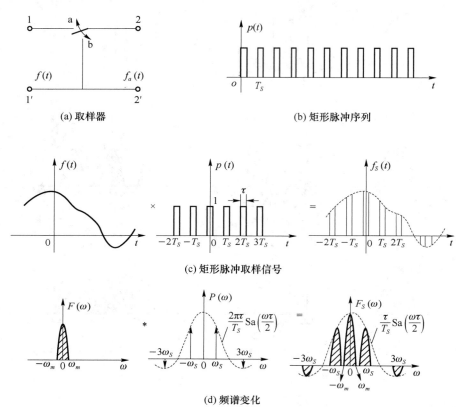

图 3-36　自然取样与频谱变化

理想取样和自然取样是两种典型的取样，工程中常采用自然取样，理论分析采用理想取样，当脉宽较窄时，自然取样往往可近似作为理想取样看待。从频谱可见，无论哪一种取样，取样信号的频谱 $F_S(\omega)$ 都完整地保留了原信号频谱 $F(\omega)$ 的形状，只是幅度有所不同，这说明取样信号 $f_S(t)$ 保留了原信号 $f(t)$ 的全部信息。

3.7.2　取样定理

现在以理想取样为例，研究如何从取样信号 $f_S(t)$ 中恢复原信号 $f(t)$。

设有理想取样信号 $f_S(t)$，其取样角频率 $\omega_S \geqslant 2\omega_m$ （ ω_m 为原信号的最高角频率），则 $F_S(\omega)$ 的频谱是 $F(\omega)$ 的周期重现且互相不会产生混叠，由此，如果 $f_S(t)$ 通过一个截止频率

$\omega_c = \omega_m$ 的理想低通滤波器,就可以从 $F_s(\omega)$ 中完全取出原信号的频谱 $F(\omega)$,即从 $f_s(t)$ 中恢复原信号 $f(t)$,图 3-37 给出了信号恢复的原理图。

图 3-37 信号恢复原理

上述过程,在频域满足

$$F(\omega) = F_s(\omega) \cdot H(\omega)$$

式中,$H(\omega)$ 为理想低通滤波器的频率特性。$H(\omega)$ 的特性为

$$H(\omega) = \begin{cases} T_s, & |\omega| \leqslant \omega_m \\ 0, & |\omega| > \omega_m \end{cases} \tag{3-74}$$

其频率特性如图 3-38(b)所示。式(3-74)表示的理想低通滤波器 $H(\omega)$ 可表示为 ω 的门函数的形式,即

$$H(\omega) = T_s g_{2\omega_m}(\omega)$$

应用傅里叶变换的时-频对称性,可得低通滤波器的冲激响应

$$h(t) = \mathscr{F}^{-1}[H(\omega)] = T_s \cdot \frac{\omega_C}{\pi} \mathrm{Sa}(\omega_c t)$$

又由根据傅里叶变换的时域卷积性质,得

$$f(t) = f_s(t) * h(t) = \sum_{n=-\infty}^{\infty} f(nT_s)\delta(t - nT_s) * T_s \cdot \frac{\omega_C}{\pi} \mathrm{Sa}(\omega_C t)$$

$$= \sum_{n=-\infty}^{\infty} T_s \frac{\omega_C}{\pi} f(nT_s) \cdot [\delta(t - nT_s) * \mathrm{Sa}(\omega_C t)]$$

$$= \sum_{n=-\infty}^{\infty} T_s \frac{\omega_C}{\pi} f(nT_s) \mathrm{Sa}[\omega_C(t - nT_s)]$$

为简便,选 $\omega_C = \dfrac{\omega_S}{2}$,则 $T_s = \dfrac{2\pi}{\omega_S} = \dfrac{\pi}{\omega_C}$,代入上式,得

$$f(t) = \sum_{n=-\infty}^{\infty} f(nT_s)\mathrm{Sa}[\omega_C(t - nT_s)] \tag{3-75}$$

式(3-75)称为恢复原信号 $f(t)$ 的内插公式。它表明,连续信号 $f(t)$ 可以展开成取样函数(Sa 函数)的无穷级数,该级数的系数等于取样值 $f(nT_s)$。也就是说,若在取样信号 $f_s(t)$ 的每个样点处,画一个最大峰值为 $f(nT_s)$ 的 Sa 函数波形,那么其合成波形就是原信号 $f(t)$,如图 3-38(f)所示。因此,只要已知各取样值 $f(nT_s)$,就能唯一地确定出原信号 $f(t)$。

通过对上述讨论,可以看出,虽然对连续信号 $f(t)$ 进行离散取样得到的信号 $f_s(t)$ 只是在一些离散瞬间有值,但在满足一定条件下,取样信号 $f_s(t)$ 完全可以代表原连续信号 $f(t)$,即 $f_s(t)$ 包含有 $f(t)$ 的全部信息。这样,就能从取样信号中重新恢复出连续信号 $f(t)$。

取样定理表述如下:若 $f(t)$ 为带宽有限的连续信号,其频谱的最高频率为 f_m,则以取样间隔 $T_s \leqslant \dfrac{1}{2f_m}$ 对 $f(t)$ 均匀取样所得的 $f_s(t)$ 将包含原信 $f(t)$ 的全部信息。因而可以从 $f_s(t)$ 完全恢复原信号。

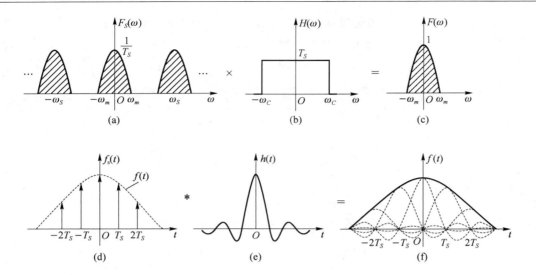

图 3-38　由取样信号恢复原信号

该定理表明,若要求取样信号 $f_s(t)$ 包含 $f(t)$ 的全部信息,则必须满足两个条件:第一,连续信号 $f(t)$ 的带宽是有限的,就是说,信号 $f(t)$ 的频谱只在区间 $(-\omega_m, \omega_m)$ 为有限值,当 $|\omega| > \omega_m$ 时,其频谱为零;第二,取样间隔必须满足 $T_s \leqslant \dfrac{1}{2f_s}$ 或 $f_s \geqslant 2f_m$,将最低取样频率 $f_{S\min} = 2f_m$(或 $\omega_{S\min} = 2\omega_m$)称为奈奎斯特(Nyquist)取样频率,将最大的取样间隔 $T_{S\max} = \dfrac{1}{2f_m}$ 称为奈奎斯特取样间隔。例如,要传送频带为 $10\ \text{kHz}$ 的音乐信号,其最低的取样频率应为 $2f_m = 20\ \text{kHz}$,即至少每秒要取样 20 000 次,如果低于此取样率,原信号 $f(t)$ 就会丢失。

3.8　频域分析用于通信系统

3.8.1　信号的调制与解调

在通信系统中,通常所传送的有用信号(语言、音乐、图像等)都处于较低的频段,无法直接传输。因为大气层作为信道对低频信号(如 $100 \sim 20\ \text{kHz}$)衰减迅速,但对较高的频率范围的信号则衰减较小,可传播到很远距离。根据电磁理论,无线通信中若通过天线传输信号,则天线的长度至少为信号波长的十分之一才能有效地辐射到远方。对于低频信号来说,天线高度应该有数万米,这是无法实现的。另一方面,实际中需要同时传送多路信号,如电话、广播等。若这些信号不经过处理直接进入同一信道,信号就会混叠,因而在接收端无法分离出原来的各信号。若每个信道只传送一路信号,又会造成时域、频域和资金的极大浪费。为解决以上问题,就要利用调制原理,将有用信号调制到不同的高频载波上通过天线辐射出去,实现一个信道同时传送多路信号的目的,这就是所谓的信道多路复用技术。

所谓调制就是用一个信号去控制另一个信号的某个参数,产生已调信号。其中控制信号称为调制信号,一般是携带有信息的信号,被控制信号称为载波。解调则是相反的过程,即从已调信号中恢复出原调制信号。调制和解调是通信技术中最重要的技术之一,在几乎所有实际通信系统中,为实现信号有效、可靠和远距离传输,都需要调制和解调。

幅度调制是傅里叶变换的频域卷积性质的直接应用。设调制信号为 $f(t)$,载波为信号为

$$x(t) = A\cos \omega_0 t$$

则调幅信号可表示为

$$y(t) = f(t)x(t) = Af(t)\cos \omega_0 t$$

如图 3-39(b)所示,为简便,令 $A = 1$,信号 $f(t)$ 的频谱为 $F(\omega)$,则由频谱搬移原理,已调信号的频谱 $Y(\omega)$ 为

$$Y(\omega) = \frac{1}{2}F(\omega + \omega_0) + \frac{1}{2}F(\omega - \omega_0)$$

调制过程及频谱变化如图 3-39 所示。由图可知,用正弦载波 $\cos \omega_0 t$ 进行幅度调制,就是把调制信号频谱 $F(\omega)$ 对称、幅度减半地分别搬移到 $\pm \omega_0$ 处,所以正弦幅度调制过程就是频谱搬移过程。

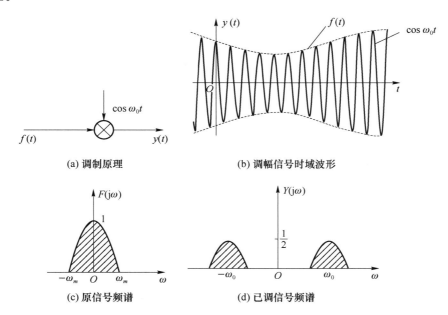

(a) 调制原理　　(b) 调幅信号时域波形

(c) 原信号频谱　　(d) 已调信号频谱

图 3-39　调制过程

为了从已调信号中恢复原信号 $f(t)$,可以应用图 3-40 中的解调器来完成。解调是用相同频率的载波信号 $\cos \omega_0 t$ 与已调信号进行相乘,再通过低通滤波器,其中低通滤波器的频率特性表示为

$$H(\omega) = \begin{cases} 2, & |\omega| \leqslant \omega_C \\ 0, & |\omega| > \omega_C \end{cases}$$

由于

$$x(t) = f(t)\cos^2 \omega_0 t = \frac{1}{2}\big[f(t) + f(t)\cos 2\omega_0 t\big]$$

则对应的频谱函数

$$X(\omega) = \frac{1}{2}F(\omega) + \frac{1}{4}F(\omega + 2\omega_0) + \frac{1}{4}F(\omega - 2\omega_0)$$

只要低通滤波器 $H(\omega)$ 的截止频率 ω_C 满足条件（$\omega_m \leqslant \omega_C < 2\omega_0 - \omega_m$），就可以把 $F(\omega)$ 的全部信息选择出来，即

$$X(\omega)H(\omega) = 2 \times \frac{1}{2}F(\omega) = F(\omega)$$

这样就可以完全解调（恢复）出原信号 $f(t)$。这种解调方法常称为同步解调（相干解调）。

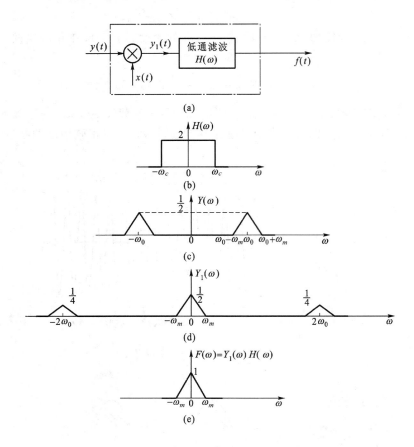

图 3-40　解调过程

3.8.2　多路复用

为了节省通信系统的费用，提高工作效率，实际中需要一路传输信道能同时传输多路信号，这就是多路复用技术。在发送端将多路信号合并为复合信号，在同一个信道上传输，在接收端从复合信号中分离出各路信号。常见的多路复用技术有频分复用（FDM）、时分复用（TDM）和波分复用（WDM）等。

1. 频分复用

频分复用技术是根据上述正弦调幅的原理实现的。设发送端有若干信号，$f_1(t)$，$f_2(t)$，$\cdots$，$f_N(t)$，利用调制的方法把它们的频谱搬移到不同的高频载波上，例如 ω_1，ω_2，$\cdots$，ω_N，只要保证各信号频谱所占的带宽不会相互重叠，就可以在同一信道内同时传送多路信号。图 3-41 为频分复用通信发送端的示意图，图中仅以三路信号复用为例，$F_1(\omega)$、$F_2(\omega)$ 和 $F_3(\omega)$ 分别为

$f_1(t)$、$f_2(t)$ 和 $f_3(t)$ 的频谱,可以看出频分复用的特点是独占频道,共享时间。

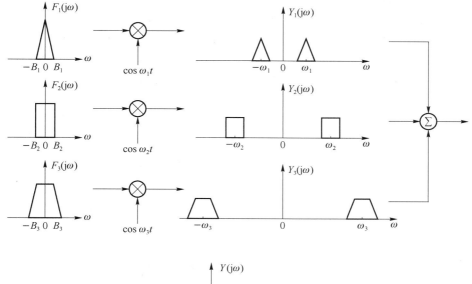

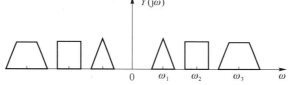

图 3-41 频分复用通信发送端原理

频分复用通信接收端的原理框图如图 3-42 所示。在接收端利用各个带通滤波器将各路信号分离,再经过同步解调即可还原各路原始信号。解调过程中信号的频谱同前面介绍的同步解调过程一样。频分复用技术适用于模拟信号传输。例如,在电话系统中,传输的每一路语音信号的频谱一般在 $300 \sim 3\,400$ Hz,仅占用一条传输线路的可用总带宽的一部分,而通常双绞线电缆的可用带宽为 100 kHz,因此,在同一对双绞电线上可采用频分复用技术来传输多达 24 路电话信号。

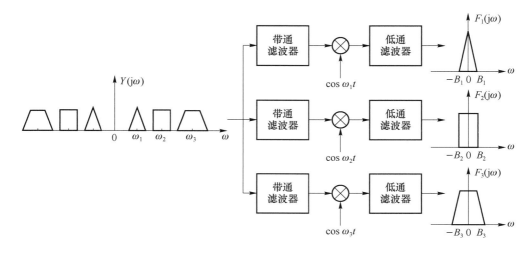

图 3-42 频分复用通信接收端原理

2. 时分复用

由前面的取样定理可知,取样的一个重要作用是将时间上连续的信号变成时间上离散的信号,而在实际工程中,取样脉冲的宽度 τ 一般远小于取样周期 T_s,因此在一个周期 T_s 内可以同时容纳许多个其他信号的取样脉冲而且互不重叠,这就使得在同一信道中可以同时传送多路信号,从而大大提高了信道的利用率,此即所谓的"时分复用多路技术",简称为 TDM。图 3-43 表示同一信道中同时传送两路取样信号时在时间上的排列情况。

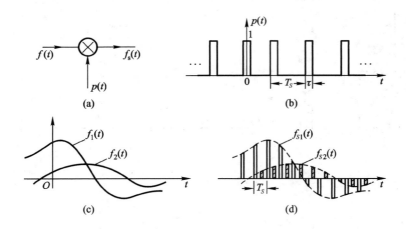

图 3-43　脉冲幅度调制

具体地,把时间分成一些均匀的时间间隙,对于不同的信号 $f(t)$,只要使载波脉冲的频率各不相同,就可以在不同时间间隙得到各取样信号 $f_S(t)$,从而保证了它们在时间上式互不重叠。由取样定理可知,脉冲已调信号的频谱是原信号 $f(t)$ 频谱的无数次搬移,对于不同周期的脉冲调幅信号,其在频域上是共享的。因此,时分复用系统中不能用分离频谱的方法解调信号,只能用时序电路恢复原来的信号。图 3-44 给出了时分复用原理图。

由上可知,时分复用通信的特点是独占时间,共享频率。因此,频分复用是在传输信道中为各路信号分配不同的频段,保留了信号频域的特性,而时分复用则为各路信号分配不同的时段,保留了信号时域的特性。时分复用系统中,只需相应的时序控制电路,设计简单,易于集成,而且抗干扰能力也较强。

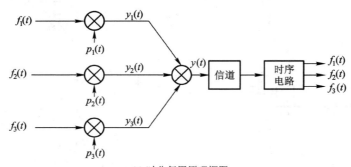

(a) 时分复用原理框图

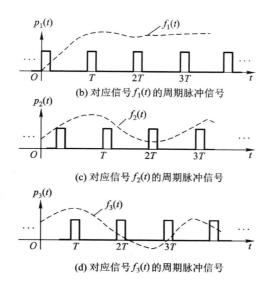

(b) 对应信号 $f_1(t)$ 的周期脉冲信号

(c) 对应信号 $f_2(t)$ 的周期脉冲信号

(d) 对应信号 $f_3(t)$ 的周期脉冲信号

图 3-44 时分复用原理框图即时序图

习 题 三

3-1 求题 3-1 图所示周期信号的三角形式的傅里叶级数表示式。

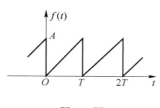

题 3-1 图

3-2 周期性矩形信号的波形如题图 3-2 所示,已知脉冲幅度 $E=4$ V,脉冲宽度 $\tau=10$ μs,脉冲重复频率 $f_1=25$ kHz。试将其展成三角形式和指数形式的傅里叶级数,并作出其单边和双边的振幅和相位频谱图。

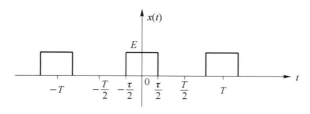

题 3-2 图

3-3 根据信号的对称性,判断题图 3-3 所示各周期信号的傅里叶级数中所含的频率分量。

3-4 试绘出下列周期信号 $f(t)$ 的振幅频谱图和相位频谱图。

(1) $f(t)=\dfrac{4}{\pi}\left(\cos \omega_0 t-\dfrac{1}{3}\cos 3\omega_0 t+\dfrac{1}{5}\cos 5\omega_0 t-\dfrac{1}{7}\cos 7\omega_0 t+\cdots\right)$

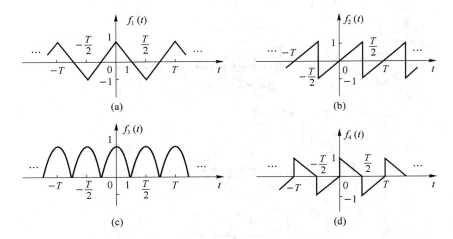

题 3-3 图

(2) $f(t) = \dfrac{1}{2} - \dfrac{2}{\pi}(\sin 2\pi t + \dfrac{1}{2}\sin 4\pi t + \dfrac{1}{3}\sin 6\pi t + \cdots)$

3-5　试求以下信号的傅里叶变换。

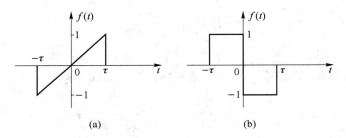

题 3-5 图

3-6　试求下列信号的频谱函数。

(1) $f(t) = \mathrm{e}^{-2|t|}$

(2) $f(t) = \mathrm{e}^{-at}\sin \omega_0 t \cdot u(t)$

(3) $f(t) = \sin \omega_0 t + \cos \omega_0(t - t_0)$

3-7　已知 $f(t)$ 的频谱函数 $F(\omega)$，试计算下列信号的频谱函数。

(1) $f(t - 5)$　　　　　　　　　　　(2) $f(5t)$

(3) $\mathrm{e}^{\mathrm{j}at} f(bt)$　　　　　　　　　　　(4) $f(a)\delta(t - a)$

(5) $\mathrm{e}^{-at} u(-t)$　　　　　　　　　　　(6) $f(5 - 5t)$

3-8　试用时-频对称性求下列信号的频谱函数

(1) $f(t) = \dfrac{1}{t}$　　　　　　　　　　　(2) $f(t) = \mathrm{Sa}(t)$

3-9　对于如题 3-7 图所示的三角波信号，试证明其频谱函数为

$$F(\omega) = A\tau \mathrm{Sa}^2\left(\dfrac{\omega\tau}{2}\right)$$

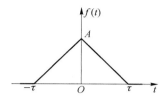

题 3-9 图

3-10 试求信号 $f(t)=1+2\cos t+3\cos 3t$ 的傅里叶变换。

3-11 试利用傅里叶变换的性质,求题 3-11 图所示信号 $f_2(t)$ 的频谱函数。

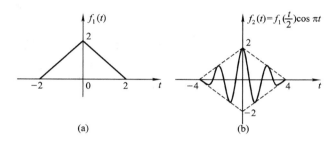

题 3-11 图

3-12 试利用卷积定理求下列信号的频谱函数。

(1) $f(t)=A\cos(w_0t)*u(t)$ (2) $f(t)=A\sin(w_0t)u(t)$

3-13 设有信号

$$f_1(t)=\cos4\pi t$$

$$f_2(t)=\begin{cases}1, & |t|<\tau \\ & |t|>\tau\end{cases}$$

试求 $f_1(t)f_2(t)$ 的频谱函数。

3-14 设有如下信号 $f(t)$,分别求其频谱函数。

(1) $f(t)=\mathrm{e}^{-(3+\mathrm{j}4)t}\cdot u(t)$ (2) $f(t)=u(t)-u(t-2)$

3-15 设信号

$$f_1(t)=\begin{cases}2,0\leqslant t\leqslant 4 \\ 其他\end{cases}$$

试求 $f_2(t)=f_1(t)\cos50t$ 的频谱函数,并大致画出其幅度频谱。

3-16 如题 3-16 图示 RC 系统,输入为方波 $u_1(t)$,试用卷积定理求响应 $u_2(t)$。

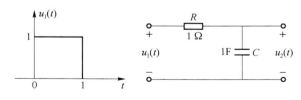

题 3-16 图

3-17 一滤波器的频率特性如题图 3-17 所示,当输入为所示的 $f(t)$ 信号时,求相应的输出 $y(t)$。

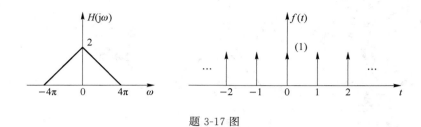

题 3-17 图

3-18 设系统的频率特性为

$$H(j\omega) = \frac{2}{j\omega + 2}$$

试用频域法求系统的冲激响应和阶跃响应。

3-19 如题图 3-19 所示是一个实际的信号加工系统,试写出系统的频率特性 $H(j\omega)$。

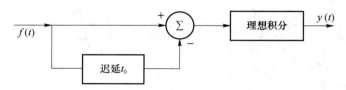

题 3-19 图

3-20 设信号 $f(t)$ 为包含 $0\sim\omega_m$ 分量的频带有限信号,试确定 $f(3t)$ 的奈奎斯特采样频率。

3-21 若电视信号占有的频带为 $0\sim6$ MHz,电视台每秒发送 25 幅图像,每幅图像又分为 625 条水平扫描线,问每条水平线至少要有多少个采样点?

3-22 设 $f(t)$ 为调制信号,其频谱 $F(\omega)$ 如题图 3-22 所示,$\cos \omega_0 t$ 为高频载波,则广播发射的调幅信号 $x(t)$ 可表示为

$$x(t) = A[1 + mf(t)]\cos \omega_0 t$$

式中,m 为调制系数。试求 $x(t)$ 的频谱,并大致画出其图形。

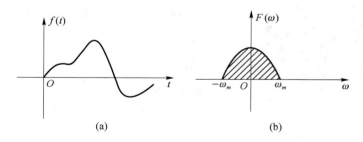

(a)   (b)

题 3-22 图

3-23 题 3-23 图所示(a)和(b)分别为单边带通信中幅度调制与解调系统。已知输入 $f(t)$ 的频谱和频率特性 $H_1(j\omega)$、$H_2(j\omega)$ 如图所示,试画出 $x(t)$ 和 $y(t)$ 的频谱图。

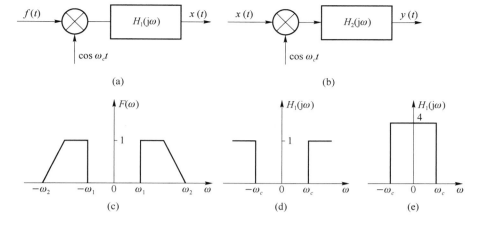

题 3-23 图

3-24　如题 3-24 图所示系统,设输入信号 $f(t)$ 的频谱 $F(\omega)$ 和系统特性 $H_1(j\omega)$、$H_2(j\omega)$ 均给定,试画出 $y(t)$ 的频谱。

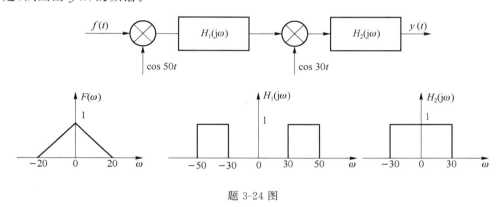

题 3-24 图

3-25　设信号 $f(t)$ 的频谱 $F(\omega)$ 如题 3-25 图(a)所示,当该信号通过图(b)系统后,证明 $y(t)$ 恢复为 $f(t)$。

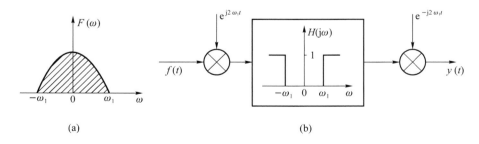

题 3-25 图

3-26　LTI 系统,当输入 $f(t) = (e^{-t} + e^{-3t})u(t)$ 时,其零状态响应 $y(t) = (2e^{-t} - 2e^{-4t})u(t)$,试求系统的频率响应和单位冲激响应。

3-27　因果 LTI 系统的时间方程为:

$$y'(t) + 2y(t) = f(t)$$

(1)试求出系统的频响与单位冲激响应;

（2）如果输入 $f(t) = e^{-t}u(t)$，求系统的响应 $y(t)$；

3-28 已知两个频域带限的信号 $f_1(t)$ 与 $f_2(t)$ 的最高频率分别是：$f_{1m} = 3 \text{ kHz}$，$f_{2m} = 6 \text{ kHz}$。现对下列信号进行理想抽样，试确定各信号的奈奎斯特抽样间隔。

（1）$y_1(t) = f_1(t) \cdot f_2(t)$ （2）$y_2(t) = f_1(2t)$

（3）$y_3(t) = f_2(t/2)$

3-29 设信号 $f(t) = \dfrac{\sin 100\pi t}{100\pi t}$，其带宽为多少？若对其取样，为使频谱不混叠，最低取样频率 f_s 为多少？奈奎斯特取样间隔 T_s 为多少？

第4章　连续时间信号与系统的复频域分析

为了深入研究系统的响应、性质、稳定性、模拟以及系统设计等问题,本章引入法国数学家拉普拉斯(P. S. Laplace)于 1779 年提出的拉普拉斯变换法。这种方法可把以 t 为变量的时域微分方程换为以复数 $s=\sigma+j\omega$ 为变量的代数方程。相对于 ω 而言,这里常称为复频域。在求解 s 域的代数方程后,再通过反变换即可求得相应的时域解。特别是,这种方法同时考虑起始状态和输入信号,一举求得系统的全响应。由于拉普拉斯变换采用的独立变量是复频率 s,故这种方法常称为 s 域分析或复频域分析。

值得一提的是,把拉普拉斯变换法应用于系统分析,其功绩首推英国工程师海维赛德。1899 年,他在解决电气工程中出现的微分方程时,首先发明了"算子法",他的方法很快受到实际工作者的欢迎,但是许多数学家认为缺乏严密的论证而极力反对。海维赛德及其追随者卡尔逊等人并没有止步,他们坚持真理,满怀信心,最后在拉普拉斯的著作中找到了依据。拉普拉斯变换的思想如图 4-1 所示,从此,这种方法在理论与工程的众多领域中得到了广泛的应用。本章介绍拉普拉斯(简称拉氏变换)的定义、性质及其应用。

图 4-1　拉普拉斯及其变换思想

4.1　拉普拉斯变换

4.1.1　从傅里叶变换到拉普拉斯变换

一个信号 $f(t)$ 若满足绝对可积条件,则其傅里叶变换一定存在。例如,$e^{-\alpha t}u(t)(\alpha>0)$ 就是这种信号。若 $f(t)$ 不满足绝对可积条件,则其傅里叶变换不一定存在。例如,信号 $u(t)$ 在引入冲激函数后其傅里叶变换存在,而信号 $e^{\alpha t}u(t)(\alpha>0)$ 的傅里叶变换不存在。若给信号 $e^{\alpha t}u(t)$ 乘以信号 $e^{-\sigma t}(\sigma>0)$,得到信号 $e^{-(\sigma-\alpha)t}u(t)$。信号 $e^{-(\sigma-\alpha)t}u(t)$ 满足绝对可积条件,因此其傅里叶变换存在。

设有信号 $f(t)e^{-\sigma t}$(σ 为实数),并且能选择适当的 σ 使 $f(t)e^{-\sigma t}$ 绝对可积,则该信号的傅里叶变换存在。若用 $F(\sigma+j\omega)$ 表示该信号的傅里叶变换,根据傅里叶变换的定义,则有

$$F(\sigma+j\omega)=\int_{-\infty}^{\infty}f(t)e^{-\sigma t}e^{-j\omega t}dt=\int_{-\infty}^{\infty}f(t)e^{-(\sigma+j\omega)t}dt$$

则令 $\sigma + j\omega = s$，具有频率的量纲，称为复频率。

$$F(s) = \int_{-\infty}^{\infty} f(t) e^{-st} \, dt \tag{4-1}$$

$F(s)$ 称为信号 $f(t)$ 的双边拉普拉斯变换，简称双边拉氏变换。

根据傅里叶逆变换的定义，则

$$f(t) e^{-\sigma t} = \frac{1}{2\pi} \int_{-\infty}^{\infty} F(\sigma + j\omega) e^{j\omega t} \, d\omega$$

上式两边乘以 $e^{\sigma t}$，得

$$f(t) = \frac{1}{2\pi} \int_{-\infty}^{\infty} F(\sigma + j\omega) e^{(\sigma + j\omega)t} \, d\omega$$

令 $s = \sigma + j\omega$ 为复频率，从而 $ds = j d\omega$，当 $\omega = \pm\infty$ 时，$s = \sigma \pm j\infty$ 从而

$$f(t) = \frac{1}{2\pi j} \int_{\sigma - j\infty}^{\sigma + j\infty} F(s) e^{st} \, ds \tag{4-2}$$

$f(t)$ 称为 $F(s)$ 的普拉斯逆变换。称 $F(s)$ 为 $f(t)$ 的象函数，称 $f(t)$ 为 $F(s)$ 的原函数，式(4-1)和式(4-2)是一对拉氏变换对。

若式(4-2)的积分限取为 $0_- \sim \infty$，即

$$F(s) = \int_{0_-}^{\infty} f(t) e^{-st} \, dt \tag{4-3}$$

则式(4-3)称为 $f(t)$ 的单边拉氏变换。若 $f(t)$ 在 $t = 0$ 时无冲激，式(4-3)的积分下限可改写为 0。

可用简记形式表达式为

$$\begin{cases} F(s) = \mathscr{L}[f(t)] \\ f(t) = \mathscr{L}^{-1}[f(t)] \end{cases}$$

也常简记为变化对

$$f(t) \leftrightarrow F(s)$$

例如电流、电压的变换对可记为

$$i(t) \leftrightarrow I(s), \ u(t) \leftrightarrow U(s)$$

4.1.2 拉普拉斯变换的收敛域

在引入拉普拉斯变换时曾讲过，当信号 $f(t)$ 乘以衰减因子 $e^{-\sigma t}$ 后，就有可能找到合适的 σ 值，使其绝对可积，从而使 $f(t)e^{-\sigma t}$ 的傅里叶变换存在，继而得到 $f(t)$ 拉普拉斯变换。那么，合适的 σ 值如何确定呢？其实收敛域就是使 $F(s)$ 存在的 s 的区域称为收敛域。记为：ROC(region of convergence)实际上就是拉氏变换存在的条件；

则收敛条件为 $\sigma > \sigma_0$。$f(t)$ 乘以衰减因子 $e^{-\sigma t}$。

$$\lim_{t \to \infty} f(t) e^{-\sigma t} = 0 \quad (\sigma > \sigma_0)$$

例 4-1-1 求指数函数 $f(t) = e^{-at} (a > 0)$ 的拉氏变换及其收敛域。

解 设 $f(t)$ 的单边拉氏变换为 $F(s)$，则

$$F(s) = \int_{0}^{\infty} e^{-at} e^{-st} \, dt = \int_{0}^{\infty} e^{-(s+a)t} \, dt = \frac{e^{-(s+a)t}}{-(s+a)} \Big|_{0}^{\infty}$$

当 $\sigma > -a$，则 $t \to \infty$ 时，有 $e^{-(s+a)t} \to 0$，故有

$$F(s) = \frac{1}{s+a}$$

在 s 平面上 $\sigma > -a$ 时使上式存在的区域称为 $F(s)$ 的收敛域,如图 4-2 所示。收敛域边界的横坐标称为收敛坐标,用 σ_0 表示,本例中 $\sigma_0 = -a$,注意 $F(s)$ 与收敛域是一一对应的。

　　分析表明,工程上常见的因果信号的拉氏变换总是存在的,且收敛域总在;$\sigma > \sigma_0$ 的区域与 $F(s)$ 一一对应。为了简便,以后不再一一标明收敛域。

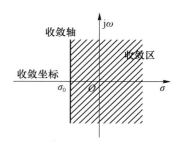

4.1.3　常用信号的拉普拉斯变换

图 4-2　拉普拉斯收敛域

　　下面按拉普拉斯变换的定义来求取一些常用信号的拉普拉斯变换。

1. 单位阶跃函数 $u(t)$

$$\mathscr{L}[u(t)] = \int_0^\infty 1 \cdot e^{-st} \, dt = \frac{1}{-s} e^{-st} \Big|_0^\infty = \frac{1}{s}$$

即拉式变换对

$$u(t) \leftrightarrow \frac{1}{s}$$

2. 单位冲激信号 $\delta(t)$

即拉式变换对

$$\delta(t) \leftrightarrow 1$$

3. 指数函数信号 $e^{-\alpha t}$

$$\mathscr{L}[e^{-\alpha t}] = \int_0^\infty e^{-\alpha t} e^{-st} \, dt = \frac{e^{-(\alpha+s)t}}{-(\alpha+s)} \Big|_0^\infty = \frac{1}{\alpha+s} \quad (\sigma > -\alpha)$$

即拉式变换对

$$e^{-at} \leftrightarrow \frac{1}{s+a}$$

4. 余弦信号 $\cos \omega_0(t)$

$$\cos \omega_0 t = \frac{1}{2}(e^{j\omega_0 t} + e^{-j\omega_0 t})$$

$$\mathscr{L}[e^{j\omega_0 t}] = \frac{1}{s - j\omega_0}$$

$$\mathscr{L}[\cos \omega_0 t] = \frac{1}{2}\mathscr{L}[(e^{j\omega_0 t} + e^{-j\omega_0 t})]$$

$$= \frac{1}{2}\left(\frac{1}{s - j\omega_0} + \frac{1}{s + j\omega_0}\right) = \frac{s}{s^2 + \omega_0^2}$$

同理可得正弦信号的象函数为

$$\sin \omega_0 t \leftrightarrow \frac{\omega_0}{s^2 + \omega_0^2}$$

表 4-1　常用信号及其拉氏变换

原函数 $f(t)$	原函数 $F(s)$	原函数 $f(t)$	原函数 $F(s)$
$\delta(t)$	1	$[\sin \omega t]u(t)$	$\dfrac{\omega}{s^2+\omega^2}$
$\delta(t-t_0)$	e^{-st_0}	$[\cos \omega t]u(t)$	$\dfrac{s}{s^2+\omega^2}$
$\dfrac{\mathrm{d}^n\delta(t)}{\mathrm{d}t^n}$	s^n	$[\mathrm{e}^{-at}\sin \omega t]u(t)$	$\dfrac{\omega}{(s+a)^2+\omega^2}$
$u(t)$	$\dfrac{1}{s}$	$[\mathrm{e}^{-at}\cos \omega t]u(t)$	$\dfrac{s+a}{(s+a)^2+\omega^2}$
$\mathrm{e}^{-at}u(t)$	$\dfrac{1}{s+a}$	$[t\sin \omega t]u(t)$	$\dfrac{2\omega s}{(s^2+\omega^2)^2}$
$tu(t)$	$\dfrac{1}{s^2}$	$[t\cos \omega t]u(t)$	$\dfrac{s^2-\omega^2}{(s^2+\omega^2)^2}$
$t^n u(t)$	$\dfrac{n!}{s^{n+1}}$	$\mathrm{sh}(at)$	$\dfrac{a}{s^2-a^2}$
$t\mathrm{e}^{-at}u(t)$	$\dfrac{1}{(s+a)^2}$	$\mathrm{ch}(at)$	$\dfrac{s}{s^2-a^2}$

4.2　拉普拉斯变换的基本性质

　　实际所使用的信号绝大部分都是由基本信号组成的复杂信号。为了方便分析,常用拉式变换的基本性质来得到复杂信号的拉氏变换,因此,掌握拉氏变换的基本性质不但为求解一些复杂信号的拉氏变换带来方便,而且有助于求解拉普拉斯反变换

4.2.1　线性性质

　　若
$$\mathscr{L}[f_1(t)] = F_1(s), ROC = R_1$$
$$\mathscr{L}[f_2(t)] = F_2(s), ROC = R_2$$
则
$$\mathscr{L}[K_1 f_1(t) + K_2 f_2(t)] = K_1 F_1(s) + K_2 F_2(s), ROC = R_1 \bigcap R \qquad (4-4)$$
其中,K_1 和 K_2 为任意常数,其收敛域的含义是,总的收敛域是原来两个收敛域的重叠部分,也有可能扩大。若无重叠部分,则 $f(t)$ 的拉普拉斯变换不存在。

　　例 4-2-1　试求 $f(t) = \mathrm{e}^{-3t}u(t) + \sin 2tu(t)$ 的拉普拉斯变换 $F(s)$

　　解　因为
$$\mathscr{L}[\mathrm{e}^{-3t}u(t)] = \frac{1}{s+3}$$
而
$$\mathscr{L}[\sin 2tu(t)] = \frac{2}{s^2+4}$$
由线性性质得

所以

$$F(s) = \frac{1}{s+3} + \frac{2}{s^2+4} = \frac{s^2 + 2s + 10}{(s+3)(s^2+4)}$$

4.2.2　时移(延时)性质

若 $\mathscr{L}[f(t)] = F(s)$，则

$$\mathscr{L}[f(t-t_0)u(t-t_0)] = F(s)\mathrm{e}^{-st_0} \tag{4-5}$$

证明：

$$\mathscr{L}[f(t-t_0)u(t-t_0)] = \int_{0_-}^{\infty} f(t-t_0)u(t-t_0)\mathrm{e}^{-st}\,\mathrm{d}t$$
$$= \int_{t_0}^{\infty} f(t-t_0)\mathrm{e}^{-st}\,\mathrm{d}t$$

令 $\tau = t - t_0$，则 $t = \tau + t_0$，$\mathrm{d}t = \mathrm{d}\tau$，代入上式得

$$\mathscr{L}[f(t-t_0)u(t-t_0)] = \int_{0_-}^{\infty} f(\tau)\mathrm{e}^{-st_0}\,\mathrm{e}^{-s\tau}\,\mathrm{d}\tau$$
$$= F(s)\mathrm{e}^{-st_0}$$

例 4-2-2　$f_1(t) = \mathrm{e}^{-2(t-1)}u(t-1)$，$f_2(t) = \mathrm{e}^{-2(t-1)}u(t)$，求 $f_1(t)$，$f_2(t)$ 的拉普拉斯变换。

解　因为

$$\mathrm{e}^{-2t}u(t) \leftrightarrow \frac{1}{s+2} \qquad \mathrm{Re}(s) > -2$$

故根据时移性质，得

$$F_1(s) = \mathscr{L}[\mathrm{e}^{-2(t-1)}u(t-1)] = \frac{\mathrm{e}^{-s}}{s+2} \qquad \mathrm{Re}(s) > -2$$

因为 $f_2(t)$ 又可以表示为

$$f_2(t) = \mathrm{e}^{-2(t-1)}u(t) = \mathrm{e}^2\mathrm{e}^{-2t}u(t)$$

所以根据线性，得

$$F_2(s) = \mathscr{L} = \frac{\mathrm{e}^2}{s+2} \qquad \mathrm{Re}(s) > -2$$

$$\mathscr{L}[f_1(t) + f_2(t)] = F_1(s) + F_2(s) = \frac{\mathrm{e}^2 + \mathrm{e}^{-s}}{s+2} \qquad \mathrm{Re}(s) > -2$$

4.2.3　复频域特性

若 $\mathscr{L}[f(t)] = F(s)$，则

$$\mathscr{L}[f(t)\mathrm{e}^{\pm s_0 t}] = F(s \mp s_0)$$

证明：

$$\mathscr{L}[f(t)\mathrm{e}^{\pm s_0 t}] = \int_{0_-}^{\infty} [f(t)\mathrm{e}^{\pm s_0 t}]\mathrm{e}^{-st}\,\mathrm{d}t$$
$$= \int_{0_-}^{\infty} [f(t)\mathrm{e}^{-(s\mp s_0)t}]\mathrm{d}t$$
$$= F(s \mp s_0)$$

例 4-2-3　求 $\mathrm{e}^{-at}\sin\omega t$ 和 $\mathrm{e}^{-at}\sin\omega t$ 的拉氏变换。

解 已知

$$\sin \omega t \leftrightarrow \frac{\omega}{s^2 + \omega^2}$$

由复频域平移定理,有

$$e^{-at} \sin \omega t \leftrightarrow \frac{\omega}{(s+a)^2 + \omega^2}$$

同理,因

$$\cos \omega t \leftrightarrow \frac{s}{s^2 + \omega^2}$$

故有

$$\cos \omega t \leftrightarrow \frac{s+a}{(s+a)^2 + \omega^2}$$

4.2.4 时域微分性质

若 $\mathscr{L}[f(t)] = F(s)$,则

$$\mathscr{L}\left[\frac{\mathrm{d}f(t)}{\mathrm{d}t}\right] = sF(s) - f(0_-) \tag{4-6}$$

其中 $f(0_-)$ 是 $f(t)$ 在 $t=0$ 时的初始值。

证明:

$$\int_0^\infty f'(t)e^{-st}\mathrm{d}t = f(t)e^{-st}\Big|_0^\infty - \left[\int_0^\infty -sf(t)e^{-st}\right]\mathrm{d}t$$

$$= -f(0) + sF(s)$$

推广:

$$\mathscr{L}\left[\frac{\mathrm{d}f^2(t)}{\mathrm{d}t}\right] = s[F(s) - f(0_-)] - f'(0_-)$$

$$= s^2 F(s) - sf(0_-) - f'(0_-) \tag{4-7}$$

$$\mathscr{L}\left[\frac{\mathrm{d}f^n(t)}{\mathrm{d}t}\right] = s^n F(s) - s^{n-1}f(0_-) - s^{n-2}f'(0_-) - \cdots - f^{n-1}(0_-)$$

$$= s^n F(s) - \sum_{r=0}^{n-1} s^{n-r-1} f^{(r)}(0_-) \tag{4-8}$$

如果 $f(t)$ 为某一有始函数,当 $f(0_-) = f'(0_-) = f^{n-1}(0_-) = 0$ 时,式(4-6)、式(4-7)、式(4-8)可以分别简化为

$$\mathscr{L}\left[\frac{f(t)}{\mathrm{d}t}\right] = sF(s) \tag{4-9}$$

$$\mathscr{L}\left[\frac{\mathrm{d}^2 f(t)}{\mathrm{d}t^2}\right] = s^2 F(s) \tag{4-10}$$

$$\mathscr{L}\left[\frac{\mathrm{d}^{2n} f(t)}{\mathrm{d}t^n}\right] = s^n F(s) \tag{4-11}$$

例 4-2-4 求冲激函数 $\delta(t)$ 的导数 $\delta'(t)$ 拉普拉斯变换。

解 已知

$$\delta(t) \leftrightarrow 1$$

根据时域微分性质,有

$$\delta'(t) \leftrightarrow s$$

例 4-2-5　已知 $f(t) = e^{-at}u(t)$，求其导数 $\dfrac{\mathrm{d}f(t)}{\mathrm{d}t}$ 的拉普拉斯变换。

解　用两种方法进行求解。

方法一：由基本定义求解。

因为 $f(t)$ 的导数为

$$\frac{\mathrm{d}}{\mathrm{d}t}\left[e^{-at}u(t)\right] = -ae^{-at}u(t) + \delta(t)$$

所以

$$\mathscr{L}\left[\frac{\mathrm{d}f(t)}{\mathrm{d}t}\right] = \mathscr{L}[\delta(t)] - \mathscr{L}[-ae^{-at}u(t)]$$

$$= 1 - \frac{a}{s+a} = \frac{s}{s+a}$$

方法二：由时域微分性质求解。

已知

$$\mathscr{L}[e^{-at}u(t)] = \frac{1}{s+a}, f(0_-) = 0$$

则

$$\mathscr{L}\left[\frac{\mathrm{d}f(t)}{\mathrm{d}t}\right] = \mathscr{L}\left[\frac{\mathrm{d}}{\mathrm{d}t}e^{-at}u(t)\right] = \frac{s}{s+\alpha}$$

两种方法结果相同，但后者考虑了 $f(0_-)$ 的条件。

4.2.5　时域积分性质

若 $\mathscr{L}[f(t)] = F(s)$，则

$$\mathscr{L}\left[\int_{-\infty}^{t} f(\tau)\mathrm{d}\tau\right] = \frac{F(s)}{s} + \frac{f^{(-1)}(0_-)}{s} \tag{4-12}$$

证明：

$$\mathscr{L}\left[\int_{-\infty}^{t} f(\tau)\mathrm{d}\tau\right] = \mathscr{L}\left[\int_{-\infty}^{0_-} f(\tau)\mathrm{d}\tau\right] + \mathscr{L}\left[\int_{0_-}^{t} f(\tau)\mathrm{d}\tau\right]$$

上式中等号右边的第一项 $\mathscr{L}\left[\int_{-\infty}^{0_-} f(\tau)\mathrm{d}\tau\right]$ 为常数，即

$$\mathscr{L}\left[\int_{-\infty}^{0_-} f(\tau)\mathrm{d}\tau\right] = \frac{1}{s}\int_{-\infty}^{0_-} f(\tau)\mathrm{d}\tau$$

而

$$\mathscr{L}\left[\int_{0_-}^{t} f(\tau)\mathrm{d}\tau\right] = \int_{0_-}^{\infty}\left[\int_{0_-}^{t} f(\tau)\mathrm{d}\tau\right]e^{-st}\mathrm{d}t$$

$$= \left[-\frac{e^{-st}}{s}\int_{0_-}^{t} f(\tau)\mathrm{d}\tau\right]_{0_-}^{\infty} + \frac{1}{s}\int_{0_-}^{\infty} f(t)e^{-st}\mathrm{d}t$$

$$= 0 + \frac{1}{s}F(s) = \frac{1}{s}F(s)$$

所以

$$\mathscr{L}\left[\int_{-\infty}^{t} f(\tau)\mathrm{d}\tau\right] = \frac{1}{s}F(s) + \frac{1}{s}\int_{-\infty}^{0_-} f(\tau)\mathrm{d}\tau$$

如果函数积分区间从零开始，则有

$$\mathscr{L}\left[\int_{-\infty}^{t} f(\tau)\mathrm{d}\tau\right] = \frac{1}{s}F(s)$$

例 4-2-6 试通过阶跃信号 $u(t)$ 的积分求 $tu(t)$ 的拉氏变换。

解 因为

$$u(t) \leftrightarrow \frac{1}{s}$$

而

$$tu(t) = \int_{0_-}^{t} u(\tau)\mathrm{d}\tau$$

故有

$$tu(t) \leftrightarrow \frac{1}{s}\left(\frac{1}{s}\right) = \frac{1}{s^2}$$

例 4-2-7 求图 4-3(a)所示三角脉冲的拉普拉斯变换。

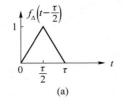 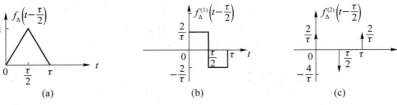 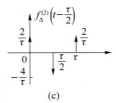

图 4-3 例 4-2-7 图

解 先将 $f(t)$ 求导两次,得 $f'(t)$ 和 $f''(t)$,如图 4-3(b)和图 4-3(c)所示,可表示为

$$f''(t) = \frac{2}{\tau}\delta(t) - \frac{4}{\tau}\delta\left(t - \frac{\tau}{2}\right) + \frac{2}{\tau}(t - \tau)$$

$$F_2(s) = \frac{2}{\tau} - \frac{4}{\tau}\mathrm{e}^{-\frac{s\tau}{2}} + \frac{2}{\tau}\mathrm{e}^{-s\tau} = \frac{2}{\tau}(1 - \mathrm{e}^{-\frac{s\tau}{2}})^2$$

再由积分定理可得 $f(t)$ 的拉氏变换

$$F(s) = \frac{1}{s^2}F_2(s) = \frac{2}{\tau}\frac{(1 - \mathrm{e}^{-\frac{s\tau}{2}})^2}{s^2}$$

4.2.6 尺度变换性质

若 $\mathscr{L}[f(t)] = F(s)$,则

$$\mathscr{L}[f(at)] = \frac{1}{a}F\left(\frac{s}{a}\right), a > 0 \tag{4-13}$$

证明

$$\mathscr{L}[f(at)] = \int_{0_-}^{\infty} f(at)\mathrm{e}^{-st}\mathrm{d}t$$

令 $\tau = at$,$\mathrm{d}\tau = a \cdot \mathrm{d}t$

$$\mathscr{L}[f(at)] = \int_{0_-}^{\infty} f(\tau)\mathrm{e}^{-\frac{s}{a}\tau}\frac{1}{a}\mathrm{d}\tau$$

$$= \frac{1}{a}\int_{0_-}^{\infty} f(\tau)\mathrm{e}^{-\frac{s}{a}\tau}\mathrm{d}\tau$$

$$= \frac{1}{a} F\left(\frac{s}{a}\right)$$

式(4-13)中规定 $a > 0$ 是必需的,因为 $f(t)$ 是有始信号,若 $a < 0$,则 $f(at)$ 在 $t > 0$ 区间为零,从而使 $\mathscr{L}[f(at)] = 0$,这样就不能应用上式。

例 4-2-8　已知 $f(t)$ 的拉氏变换为 $F(s)$,若 $a > 0, b > 0$ 求 $f(at-b)u(at-b)$ 的拉氏变换。

解　先由延时定理求得

$$f(t-b)u(t-b) \leftrightarrow F(s)\mathrm{e}^{-bs}$$

再借助尺度变换定理即可求出所需结果

$$f(at-b)u(at-b) \leftrightarrow \frac{1}{a} F\left(\frac{s}{a}\right)\mathrm{e}^{-b\frac{s}{a}}$$

另一种做法是先引用尺度变换定理,再借助延时定理。这时首先得到

$$f(at)u(at) \leftrightarrow \frac{1}{a} F\left(\frac{s}{a}\right)$$

再由延时定理求出

$$f\left[a\left(t-\frac{b}{a}\right)\right]u\left[a\left(t-\frac{b}{a}\right)\right] \leftrightarrow \frac{1}{a} F\left(\frac{s}{a}\right)\mathrm{e}^{-s\frac{b}{a}}$$

也即

$$f(at-b)u(at-b) \leftrightarrow \frac{1}{a} F\left(\frac{s}{a}\right)\mathrm{e}^{-s\frac{b}{a}}$$

两种方法结果一致。

4.2.7　初值与终值定理

若 $f(t) \leftrightarrow F(s)$,且 $f(t)$ 连续可导和 $\lim\limits_{s\to\infty} sF(s)$ 存在,则 $f(t)$ 的初值为

$$f(0_+) = \lim_{t\to 0^+} f(t) = \lim_{s\to\infty} sF(s) \tag{4-14}$$

这称为初值定理。

类似地,或 $\lim\limits_{t\to\infty} f(t)$ 存在,则 $f(t)$ 的终值为

$$f(\infty) = \lim_{t\to\infty} f(t) = \lim_{s\to 0} sF(s) \tag{4-15}$$

这称为终值定理。它们的证明从略。

例 4-2-9　已知 $F(s) = \dfrac{2s}{s^2+4}$,试求 $f(t)$ 的初值 $f(0_+)$。

解　根据初值定理得

$$f(0_+) = \lim_{t\to 0^+} f(t) = \lim_{s\to\infty} sF(s) = \lim_{s\to\infty} \frac{2s}{s^2+4} = 2$$

例 4-2-10　已知 $F(s) = \dfrac{6}{s+2}$,试求原函数的终值 $f(\infty)$。

解　根据终值定理得

$$f(\infty) = \lim_{t\to\infty} f(t) = \lim_{s\to 0} sF(s) = \lim_{s\to 0} \frac{6}{s+2} = 0$$

4.2.8 时域卷积定理

若 $\mathscr{L}[f_1(t)] = F_1(s), \mathscr{L}[f_2(t)] = F_2(s), f_1(t), f_2(t)$ 为有始信号，

则

$$\mathscr{L}[f_1(t) * f_2(t)] = F_1(s)F_2(s)$$

证明

$$\mathscr{L}[f_1(t) * f_2(t)] = \int_0^\infty \int_0^\infty f_1(\tau)u(\tau)f_2(t-\tau)u(t-\tau)\mathrm{d}\tau \mathrm{e}^{-st}\mathrm{d}t$$

交换积分次序

$$\mathscr{L}[f_1(t) * f_2(t)] = \int_0^\infty f_1(\tau) \left[\int_0^\infty f_2(t-\tau)u(t-\tau)\mathrm{e}^{-st}\mathrm{d}t \right] \mathrm{d}\tau$$

令 $x = t - \tau, t = x + \tau$，积分区间 $\int_{-\tau}^\infty$ 同 $\int_0^\infty$

$$\mathscr{L}[f_1(t) * f_2(t)] = \int_0^\infty f_1(\tau)\mathrm{e}^{-st} \left[\int_0^\infty f_2(x)\mathrm{e}^{-sx}\mathrm{d}x \right] \mathrm{d}\tau$$
$$= F_1(s)F_2(s)$$

卷积定理表明：两个时域函数的卷积对应的拉氏变换为相应两象函数的乘积，是在复频域中求解零状态响应的依据。

例 4-2-11 试求图 4-4(a)所示三角脉冲信号 $f(t)$ 的象函数 $F(s)$。

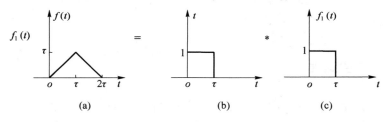

图 4-4 例 4-2-11

解 图 4-4(a)中的三角脉冲信号 $f(t)$ 可以分解为两个相同的矩形脉冲信号的卷积〔如图 4-4(b)〕所示，即

$$f(t) = f_1(t) * f_1(t)$$

式中 $f_1(t) = u(t) - u(t-\tau)$ 其拉普拉斯变换 $F_1(s)$

$$F_1(s) = \frac{1 - \mathrm{e}^{-s\tau}}{s}$$

应用时域卷积定理，可得

$$F(s) = F_1(s)F_1(s) = \frac{(1 - \mathrm{e}^{-s\tau})^2}{s^2}$$

表 4-2 综合了本节中所得到的全部性质，以便查看。

表 4-2 拉普拉斯变换的性质及定理

序号	性质名称	信 号	拉普拉斯变换
0	定义	$f(t) = \frac{1}{2\pi \mathrm{j}} \int_{\sigma-\mathrm{j}\infty}^{\sigma+\mathrm{j}\infty} F(s)\mathrm{e}^{st}\mathrm{d}s, t \geqslant 0$	$F(s) = \int_{0_-}^\infty f(t)\mathrm{e}^{-st}\mathrm{d}t, \sigma > \sigma_0$
1	线性	$a_1 f_1(t) + a_2 f_2(t)$	$a_1 F_1(s) + a_2 F_2(s), \sigma > \max(\sigma_1, \sigma_2)$

序号	性质名称	信　　　号	拉普拉斯变换
2	尺度变换	$f(at), a > 0$	$\dfrac{1}{a}F\left(\dfrac{s}{a}\right), \sigma > a\sigma_0$
3	时移	$f(t - t_0)u(t - t_0), t_0 > 0$	$\mathrm{e}^{-st_0}F(s), \sigma > \sigma_0$
4	复频移	$\mathrm{e}^{s_0 t}f(t)$	$F(s - s_0), \sigma > \sigma_a + \sigma_0$
5	时域微分	$f^{(1)}(t) = \dfrac{\mathrm{d}f(t)}{\mathrm{d}t}$	$sF(s) - f(0_-), \sigma > \sigma_0$
		$f^{(n)}(t) = \dfrac{\mathrm{d}^n f(t)}{\mathrm{d}t^n}$	$s^n F(s) - \displaystyle\sum_{m=0}^{n-1} s^{n-1-m} f^{(m)}(0_-)$
6	时域积分	$f^{(-1)}(t) = \displaystyle\int_{0_-}^{t} f(\tau)\mathrm{d}\tau$	$\dfrac{1}{s}F(s) + \dfrac{1}{s}f^{(-1)}(0_-)$
7	时域卷积	$f_1(t) * f_2(t)$ $f_1(t)$、$f_2(t)$ 为因果信号	$F_1(s)F_2(s), \sigma > \max(\sigma_1, \sigma_2)$
8	时域相乘	$f_1(t)f_2(t)$	$\dfrac{1}{2\pi\mathrm{j}}\displaystyle\int_{c-\mathrm{j}\infty}^{c+\mathrm{j}\infty} F_1(\lambda)F_2(s-\lambda)\mathrm{d}\lambda$ $\sigma > \sigma_1 + \sigma_2, \sigma_1 < c < \sigma - \sigma_2$
9	S 域微分	$(-t)^n f(t)$	$F^{(n)}(s), \sigma > \sigma_0$
10	S 域积分	$\dfrac{f(t)}{t}$	$\displaystyle\int_{s}^{\infty} F(\lambda)\mathrm{d}\lambda, \sigma > \sigma_0$
11	初值定理	$f(0_+) = \lim\limits_{s \to \infty} sF(s)$	
12	终值定理	$f(\infty) = \lim\limits_{s \to 0} sF(s), s = 0$ 在收敛域内	

4.3　拉普拉斯逆变换

应用拉普拉斯变换求解系统响应时,不仅要根据已知的激励信号求其象函数,还必须把响应的象函数再反变为时间函数,这就是拉普拉斯反变换,又称拉普拉斯逆变换,简称为拉氏反变换或拉氏逆变换。

拉氏反变换是将象函数 $F(s)$ 变换为原函数 $f(t)$ 的运算。由拉氏变换的定义可知要想求 $F(s)$ 的拉氏逆变换可按式(4-2)进行复变函数积分计算,计算比较复杂。而对于线性系统而言,响应的象函数 $F(s)$ 一般为 s 的有理分式,所以在工程中常常通过查表或部分分式分解法求反变换。本书只讨论拉氏反变换中的部分分式法。

部分分式法是把复频域中的象函数 $F(s)$ 展成一系列简单分式和的形式,先求出这些简单分式的反变换,再根据线性性质就可得到整个 $F(s)$ 的原函数。这里的所谓简单分式,是指在常用信号的变换对中可以找到的函数形式,如表 4.1 中列出的常用信号的拉普拉斯变换。

对线性系统而言,响应的象函数 $F(s)$ 常具有有理分式的形式,它可以表示为两个实系数的 s 的多项式之比,即

$$F(s) = \frac{N(s)}{D(s)} = \frac{b_m s^m + b_{m-1}s^{m-1} + \cdots + b_1 s + b_0}{a_n s^n + a_{n-1}s^{n-1} + \cdots + a_1 s + a_0} \tag{4-16}$$

式中,$a_n, a_{n-1}, \cdots, a_1, a_0$ 和 $b_m, b_{m-1}, \cdots, b_1, b_0$,$n$ 和 m 为正整数。若 $m < n$,$F(s)$ 为有理真分式。

对此形式的象函数可以用部分分式展开法（或称展开定理）将其表示为许多简单分式之和的形式，而这些简单项 s 域函数的反变换容易得到。部分分式法简单易行，避免了应用式（4-3）计算复变函数的积分问题。现分几种情况讨论。

1. $D(s) = 0$ 的所有根均为单实根

若分母多项式 $D(s) = 0$ 的 n 个单实根分别为，$p_1, p_2, \cdots, p_n$ 按照代数学的知识，则 $F(s)$ 可以展成下列简单的部分分式之和

$$F(s) = \frac{N(s)}{(s - p_1)(s - p_2)\cdots(s - p_n)}$$

$$= \frac{K_1}{s - p_1} + \frac{K_2}{s - p_2} + \cdots + \frac{K_n}{s - p_n} = \sum_{i=1}^{n} \frac{K_i}{s - p_i} \qquad (4\text{-}17)$$

式中，$K_1, K_2, \cdots, K_n$ 为待定系数。这些系数可以按以下方法确定：将式（4-17）两边同乘以 $s - p_1$，得

$$(s - p_1)F(s) = \frac{N(s)}{(s - p_1)(s - p_2)\cdots(s - p_n)}$$

$$= K_1 + \frac{K_2(s - p_1)}{s - p_2} + \cdots + \frac{K_n(s - p_1)}{s - p_n} \qquad (4\text{-}18)$$

令 $s = p_1$，则式（4-18）右边除 K_1 外，其余各项均为零，由此得到第一个系数 K_1 为

$$K_1 = (s - p_1)F(s)\Big|_{s=p_1} = \frac{N(s)}{(s - p_1)(s - p_2)\cdots(s - p_n)}\Big|_{s=p_1} \qquad (4\text{-}19)$$

同理，可求出任一极点 p_i 所对应的系数 K_i 为

$$K_i = (s - p_i)F(s)\Big|_{s=p_i}, i = 1, 2, \cdots, n \qquad (4\text{-}20)$$

故原函数

$$f(t) = K_1 e^{p_1 t} + K_2 e^{p_1 t} + \cdots + K_n e^{p_n t}, t \geqslant 0$$

例 4-3-1 已知象函数 $F(s) = \dfrac{s + 6}{s^3 + 5s^2 + 6s}$，求原函数 $f(t)$。

解 $F(s)$ 的分母多项式 $D(s) = s^3 + 5s^2 + 6s = s(s+2)(s+3)$ 所以方程 $D(s) = 0$ 有三个单根，分别为 $p_1 = 0, p_2 = -2, p_3 = -3$。因此 $F(s)$ 的部分分式展开式为

$$F(s) = \frac{s + 6}{s(s+2)(s+3)} = \frac{K_1}{s} + \frac{K_2}{s+2} + \frac{K_3}{s+3}$$

各系数为

$$K_1 = sF(s) = \frac{s+6}{(s+2)(s+3)}\Big|_{s=0} = 1$$

$$K_2 = (s+2)F(s) = \frac{s+6}{s(s+3)}\Big|_{s=-2} = -2$$

$$K_3 = (s+3)F(s) = \frac{s+6}{s(s+2)}\Big|_{s=-3} = 1$$

将 K_1, K_2, K_3 的值代入得

$$F(s) = \frac{1}{s} - \frac{2}{s+2} + \frac{1}{s+3}$$

反变换为

$$f(t) = (1 - 2e^{-2t} + e^{-3t})u(t)$$

例 4-3-2 设有象函数 $F(s) = \dfrac{2s^2 + 6s + 6}{s^2 + 3s + 2}$ 的反变换 $f(t)$。

解 由于 $F(s)$ 的分子分母为同次幂,先要相除,得

$$F(s) = 2 + \frac{2}{s^2 + 3s + 2} = 2 + F_1(s)$$

可展开为

$$F_1(s) = \frac{k_1}{s+1} + \frac{k_2}{s+2}$$

解得系数

$$K_1 = 2, K_1 = -2$$

从而

$$F(s) = 2 + \frac{2}{s+1} + \frac{-2}{s+2}$$

所以得

$$f(t) = 2\delta(t) + (2e^{-t} - 2e^{-2t})u(t)$$

$D(s) = 0$ 含有共轭复根

由于 $D(s)$ 是 s 的实系数多项式,若 $D(s)=0$ 出现复根,则必然是共轭成对的。设 $D(s)=0$ 中含有一对共轭复根,如 $p_{1,2} = -a \pm j\omega$,则 $F(s)$ 可展开为

$$F(s) = \frac{N(s)}{(s+a)^2 + \omega^2} = \frac{N(s)}{(s+a-j\omega)(s+a+j\omega)}$$

$$= \frac{k_1}{s+a-j\omega} + \frac{k_2}{s+a+j\omega} \tag{4-21}$$

根据式(4-21),可求得

$$K_1 = (s+a-j\omega)F(s)\Big|_{s=-a+j\omega} = \frac{N(-a+j\omega)}{2j\omega}$$

$$K_2 = (s+a+j\omega)F(s)\Big|_{s=-a-j\omega} = \frac{N(-a-j\omega)}{-2j\omega}$$

从以上两式看出,K_1 和 K_2 呈共轭关系。设 $K_1 = |K_1|e^{j\varphi}$,则 $K_2 = K_1^* |K_1|e^{-j\varphi}$,于是有

$$F(s) = \frac{|K_1|e^{j\varphi}}{s+a-j\omega} + \frac{|K_1|e^{-j\varphi}}{s+a+j\omega}$$

对 $F(s)$ 取拉普拉斯反变换,得

$$f(t) = \left[|K_1|e^{j\varphi}e^{(-a+j\omega)t} + |K_1|e^{-j\varphi}e^{(-a-j\omega)t} \right]u(t)$$

$$= 2|K_1|e^{-at}\cos(\omega t + \varphi)u(t) \tag{4-22}$$

由此可见,对于 $F(s)$ 的一对共轭复数极点 $p_1 = -a+j\omega, p_2 = -a-j\omega$,只需要求出一个系数即可。若 $K_1 = |K_1|e^{j\varphi}$,则根据式(4-22)就可以写出这一对共轭复数极点所对应的部分分式的原函数的表达式。

现以实例说明上式及变换的特点。

例 4-3-3 已知 $F(s) = \dfrac{2s+8}{s^2+4s+8}$,求 $F(s)$ 的单边拉氏逆变换 $f(t)$。

解 $F(s)$ 可以表示为

$$F(s) = \frac{2s+8}{(s+2)^2+4} = \frac{2s+8}{(s+2-j2)(s+2+j2)}$$

$F(s)$ 有一对共轭单极点 $s_{1,2} = -2 \pm j2$,可展开为

$$F(s) = \frac{K_1}{(s+2-j2)} + \frac{K_2}{(s+2+j2)}$$

$$K_1 = (s+2-j2)F(s)\big|_{s=-2+j2} = 1-j = \sqrt{2}e^{-j\frac{\pi}{4}}$$

$$K_2 = (s+2+j2)F(s)\big|_{s=-2-j2} = 1+j = \sqrt{2}e^{j\frac{\pi}{4}}$$

于是得

$$F(s) = \frac{\sqrt{2}e^{-j\frac{\pi}{4}}}{s+2-j2} + \frac{\sqrt{2}e^{-j\frac{\pi}{4}}}{s+2+j2}$$

$$|K_1| = \sqrt{2}, \varphi = -\frac{\pi}{4}, \alpha = 2, \beta = 2$$

$$f(t) = \mathscr{L}[F(s)] = 2\sqrt{2}e^{-2t}\cos\left(2t - \frac{\pi}{4}\right)u(t)$$

2. $D(s)=0$ 含有重根

若 $D(s)=0$ 在 $s=s_1$ 处有 r 重根,而其余 $(n-r)$ 个根 $s_j(j=r+1,\cdots,n)$,这些根的值是实数或复数,

$$F(s) = \frac{D(s)}{(s-s_1)^r(s-s_{r+1})\cdots(s-s_n)} = \sum_{i=1}^{r}\frac{K_{1i}}{(s-s_1)^i} + \sum_{j=r+1}^{n}\frac{K_j}{s-s_j}$$

$$= F_1(s) + \sum_{j=r+1}^{n}\frac{K_j}{s-s_1}$$

$$F_1(s) = \sum_{i=1}^{r}\frac{K_{1i}}{(s-s_1)^i}$$

$$K_{1i} = \frac{1}{(r-i)!}\frac{d^{r-i}}{ds^{r-i}}[(s-s_1)^r F(s)]_{s=s_1}$$

先求 $F(s)$ 的逆变换,因为

$$\frac{1}{(i-1)!}t^{i-1}u(t) \leftrightarrow \frac{1}{s^i}$$

$$\frac{1}{(i-1)!}e^{s_1 t}t^{i-1}u(t) \leftrightarrow \frac{1}{(s-s_1)^i}$$

$$\sum_{i=1}^{r}\frac{K_{1i}}{(i-1)!}t^{i-1}e^{s_1 t}u(t) \leftrightarrow F_1(s)$$

$F(s)$ 的单边拉普拉斯逆变换为

$$f(t) = \mathscr{L}^{-1}[F(s)] = \sum_{i=1}^{r}\frac{K_{1i}}{(i-1)!}t^{i-1}e^{s_1 t}u(t) + \sum_{j=r+1}^{n}K_j e^{s_j t}u(t)$$

例 4-3-4 已知求 $F(s) = \dfrac{3s+5}{(s+1)^2(s+3)}$,$F(s)$ 的单边拉氏逆变换。

解 $F(s)$ 有二重极点 $s=-1$ 和单极点 $s=-3$。因此,$F(s)$ 可展开为

$$F(s) = \frac{K_{12}}{(s+1)^2} + \frac{K_{11}}{s+1} + \frac{K_3}{s+3}$$

$$K_{12} = (s+1)^2\frac{3s+5}{(s+1)^2(s+3)}\big|_{s=-1} = 1$$

$$K_{11} = \frac{d}{ds}\left[(s+1)^2\frac{3s+5}{(s+1)^2(s+3)}\right]\big|_{s=-1} = 1$$

$$K_3 = (s+3)\frac{3s+5}{(s+1)^2(s+3)}\big|_{s=-3} = -1$$

于是得

$$F(s) = \frac{1}{(s+1)^2} + \frac{1}{s+1} - \frac{1}{s+3}$$

$$f(t) = L^{-1}[F(s)] = (t\mathrm{e}^{-t} + \mathrm{e}^{-t} - \mathrm{e}^{-3t})\varepsilon(t)$$

例 4-3-5　已知单边拉氏变换，$F(s) = \dfrac{2s}{(s^2+1)^2}$，求 $F(s)$ 的原函数 $f(t)$。

解　$F(s)$ 为有理分式，可用部分分式法求 $f(t)$。但 $F(s)$ 又可表示为

$$F(s) = \frac{\mathrm{d}}{\mathrm{d}s}\left(\frac{-1}{s^2+1}\right)$$

因为 $\sin t \cdot \varepsilon(t) \leftrightarrow \dfrac{1}{s^2+1}$，根据复频域微分性质，

则 $F(s)$ 的原函数为

$$f(t) = \mathscr{L}^{-1}[F(s)] = (-t)[-\sin t \cdot \varepsilon(t)] = t\sin t \cdot \varepsilon(t)$$

除了利用部分分式展开法以外，在求拉氏反变换时，还应善于利用性质。尤其当象函数 $F(s)$ 不是有理分式时，由于无法进行部分分式展开，这时就需要采用适当的性质和基本变换对来进行求解。

例 4-3-6　已知 $F(s) = \dfrac{(s+4)\mathrm{e}^{-2s}}{s(s+2)}$，求 $F(s)$ 的单边拉氏逆变换。

解　$F(s)$ 不是有理分式，但 $F(s)$ 可以表示为

$$F(s) = F_1(s)\mathrm{e}^{-2s}$$

$$F(s) = F_1(s)\mathrm{e}^{-2s}$$

$$F_1(s) = \frac{s+4}{s(s+2)} = \frac{2}{s} - \frac{1}{s+2}$$

由线性和常用变换对得到

$$f_1(t) = \mathscr{L}^{-1}[F_1(s)] = (2 - \mathrm{e}^{-2t})u(t)$$

由时移性质得

$$f(t) = \mathscr{L}^{-1}[F(s)] = L^{-1}[F_1(s)\mathrm{e}^{-2t}]$$

$$= [2 - \mathrm{e}^{-2(t-2)}]u(t-2)$$

4.4　连续时间系统的复频域分析

系统的复频域分析，就是利用拉普拉斯变换将系统的时域特性变换到复频域（s 域），在复频域中求解系统响应或分析系统的特性。它是分析线性连续时间系统常用的且较简单的方法。

4.4.1　微分方程的复频域求解

用拉普拉斯变换分析法求解常系数线性微分方程时，不仅可以将描述连续时间系统的时域微分方程变换成复频域中的代数方程，而且在此代数方程中同时体现了系统的初始状态。解此代数方程，可一举求得方程的完全解。

现以具体例子说明分析的全过程。

例 4-4-1 已知线性系统的微分方程为：

$$y''(t) + 5y'(t) + 6y(t) = 3f'(t) + f(t), t \geqslant 0$$

已知 $f(t) = e^{-t}\varepsilon(t)$，$y(0_-) = 1$，$y'(0_-) = 2$，求系统的零输入响应 $y_{xi}(t)$、零状态响应 $y_{zs}(t)$ 和完全响应 $y(t)$。

解 根据单边拉氏变换的时域微分性质，对系统微分方程取单边拉氏变换，得

$$[s^2Y(s) - sy(0_-) - y'(0_-)] + 5[sY(s) - y(0_-)] + 6Y(s) = 3sF(s) + F(s)$$

整理后得到

$$Y_{zi}(s) = \frac{sy(0_-) + y'(0_-) + 5y(0_-)}{s^2 + 5s + 6} + \frac{3s+1}{s^2+5s+6}F(s)$$

零输入响应的 s 域表示为

$$Y_{zi}(s) = \frac{sy(0_-) + y'(0_-) + 5y(0_-)}{s^2 + 5s + 6} = \frac{s+7}{(s+2)(s+3)} = \frac{5}{s+2} + \frac{-4}{s+3}$$

对上式进行拉氏反变换得

$$y_{zi}(t) = (5e^{-2t} - 4e^{-3t})u(t)$$

$f(t)$ 的单边拉氏变换为

$$F(s) = L[e^{-t}\varepsilon(t)] = \frac{1}{s+1}$$

所以零状态响应的 s 域表示式为

$$Y_{zs}(s) = \frac{3s+1}{s^2+5s+6}F(s) = \frac{3s+1}{(s+1)(s+2)(s+3)} = \frac{-1}{s+1} + \frac{5}{s+2} + \frac{-4}{s+3}$$

对上式进行拉氏反变换得

$$y_{zs}(t) = (5e^{-2t} - 4e^{-3t} - e^{-t})u(t)$$

故全响应为

$$y(t) = (10e^{-2t} - 8e^{-3t} - e^{-t})u(t)$$

例 4-4-2 对于图 4-5 所示电路，已知 $R = 10\ \Omega$，$L = 1\ H$，$C = 0.004\ F$，求 $i(t)$。

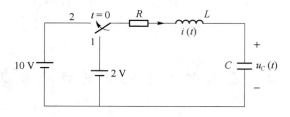

图 4-5 例 4-4-2 图

解 其 KVL 方程为

$$Ri(t) + L\frac{di(t)}{dt} + u_c(0_-) + \frac{1}{C}\int_{0_-}^{t} i(\tau)d\tau = 10$$

根据换路前的电路知：

$$i(0_-) = 0, u_c(0_-) = 2\ V$$

对方程两边取拉氏变换得：

$$RI(s) + L[sI(s) - i(0_-)] + \frac{u_c(0_-)}{s} + \frac{I(s)}{sC} = \frac{10}{s}$$

$$I(s) = \cfrac{\dfrac{10}{s} + Li(0_-) - \dfrac{u_c(0_-)}{s}}{R + sL + \dfrac{1}{sC}}$$

$$= \frac{8}{s^2 + 10s + 250}$$

对上式进行拉氏反变换得

$$i(t) = \frac{8}{15} \mathrm{e}^{-5t} \sin(15t) u(t)$$

4.4.2　电路的模型及复频域求解

在复频域分析电路时,可不必先列写微分方程再取拉氏变换,而是根据电路的复频域模型（s 域电路模型）,直接列写复频域方程,从而求得所需响应的象函数,再进行拉氏反变换,求出响应的原函数。要得到任一复杂电路的 s 域模型,应先从电路的基本元件的 s 域模型入手。

1. 电阻元件 R

设线性时不变电阻 R 上电压 $u(t)$ 和电流 $i(t)$ 的参考方向关联,则 R 上电流和电压关系（VAR）的时域形式为

$$u(t) = Ri(t) \tag{4-23}$$

电阻 R 的时域模型如图 4-6（a）所示。设 $u(t)$ 和 $i(t)$ 的象函数分别为 $U(s)$ 和 $I(s)$,对式（4-23）取单边拉普拉斯变换,得

$$U(s) = RI(s) \tag{4-24}$$

(a)时域模型　　　　　　　　(b)S域模型

图 4-6　电阻 R 的时域模型和 s 域模型

式（4-24）称为电阻 R 的 s 域模型,如图 4-6（b）所示。

2. 电感元件 L

设线性时不变电感 L 上电压 $u(t)$ 和电流 $i(t)$ 的参考方向关联,则电感元件 VAR 的时域形式为

$$\left. \begin{aligned} u(t) &= L\frac{\mathrm{d}i(t)}{\mathrm{d}t} \\ i(t) &= i(0_-) + \frac{1}{L}\int_{0_-}^{t} u(\tau)\mathrm{d}\tau \quad t \geqslant 0 \end{aligned} \right\} \tag{4-25}$$

(a) 时域模型　　　　　　　　(b) s域模型

图 4-7　电感 L 的时域模型和零状态 s 域模型

电感 L 的时域模型如图 4-7（a）所示。设 $i(t)$ 的初始值 $i(0_-)=0$（零状态）, $u(t)$ 和 $i(t)$

的单边拉普拉斯变换分别为 $U(s)$ 和 $I(s)$，对式(4-25)取单边拉普拉斯变换，根据时域微分、积分性质，得

$$U(s) = sLI(s) \qquad (4\text{-}26)$$

若电感 L 的电流 $i(t)$ 的初始值 $i(0_-)$ 不等于零，对式(4-25)取单边拉普拉斯变换，可得

$$U(s) = sLI(s) - Li(0_-) \qquad (4\text{-}27)$$

$$I(s) = \frac{1}{sL}U(s) + \frac{i(0_-)}{s} \qquad (4\text{-}28)$$

式(4-27)和式(4-28)给出了电感元件的非零状态的 s 域模型，$Li(0_-)$ 和 $\dfrac{i(0_-)}{s}$ 分别表示与电感 L 中初始储能对响应的影响。图 4-8(a)表示了电感 L 的 s 域串联模型，而图 4-8(b)表示了电感 L 的 s 域并联模型。

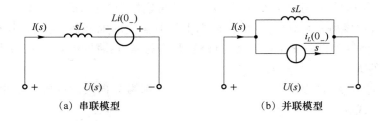

(a) 串联模型 　　　　　　　　(b) 并联模型

图 4-8　电感元件的非零状态 s 域模型

3. 电容元件 C

设线性时不变电容元件 C 上电压 $u(t)$ 和电流 $i(t)$ 的参考方向关联，则电容元件 VAR 的时域形式为

$$\left.\begin{aligned} u(t) &= u(0_-) + \frac{1}{C}\int_{0_-}^{t} i(\tau)\mathrm{d}\tau \quad t \geqslant 0 \\ i(t) &= C\frac{\mathrm{d}u(t)}{\mathrm{d}t} \end{aligned}\right\} \qquad (4\text{-}29)$$

电容元件的时域模型如图 4-9(a)所示。若 $u(t)$ 的初始值 $u(0_-) = 0$（零状态），$u(t)$ 和 $i(t)$ 的单边拉普拉斯变换分别为 $U(s)$ 和 $I(s)$，对式(4-29)取单边拉普拉斯变换，得

$$U(s) = \frac{1}{sC}I(s) \qquad (4\text{-}30)$$

若电容元件 C 上电压 $u(t)$ 的初始值 $u(0_-)$ 不等于零，对式(4-29)取单边拉普拉斯变换，得

$$U(s) = \frac{1}{sC}I(s) + \frac{u(0_-)}{s} \qquad (4\text{-}31)$$

$$I(s) = sCU(s) - Cu(0_-) \qquad (4\text{-}32)$$

(a) 时域模型 　　　　　　　(b) 零状态s域模型

图 4-9　电容元件的时域模型和零状态 s 域模型

式(4-31)和式(4-32)给出了电容元件的非零状态的 s 域模型，$\dfrac{u(0_-)}{s}$ 和 $Cu(0_-)$ 分别表示与电容 C 中初始储能对响应的影响。图 4-10(a)表示了电容 C 的 s 域串联模型，而图 4-10(b)表示了电容 C 的 s 域并联模型。

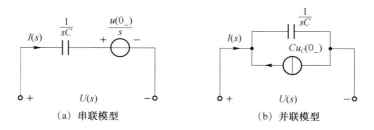

（a）串联模型　　　　　　　　（b）并联模型

图 4-10　电容元件的非零状态 s 域模型

4. 电路定律的 s 域模型

KCL 和 KVL 的时域形式分别为

$$\left.\begin{aligned}\sum i(t) &= 0 \\ \sum u(t) &= 0\end{aligned}\right\}\tag{4-33}$$

设 RLC 系统（电路）中支路电流 $i(t)$ 和支路电压 $u(t)$ 的单边拉普拉斯变换分别为 $I(s)$ 和 $U(s)$，对式(4-33)取单边拉普拉斯变换，根据线性性质，得到

$$\left.\begin{aligned}\sum I(s) &= 0 \\ \sum U(s) &= 0\end{aligned}\right\}\tag{4-34}$$

由上可知，利用拉普拉斯变换分析线性时不变系统时，先将电路中的元件用 s 域模型表示，再将信号源用其象函数表示，就可以做出整个电路的 s 域模型，然后应用所学的线性电路的各种分析方法和定理（如节点分析法网孔分析法、叠加定理、戴维南定理等），求解 s 域电路模型，得到待求响应的象函数，最后通过反变换获得响应的时域解。

例 4-4-3　图 4-11(a)所示 RLC 系统，$u_{i1}(t) = 2$ V，$u_{i2}(t) = 4$ V，$R_1 = R_2 = 1\ \Omega$，$L = 1$ H，$C = 1$ F，$t < 0$ 时电路已达稳态，$t = 0$ 时开关 S 由位置 1 接到位置 2。求 $t \geqslant 0$ 时的完全响应 $i_L(t)$。

解　（1）求完全响应 $i_L(t)$：
由电路可得起始状态

$$i_L(0_-) = \frac{u_{s1}(t)}{R_1 + R_2} = 1\ \text{A}$$

$$u_C(0_-) = \frac{R_2}{R_1 + R_2}u_{s1}(t) = 1\ \text{V}$$

从而可得如图 4.11(b)所示 s 域电路模型。
则 s 域的网孔方程为

$$\left\{\begin{aligned}\left(R_1 + \frac{1}{sC}\right)I_1(s) - \frac{1}{sC}I_2(s) &= U_{S2}(s) - \frac{u_C(0_-)}{s} \\ -\frac{1}{sC}I_1(s) + \left(\frac{1}{sC} + R_2 + sL\right)I_2(s) &= \frac{u_C(0_-)}{s} + Li_L(0_-)\end{aligned}\right.$$

式中，$U_{s2}(s) = L[u_{s2}(t)] = 4/s$，把 $U_{s2}(s)$ 及各元件的值代入网孔方程，解网孔方程得

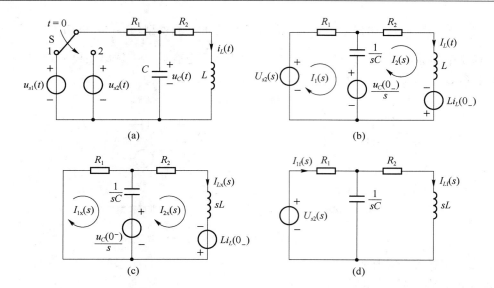

图 4-11　例 4-4-3 图

$$I_L(s) = I_2(s) = \frac{s^2 + 2s + 4}{s(s^2 + 2s + 2)} = \frac{(s+2)^2}{s[(s+1)^2 + 1]}$$

求 $I_L(s)$ 的单边拉氏逆变换,得

$$i_L(t) = L^{-1}[I_L(s)] = 2 + \sqrt{2}\,e^{-t}\cos\left(t + \frac{3\pi}{4}\right)\quad\text{(A)}\qquad t \geqslant 0$$

例 4-4-4　图 4-12(a)所示电路,开关 K 在 $t=0$ 时闭合,已知 $uC_1(0_-) = 3\ \text{V}, uC_2(0_-) = 0\ \text{V}$,试求开关闭合后的网孔电流 $i_1(t)$。

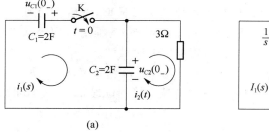

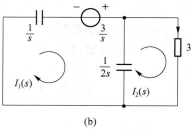

图 4-12　例 4-4-4 图

解　s 域模型如图 4-12(b)所示,则 s 域网孔方程为

$$\begin{cases}\left(\dfrac{1}{s} + \dfrac{1}{2s}\right)I_1(s) - \dfrac{1}{2s}I_2(s) = \dfrac{3}{s} \\[3mm] -\dfrac{1}{2s}I_1(s) + \left(3 + \dfrac{1}{2s}\right)I_2(s) = 0\end{cases}$$

解得

$$I_1(s) = 3 \times \frac{6s+1}{9s+1} = 2 + \frac{\dfrac{1}{9}}{s + \dfrac{1}{9}}$$

求 $I_L(s)$ 的单边拉氏逆变换,得

$$i_1(t) = L^{-1}[I_L(s)] = 2\delta(t) + \frac{1}{9}e^{-\frac{t}{9}}u(t) \quad \text{(A)}$$

4.5　系统函数与系统特性

函数 $H(s)$ 是描述线性时不变系统的重要参数,是系统分析的重要组成部分。通过系统分析系统函数在平面零、极点分布,可以了解系统的时域响应特性、频域响应特性以及系统稳定等诸多特性。

4.5.1　系统函数

对于线性时不变系统,其输入信号 $f(t)$ 与输出信号 $y(t)$ 之间的关系可由 n 阶线性常系数微分方程描述,即

$$a_n y^{(n)}(t) + a_{n-1} y^{(n-1)}(t) + \cdots + a_1 y^{(1)}(t) + a_0 y(t)$$
$$= b_m f^{(m)}(t) + b_{m-1} f^{(m-1)}(t) + \cdots + b_1 f^{(1)}(t) + b_0 f(t) \tag{4-35}$$

设输入 $f(t)$ 为在 $t=0$ 时刻加入的有始信号,且系统为零状态,则有

$$f(0_-) = f^{(1)}(0_-) = \cdots f^{(m)}(0_-) = 0$$

和

$$y(0_-) = y^{(1)}(0_-) = \cdots y^{(n-1)}(0_-) = 0$$

对式(4-35)两边进行拉普拉斯变换,根据时域微分性质可得

$$(a_n s^n + a_{n-1} s^{n-1} + \cdots + a_1 s + a_0)Y(s)$$
$$= (b_m s^m + b_{m-1} s^{m-1} + \cdots + b_1 s + b_0)F(s)$$

显然联系 $F(s)$ 和零状态响应 $Y(s)$ 的是一代数方程。由此可以定义系统函数如下:

$$H(s) = \frac{Y(s)}{F(s)} = \frac{b_m s^m + b_{m-1} s^{m-1} + \cdots + b_1 s + b_0}{a_n s^n + a_{n-1} s^{n-1} + \cdots + a_1 s + a_0} \tag{4-36}$$

若系统函数为 $H(s)$ 和输入信号的象函数已知,则有响应函数

$$Y(s) = F(s)H(s)$$

这一结果并不偶然。因为在时域中有

$$y(t) = f(t) \cdot h(t)$$

由卷积定理知,$H(s)$ 恰是 $h(t)$ 取拉氏变换的结果

$$H(s) = \int_{0_-}^{\infty} h(t)e^{-st}\,dt \tag{4-37}$$

可见,系统的冲激响应 $h(t)$ 与系统函数构成拉氏变换对。由此可得时域分析和 s 域分析的对应关系,如图 4-13 所示。

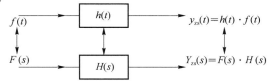

图 4-13　时域分析与 s 域分析对应关系

所以系统函数即可以由零状态下的系统模型求得,也可以由系统地冲激响应 $h(t)$ 取拉氏变换求得。当已知 $H(s)$ 时,其拉普拉斯反变换就是冲激响应 $h(t)$。

归纳以上分析,系统函数有如下性质:

(1) $H(s)$ 取决于系统的结构与元件参数,它确定了系统在 s 域的特征;

(2) $H(s)$ 是一个实系数有理分式,其分子分母多项式的根均为实数或共轭复数;

(3) $H(s)$ 为系统冲激响应的拉氏变换。

例 4-5-1 已知描述某系统的数学模型为

$$\frac{\mathrm{d}^2 y(t)}{\mathrm{d}t^2} + 3\frac{\mathrm{d}y(t)}{\mathrm{d}t} + 2y(t) = 2\frac{\mathrm{d}y(t)}{\mathrm{d}t} + 3f(t)$$

试求该系统的故冲激响应 $h(t)$

解 (1)在零状态下对常微分方程两边取拉普拉斯变换,得

$$s^2 Y(s) + 3sY(s) + 2Y(s) = 2sF(s) + 3F(s)$$

根据系统函数 $H(s)$ 的定义,有

$$H(s) = \frac{Y(s)}{F(s)} = \frac{2s+3}{s^2+3s+2} = \frac{1}{s+1} + \frac{1}{s+2}$$

故冲激响应 $h(t)$ 为

$$h(t) = (\mathrm{e}^{-t} + \mathrm{e}^{-2t})u(t)$$

例 4-5-2 已知系统函数为

$$H(s) = \frac{2s+8}{(s+2)(s+3)}$$

当输入 $f(t) = \mathrm{e}^{-t}u(t)$,初始状态 $y(0_-) = \mathrm{e}^{-t}u(t)y(0_-) = 3, y'(0_-) = 2$。试求响应 $y(t)$。

解 利用复频域分析法很容易求出系统的零状态响应 $y(t)$。

$$F(s) = L^{-1}[f(t)] = \frac{1}{s+1}$$

$$Y(s) = F(s)H(s) = \frac{2s+8}{(s+2)(s+3)}\frac{1}{s+1} = \frac{3}{s+1} - \frac{4}{s+2} + \frac{1}{s+3}$$

对上式进行拉氏反变换得

$$y(t) = (3\mathrm{e}^{-t} - 4\mathrm{e}^{-2t} + \mathrm{e}^{-3t})u(t)$$

4.5.2 系统函数的零、极点

一般来说,线性时不变连续系统的系统函数 $H(s)$ 通常是复变量 s 的有理分式,可以表示为

$$H(s) = \frac{N(s)}{D(s)} = \frac{b_m s^m + b_{m-1} s^{m-1} + \cdots + b_1 s + b_0}{a_n s^n + a_{n-1} s^{n-1} + \cdots + a_1 s + a_0} \tag{4-38}$$

式中 $a_i(i=0,1,2,\cdots,n)$、$b_j(j=0,1,2,\cdots,m)$ 均为实常数,通常 $n \geqslant m$。将式(4-38)中的分子 $N(s)$ 和分母 $D(s)$ 进行因式分解,可进一步将系统函数表示为

$$H(s) = \frac{N(s)}{D(s)} = \frac{b_m(s-z_1)(s-z_2)\cdots(s-z_m)}{(s-p_1)(s-p_2)\cdots(s-p_n)} = H_0 \frac{\prod\limits_{j=1}^{m}(s-z_j)}{\prod\limits_{i=1}^{n}(s-p_i)} \tag{4-39}$$

式中，$H_0 = \dfrac{b_m}{a_m}$ 是一常数 $z_1, z_2 \cdots, z_m$ 是系统函数分母多项式 $D(s) = 0$ 的根，称为系统函数 $p_1, p_2 \cdots, p_n$ 的极点，而是系统函数分子多项式 $N(s) = 0$ 的根，称为系统函数的零点，极点使系统函数取值为无穷大，而零点使系统函数取值为零。如果 $H(s)$ 的零点、极点和 H_0 已知，则系统就完全确定。把系统函数的零点与极点表示在 s 平面上的图形，叫作系统函数的零、极点图。其中零点用"〇"表示。极点用"×"表示。若为 n 重极点或零点，则注以 (n)。

例如某系统的系统函数为

$$H(s) = \frac{s^2(s+3)}{(s+1)(s+2+j_1)(s+2-j_1)} \tag{4-40}$$

它表明系统在原点处有二重零点，在 $z_1 = -3$ 处有一个零点；而在 $p_1 = -1$，$p_2 = -2 + j_1$，$p_3 = -2 - j_1$，处各有一个极点，该系统函数的零、极点图如图 4-14 所示。

借助系统的零、极点分布图，可以简明、直观地分析和研究系统响应的许多规律。系统函数的零、极点分布不仅可以揭示系统的时域特性，而且还可以阐明系统的频率响应特性及系统的稳定性等特点。

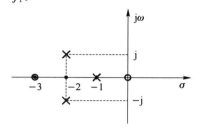

图 4-14　系统函数的零点、极点图

4.5.3　系统函数的零、极点分布与时域特性的关系

由于复频域内系统函数 $H(s)$ 对应着时域内系统冲激响应 $h(t)$，故极点在 S 平面上的位置确定了冲激响应 $h(t)$ 的变化模式。设 $H(s)$ 仅有 n 个单极点，则可展开为

$$H(s) = \sum_{i=1}^{n} \frac{K_i}{s - p_i} \tag{4-41}$$

其反变换为

$$h(t) = \sum_{i=1}^{n} k_i \mathrm{e}^{p_i t} u(t) \tag{4-42}$$

式中，K_i 是部分分式的系数，与 $H(s)$ 的零点分布有关；p_i 是 $H(s)$ 的极点，它可以是实数，也可以是复数。

由式（4-41）可以看出，与 $H(s)$ 的每一个极点将决定一项对应的时间函数，当 p_i 为一些不同的值时，$h(t)$ 会有不同的函数特性。下面分别对此进行讨论：

（1）极点位于 S 平面坐标原点，即 $H(s) = \dfrac{1}{s}$，$p_i = 0$，其对应的冲激响应 $h(t)$ 是一个阶跃信号；

（2）极点位于 S 平面的实轴上时，即 $H(s) = \dfrac{1}{s+a}$，则 $p_i = -a$，当 $a > 0$ 时，极点位于左实半轴上，$h(t)$ 为衰减指数函数；当 $a < 0$ 时，极点位于右实半轴上，$h(t)$ 为增长指数函数。

（3）共轭极点位于虚轴上，即 $H(s) = \dfrac{\omega}{s^2 + a^2}$，$p_{1,2} = \pm j\omega$，则 $h(t)$ 对应为正弦振荡；共轭极点位于 S 的左半平面时，$H(s) = \dfrac{\omega}{(s+a)^2 + \omega^2}$，$a > 0$，$p_{1,2} = a \pm j\omega$，则 $h(t)$ 对应为衰减的正弦振荡；共轭极点位于 S 的左半平面时。

（4）$H(s) = \dfrac{\omega}{(s-a)^2 + \omega^2}$，$a > 0$，$p_{1,2} = a \pm j\omega$，则 $h(t)$ 对应为增幅的正弦振荡。

表 4-3 为极点位置与时域响应的对应关系。

表 4-3　极点位置与时域响应的对应关系

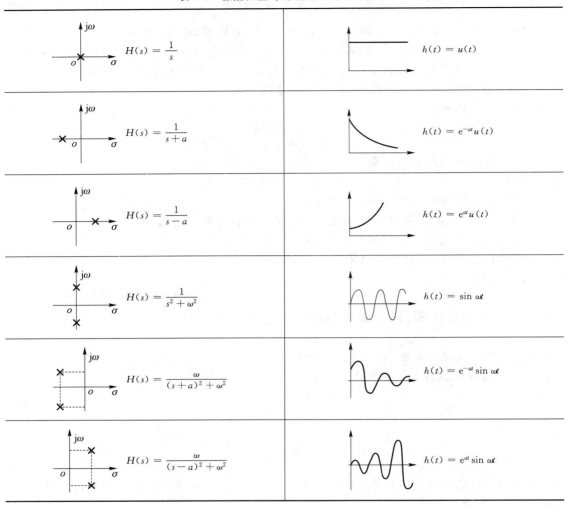

上面讨论了 $H(s)$ 的极点分布与时域特性的对应关系,至于 $H(s)$ 零点位置的不同则只影响到时域函数的幅度和相位,而不影响到时域的波形形式。

例如,

$$H(s) = \frac{s+3}{(s+3)^2 + 2^2}$$

其零点为 $s=-3$,则冲激响应为

$$h(t) = e^{-3t}\cos 2t\, u(t)$$

若系统函数改为

$$H(s) = \frac{s+1}{(s+3)^2 + 2^2}$$

其零点为 $s=-1$,极点没变,

$$H(s) = \frac{s+3-2}{(s+3)^2 + 2^2} = \frac{s+3}{(s+3)^2 + 2^2} - \frac{2}{(s+3)^2 + 2^2}$$

则冲激响应为

$$h(t) = (e^{-3t}\cos 2t - e^{-3t}\sin 2t)u(t) = \sqrt{2}\,e^{-3t}\cos(2t + 45°)u(t)$$

可见零点位置改变后，冲激响应 $h(t)$ 仍为减幅振荡形式，振荡频率要也没有发生改变，只是幅度和相位发生了变化。

4.5.4　系统函数的零、极点分布与频域特性的关系

由系统的零、极点分布不但可知系统时域响应的形式，也可以定性地了解系统的频域特性。根据系统函数 $H(s)$ 在平面上的零、极点图，利用几何作图法可以大致描绘出系统的频率响应特性。

所谓"频率响应"，是指系统在等幅振荡的正弦信号激励下，响应随输入信号频率变化而发生改变的情况，其中包括幅度随频率变化而变化的幅频特性和相位随频率变化而变化的相频特性。

正弦稳态情况下，若因果系统的系统函数 $H(s)$ 的极点全部在左半平面，则系统的频率特性 $H(j\omega)$ 可以直接由系统函数 $H(s)$ 表达式（4-39）中令 $s = j\omega$ 得到，即

$$H(j\omega) = H(s)\big|_{s=j\omega} = H_0 \frac{\prod\limits_{i=1}^{m}(j\omega - z_i)}{\prod\limits_{i=1}^{m}(j\omega - p_i)} \qquad (4\text{-}42)$$

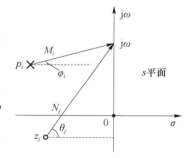

$H(j\omega)$ 一般情况下是复数，可表示为 $H(j\omega) = |H(j\omega)| e^{j\varphi(\omega)}$，通常 $|H(j\omega)|$ 随 ω 变化的关系称为系统的复频特性；$\varphi(\omega)$ 随 ω 变化的关系称为系统的相频特性。

从式（4-41）可以看出，系统的频率特性与系统地零、极点有关，令分子中每一项 $j\omega - z_j = N_j e^{j\varphi_j}$，分母中每一项 $j\omega - P_i = M_i e^{j\theta_i}$，将 $j\omega - z_j$、$j\omega - P_i$ 都看作两矢量之差，将矢量图画于复平面内，如图 4-15 所示。

图 4-15　零点与极点图

由矢量图可确定频率响应特性

$$H(j\omega) = K \frac{N_1 e^{j\varphi_1} N_2 e^{j\varphi_2} \cdots N_m e^{j\varphi_m}}{M_1 e^{j\theta_1} M_2 e^{j\theta_2} \cdots M_n e^{j\theta_n}} = K \frac{N_1 N_2 \cdots N_m e^{j(\varphi_1 + \varphi_2 + \cdots + \varphi_m)}}{M_1 M_2 \cdots M_n e^{j(\theta_1 + \theta_2 + \cdots + \theta_n)}} \qquad (4\text{-}43)$$

$$|H(j\omega)| = K \frac{N_1 N_2 \cdots N_m}{M_1 M_2 \cdots M_n} \qquad (4\text{-}44)$$

$$\varphi(\omega) = (\varphi_1 + \varphi_2 + \cdots + \varphi_m) - (\theta_1 + \theta_2 + \cdots + \theta_n) \qquad (4\text{-}45)$$

当 ω 沿虚轴移动时，各复数因子（矢量）的模和辐角都随之改变，于是得出幅频特性曲线和相频特性曲线。

例 4-5-3　确定图 4-16 示 RC 电路系统的频响特性。

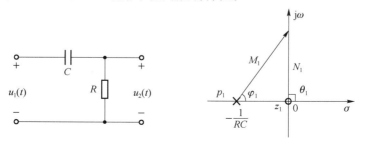

图 4-16　RC 电路及其矢量图

解

$$H(s) = \frac{V_2(s)}{V_1(s)} = \frac{R}{R + \dfrac{1}{sC}}$$

$$H(\mathrm{j}\omega) = \frac{\mathrm{j}\omega}{\mathrm{j}\omega - \left(-\dfrac{1}{RC}\right)} = \frac{N_1\,\mathrm{e}^{\mathrm{j}\psi_1}}{M_1\,\mathrm{e}^{\mathrm{j}\theta_1}}$$

零点：$z_1 = 0$ 极点：$p_1 = -\dfrac{1}{RC}$

$$|H(\mathrm{j}\omega)| = \frac{|\omega|}{\sqrt{\omega^2 + \left(\dfrac{1}{RC}\right)^2}} \qquad\qquad \varphi(\omega) = \frac{\pi}{2} - \arctan CR\omega$$

$$\begin{cases} \omega = 0 & |H(\mathrm{j}\omega)| = 0 \\[2mm] \omega = \dfrac{1}{RC} & |H(\mathrm{j}\omega)| = \dfrac{1}{\sqrt{2}} \\[2mm] \omega = \infty & |H(\mathrm{j}\omega)| = 1 \end{cases} \qquad \begin{cases} \omega = 0 & \varphi(\omega) = \dfrac{\pi}{2} \\[2mm] \omega = \dfrac{1}{RC} & \varphi(\omega) = \dfrac{\pi}{4} \\[2mm] \omega = \infty & \varphi(\omega) = 0 \end{cases}$$

所以 RC 电路系统的频率响应特性如图 4-17 所示

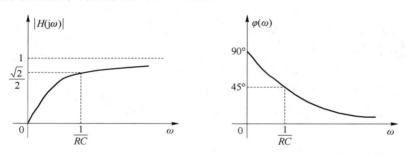

图 4-17 RC 电路的幅频特性与相频特性

4.6 线性系统的稳定性

4.6.1 系统稳定的概念

    稳定性是系统本身的性质之一,系统是否稳定与激励信号的选择无关。直观地看,当一个系统受到某种干扰信号作用时,其所引起的系统响应在干扰消失后最终消失,即系统仍能回到干扰作用前的原状态,则系统就是稳定的。对于任何系统,要能正常工作,都必须以系统稳定为先决条件,所以,设法判定系统是否稳定是十分重要的。

    由于冲激函数 $\delta(t)$ 是在瞬间作用又立即消失的信号,若把它视作"干扰",则冲激响应的变化模式完全可以说明系统的稳定性。这是因为冲激响应及其对应的系统函数 $H(s)$ 都反映系统本身的属性。由上节系统函数 $H(s)$ 的极点位置与 $h(t)$ 的对应关系可知,若系统函数的所有极点位于 S 平面的左半平面,则对应的 $h(t)$ 将随时间 t 逐渐衰减,当 $t \to \infty$ 时,$h(t)$ 消失,这样的系统称为稳定系统。若 $H(s)$ 仅有 $s=0$ 的一阶极点,则对应的 $h(t)$ 是一阶跃函数,随 t 的增长,响应恒定,而当 $H(s)$ 仅有虚轴上的一阶共轭极点时,其响应 $h(t)$ 为等幅振荡,以上两种情况称为临界(边界)稳定。若 $H(s)$ 有极点位于 S 平面的右半平面,或者在原点和虚轴上有二阶以上的重极点时,对应的 $h(t)$ 为单调增长或增幅振荡,这类系统称为不稳定系统。

综上所述,由系统函数 $H(s)$ 的极点分布可以给出系统稳定性的如下结论:

(1) 稳定:若 $H(s)$ 的所有极点位于 S 平面的左半平面,则系统是稳定的。

(2) 临界稳定:若 $H(s)$ 在虚轴上有 $s=0$ 或一对共轭单极点时,其余极点全都位于 S 平面的左半平面,则系统是临界稳定的。

(3) 不稳定:若 $H(s)$ 只要有一个极点位于 S 平面的右半平面,或者在虚轴上有二阶或二阶以上的重极点时,系统是不稳定的。

对于线性连续系统是稳定系统的充分必要条件是系统的冲激响应 $h(t)$ 绝对可积:

$$\int_{-\infty}^{\infty} |h(t)| \, \mathrm{d}t \leqslant M \tag{4-46}$$

式中,M 为正实数。

如果系统是因果的,则当 $t<0$ 时,$h(t)=0$。所以系统稳定的充要条件为

$$\int_{-0}^{\infty} |h(t)| \, \mathrm{d}t \leqslant M \tag{4-47}$$

例 4-6-1　有三个系统,其系统函数分别为

(1) $H_1(s) = \dfrac{s-1}{(s+1)(s+2)}$

(2) $H_2(s) = \dfrac{s}{(s+3)(s-1)}$

(3) $H_3(s) = \dfrac{1}{[s(s+2)]}$

试判定这三个系统的稳定状态。

解　根据 $H(s)$ 的极点分布与系统稳定性的关系可知:

(1) 该系统的两个极点都位于 S 平面的左半平面,因此为稳定系统;

(2) 该系统有一个极点都位于 S 平面的右半平面,因此为不稳定系统;

(3) 该系统有一个极点都位于坐标原点,因此为临界稳定系统。

4.6.2　系统稳定性判据

实际上,对于三阶以上的系统要判定其稳定性通常并非易事。罗斯和霍尔维兹提供了一种简单的代数判别法。该方法并不要求确定每一个极点值。

设 n 阶线性连续系统的系统函数为:

$$H(s) = \frac{B(s)}{A(s)} = \frac{b_m s^m + b_{m-1} s^{m-1} + \cdots + b_1 s + b_0}{a_n s^n + a_{n-1} s^{n-1} + \cdots + a_1 s + a_0} \tag{4-48}$$

式中,$m \leqslant n$,$a_i(i=0,1,2,\cdots,n)$、$b_j(j=0,1,2,\cdots,m)$ 是实常数。$H(s)$ 的分母多项式为:

$$A(s) = a_n s^n + a_{n-1} s^{n-1} + \cdots + a_1 s + a_0$$

$H(s)$ 的极点就是 $A(s)=0$ 的根。若 $A(s)=0$ 的根全部在左半平面,则 $A(s)$ 称为霍尔维兹多项式。

　　$A(s)$ 为霍尔维兹多项式的必要条件是：$A(s)$ 的各项系数 a_i 都不等于零，并且 a_i 全为正实数或全为负实数。若 a_i 全为负实数，可把负号归于 $H(s)$ 的分子 $B(s)$，因而该条件又可表示为 $a_i > 0$。显然，若 $A(s)$ 为霍尔维兹多项式，则系统是稳定系统。

　　罗斯和霍尔维兹提出了判断多项式为霍尔维兹多项式的准则，称为罗斯-霍尔维兹准则（R-H 准则）（如表 4-4 所示）。罗斯-霍尔维兹准则包括两部分，一部分是罗斯阵列，一部分是罗斯判据（罗斯准则）。

表 4-4　罗斯-霍尔维兹准则

行	第一列			
1	a_n	a_{n-2}	a_{n-4}	...
2	a_{n-1}	a_{n-3}	a_{n-5}	...
3	c_{n-1}	c_{n-3}	c_{n-5}	...
4	d_{n-1}	d_{n-3}	d_{n-5}	...
$\vdots$	...	...	...	...
$n+1$	...			

　　若 n 为偶数，则第二行最后一列元素用零补上。罗斯阵列共有 $n+1$ 行（以后各行均为零），第三行及以后各行的元素按以下规则计算：

$$c_{n-1} = \frac{-1}{a_{n-1}} \begin{vmatrix} a_n & a_{n-2} \\ a_{n-1} & a_{n-3} \end{vmatrix}, c_{n-3} = \frac{-1}{a_{n-1}} \begin{vmatrix} a_n & a_{n-4} \\ a_{n-1} & a_{n-5} \end{vmatrix}, \cdots$$

$$d_{n-1} = \frac{-1}{c_{n-1}} \begin{vmatrix} a_{n-1} & a_{n-3} \\ c_{n-1} & c_{n-3} \end{vmatrix}, d_{n-3} = \frac{-1}{c_{n-1}} \begin{vmatrix} a_{n-1} & a_{n-5} \\ c_{n-1} & c_{n-5} \end{vmatrix}, \cdots$$

......

　　罗斯判据（罗斯准则）指出：多项式 $A(s)$ 是霍尔维兹多项式的充分和必要条件是罗斯阵列中第一列元素全为正值。若第一列元素的值不是全为正值，则表明 $A(s)=0$ 在右半平面有根，元素值的符号改变的次数（从正值到负值或从负值到正值的次数）等于 $A(s)=0$ 在右半平面根的数目。根据罗斯准则和霍尔维兹多项式的定义，若罗斯阵列第一列元素值的符号相同（全为正值），则 $H(s)$ 的极点全部在左半平面，因而系统是稳定系统。若罗斯阵列第一列元素值的符号不完全相同，则系统是不稳定系统。

　　综上所述，根据 $H(s)$ 判断线性连续系统的方法是：首先根据霍尔维兹多项式的必要条件检查 $A(s)$ 的系数 $a_i(i=0,1,2,\cdots,n)$。若 a_i 中有缺项（至少一项为零），或者 a_i 的符号不完全相同，则 $A(s)$ 不是霍尔维兹多项式，故系统不是稳定系统。若 $A(s)$ 的系数 a_i 无缺项并且符号相同，则 $A(s)$ 满足霍尔维兹多项式的必要条件，然后进一步再利用罗斯－霍尔维兹准则判断系统是否稳定。

　　例 4-6-2　已知三个线性连续系统的系统函数分别为

$$H_1(s) = \frac{s+2}{s^4 + 2s^3 + 3s^2 + 5}$$

$$H_2(s) = \frac{2s+1}{s^5 + 3s^4 - 2s^3 - 3s^2 + 2s + 1}$$

$$H_3(s) = \frac{s+1}{s^3 + 2s^2 + 3s + 2}$$

判断三个系统是否为稳定系统

解　$H_1(s)$ 的分母多项式的系数 $a_1 = 0$，$H_2(s)$ 分母多项式的系数符号不完全相同，所以 $H_1(s)$ 和 $H_2(s)$ 对应的系统为不稳定系统。$H_3(s)$ 的分母多项式无缺项且系数全为正值，因此，进一步用 R-H 准则判断。$H_3(s)$ 的分母为

$$A_3(s) = s^3 + 2s^2 + 3s + 2$$

$A_3(s)$ 的系数组成的罗斯阵列的行数为 $n+1 = 4$，罗斯阵列为

$$
\begin{array}{ll}
1 & 3 \\
2 & 2 \\
c_2 & c_0 \\
d_2 & d_0
\end{array}
$$

$$c_2 = \frac{-1}{2}\begin{vmatrix} 1 & 3 \\ 2 & 2 \end{vmatrix} = 2 \qquad\qquad c_0 = \frac{-1}{2}\begin{vmatrix} 1 & 0 \\ 2 & 0 \end{vmatrix} = 0$$

$$d_2 = \frac{-1}{2}\begin{vmatrix} 2 & 2 \\ 2 & 0 \end{vmatrix} = 2 \qquad\qquad d_0 = \frac{-1}{2}\begin{vmatrix} 2 & 0 \\ 0 & 0 \end{vmatrix} = 0$$

根据 R-H 准则，该系统为稳定系统。

例 4-6-3　图 4-18 所示为线性连续系统的 s 域方框图表示。图中，$H_1(s)$ 为

$$H_1(s) = \frac{K}{s(s+1)(s+10)}$$

K 取何值时系统为稳定系统。

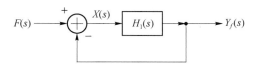

图 4-18　例 4-6-3 图

解　令加法器的输出为 $X(s)$，则有

$$X(s) = F(s) - Y_f(s)$$

由上式得
$$Y_f(s) = H_1(s)X(s) = H_1(s)[F(s) - Y_f(s)]$$

$$Y_f(s) = \frac{H_1(s)}{1 + H_1(s)}F(s)$$

$$H(s) = \frac{Y_f(s)}{F(s)} = \frac{H_1(s)}{1 + H_1(s)} = \frac{K}{s^3 + 11s^2 + 10s + K}$$

根据 $H(s)$ 的分母构成罗斯阵列，得

$$
\begin{array}{ll}
1 & 10 \\
11 & K \\
c_2 & c_0 \\
d_2 & d_0
\end{array}
$$

计算阵列的未知元素，得到阵列为

$$
\begin{array}{ll}
1 & 10 \\
11 & K \\
\left(10 - \dfrac{K}{11}\right) & 0 \\
K & 0
\end{array}
$$

根据 R-H 准则，若 $\left(10 - \dfrac{K}{11}\right) > 0$ 和 $K > 0$，则系统稳定。根据以上条件，当 $0 < K < 110$

时系统为稳定系统。

4.7 线性系统的模拟

对于线性时不变的连续系统,不仅可以由其数学模型——系统函数加以描述,而且还可以利方框图对其抽象的系统函数进行辅助表示。这种表示避开了系统的内部结构,着眼于系统输入、输出关系,使对系统输入、输出关系的研究更加直观明了。

在第 1.7.2 节中,已经对在时域中的系统图示化——模拟进行了介绍,本节在复频域中将详细讨论相关内容。

4.7.1 基本运算单元

连续线性时不变系统的模拟通常由加法器、数乘器(放大器)和积分器三种运算器组成。符号及功能,分别如图 4-19,图 4-20,4-21 所示。

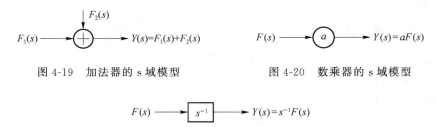

图 4-19 加法器的 s 域模型　　　　图 4-20 数乘器的 s 域模型

图 4-21 积分器的 s 域模型

要对连续线性时不变系统模拟,就要对它的系统函数进行模拟,对于具有相同输入、输出关系的系统,系统实现的结构、参数不是唯一的,为此可以选择实际容易实现的结构进行模拟。下面分别介绍不同的模拟方法。

4.7.2 系统模拟的直接形式

为了实际研究系统的特性,有时需要进行实验模拟。所谓"模拟",就是指用一些基本运算器(积分器、数乘器和加法器)相互连接构成一个系统,使之与所讨论的实际系统具有相同的数学模型(系统函数)。这样就可以观察和分析系统各处参数变化对相应的影响程度,这种方法对系统的设计具有重大意义。

例:以二阶系统为例,设二阶线性连续系统的系统函数为:

$$H(s) = \frac{b_2 s^2 + b_1 s + b_0}{s^2 + a_1 s + a_0}$$

给 $H(s)$ 的分子分母乘以 s^{-2},得到:

$$H(s) = \frac{b_2 + b_1 s^{-1} + b_0 s^{-2}}{1 - (-a_1 s^{-1} - a_0 s^{-2})}$$

其 s 域直接形式的模拟图如图 4-22 所示。

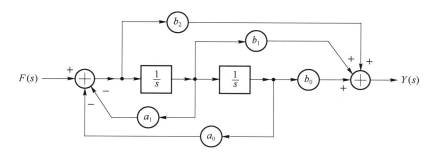

图 4-22　简单二阶系统的 s 域模拟图

例 4-7-1　某线性连续系统如图 4-23 所示。求系统函数 $H(s)$，写出描述系统输入输出关系的微分方程。

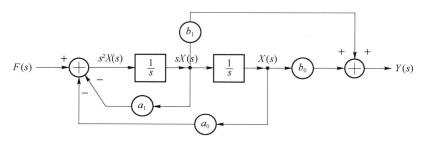

图 4-23　例 4-7-1 的系统模拟图

解　由图 4-23 可知：

$$s^2 X(s) = -a_1 s X(s) - a_0 X(s) + F(s)$$

由此可得

$$X(s) = \frac{F(s)}{s^2 + a_1 s + a_0}$$

$Y(s)$ 为右边加法器的输出，该加法器有两个输入，如图 4-23 所示。因此有

$$Y(s) = b_1 s X(s) + b_0 X(s) = (b_1 s + b_0) X(s)$$

$$Y(s) = \frac{b_1 s + b_0}{s^2 + a_1 s + a_0} F(s)$$

系统函数为

$$H(s) = \frac{Y(s)}{F(s)} = \frac{b_1 s + b_0}{s^2 + a_1 s + a_0}$$

$$(s^2 + a_1 s + a_0) Y(s) = (b_1 s + b_0) F(s)$$

对上式应用时域微分性质，得到系统微分方程为

$$y''(t) + a_1 y'(t) + a_0 y(t) = b_1 f'(t) + b_0 f(t)$$

4.7.3　系统模拟的组合形式

一个复杂的系统往往有多个简单子系统组合连接而成，常见的组合形式有子系统的级联、并联、反馈。由于用方框图可以简化复杂系统的表示，突出系统的输入、输出关系，因此，通常用方框图表示子系统与子系统的关系。下面分别介绍常见的四种组合方式。

1. 级联(串联)形式

$$H(s) = H_1(s)H_2(s)\cdots H_n(s) \tag{4-49}$$

级联的系统函数是各子系统函数的乘积,子系统的级联图如图 4-24 所示。由图中可以看出,每个子系统的输出又是与它相连的后一个子系统的输入。

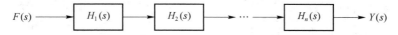

图 4-24　系统的级联(串联)方框图

2. 并联形式

$$H(s) = H_1(s) + H_2(s) + \cdots + H_n(s) = \sum_{i=1}^{n} H_i(s) \tag{4-50}$$

并联的系统函数是各子系统函数的乘积,子系统的并联图如图 4-25 所示。

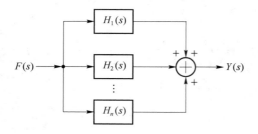

图 4-25　系统的并联方框图

3. 反馈形式

反馈形式连接的系统应用广泛,在自动控制系统中的基本结构就是反馈形式。最基本的反馈连接形式如图 4-26 所示,其中 $H_1(s)$ 称为正向通路的系统函数,而 $H_2(s)$ 称为反馈通路的系统函数,"＋"号表示正反馈,即输入信号与反馈相加;"－"号表示负反馈,即输入信号与反馈信号相减。

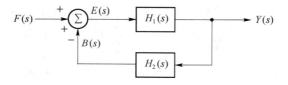

图 4-26　反馈系统的方框图

由图 4-26 可见,除了输入外,输出也形成了对系统的控制,这种输出信号对控制作用有直接影响的反馈系统,也称为闭环系统。相应的若输出信号对控制系统没有影响的系统称为开环系统。反馈(闭环)系统一般可由开环系统和反馈两部分组成。开环系统的传递函数为 $H_1(s)$,而整个反馈系统则有

$$Y(s) = H_1(s)E(s) = H_1(s)[F(s) \pm H_2(s)Y(s)]$$

故有

$$Y(s) = \frac{H_1(s)}{1 \mp H_1(s)H_2(s)}F(s)$$

从而得整个闭环系统的系统函数为

$$H(s) = \frac{Y(s)}{F(s)} = \frac{H_1(s)}{1 \mp H_1(s)H_2(s)} \tag{4-51}$$

例 4-7-2　已知线性连续系统的系统函数 $H(s)$ 为

$$H(s) = \frac{2s + 8}{s^3 + 6s^2 + 11s + 6}$$

求系统级联形式。

解　用一阶节和二阶节的级联模拟系统。$H(s)$ 又可以表示为

$$H(s) = \frac{2s + 8}{(s + 1)\big[(s + 2)(s + 3)\big]}$$

$$= \frac{3}{s + 1} + \frac{-3s - 10}{s^2 + 5s + 6}$$

$$= H_1(s) + H_2(s)$$

式中:

$$H_1(s) = \frac{3}{s + 1} = \frac{3s^{-1}}{1 - (-s^{-1})}$$

$$H_2(s) = \frac{-3s - 10}{s^2 + 5s + 6}$$

$$= \frac{-3s^{-1} - 10s^{-2}}{1 - (-5s^{-1} - 6s^{-2})}$$

习　题　四

4-1　求下列信号的单边拉普拉斯变换,并注明其收敛域。

(1) $1 - e^{-2t}$ 　　　　　　　　　(2) $\delta(t) - e^{-2t}$

(3) $e^{-2t} + e^{2t}$ 　　　　　　　(4) $\cos(2t) + 3\sin(2t)$

4-2　求下列函数的单边拉普拉斯变换:

(1) $\delta(t) - 2\delta(t - 2) + \delta'(t - 3)$ 　　(2) $\sin t + 2\cos t$

(3) $2\delta(t) - 3e^{-7t}$ 　　　　　　(4) $e^{-t}\sin(2t)$

(5) $u(2t - 2)$ 　　　　　　　　(6) $5e^{-2t}\cos(\omega t)$

(7) $\dfrac{\mathrm{d}}{\mathrm{d}t}\big[\sin(2t)u(t)\big]$ 　　　　　(8) $\delta'(t) + te^{-t}u(t)$

4-3　已知 $\mathscr{L}[f(t)] = F(s) = \dfrac{s}{(s + 4)^2}$,$\mathrm{Re}(s) > -4$,利用拉普拉斯变换的性质求下列各式的拉普拉斯变换。

(1) $f_1(t) = f(t - 1)$ 　　　　　(2) $f_2(t) = f(2t)$

(3) $f_3(t) = f(2t - 2)$ 　　　　(4) $f_4(t) = e^{-t}f(t)$

4-4　已知 $f(t)$ 为因果信号,且 $f(t) \leftrightarrow F(s)$,求下列信号的拉普拉斯变换:

(1) $e^{-2t}f(3t)$ 　　　　　　　(2) $e^{-2t}f\left(\dfrac{t}{2}\right)$

(3) $te^{-t}f(3t)$ 　　　　　　　(4) $e^{-3t}f(2t - 1)$

4-5　利用 $\mathscr{L}[\delta(t)] = 1$ 和时域微分、积分性质,以及时移性质求题 4-5 图所示信号的单边

拉普拉斯变换。

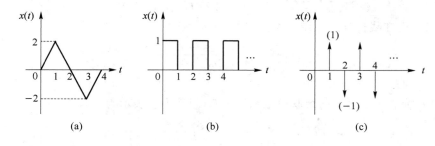

题 4-5 图

4-6 已知某信号的拉普拉斯变换为：

$$F(s) = \frac{4}{s(s+2)^2}$$

(1) 利用初值定理求 $f(0_+)$；(2) 利用终值定理求 $f(\infty)$。

4-7 求下列信号的原函数：

(1) $F_1(s) = \dfrac{1}{s+1}$ (2) $F_2(s) = \dfrac{4}{2s+3}$

(3) $F_3(s) = \dfrac{4}{s(2s+3)}$ (4) $F_4(s) = \dfrac{3}{(s+4)(s+2)}$

(5) $F_5(s) = \dfrac{1}{s^2-3s+2}$ (6) $F_6(s) = \dfrac{4s+5}{s^2+5s+6}$

4-8 计算下列函数的单边拉普拉斯逆变换：

(1) $F_1(s) = \dfrac{s+1}{s^2+4s+4}$ (2) $F_2(s) = \dfrac{s+5}{s^2+5s+6}$

(3) $F(s) = \dfrac{s^2+s+1}{s^2+1}$ (4) $F_4(s) = \dfrac{2s+8}{s^2+4s+8}$

(5) $F_5(s) = \dfrac{(s+4)\mathrm{e}^{-2s}}{s(s+2)}$ (6) $F_6(s) = \dfrac{2s}{(s^2+1)^2}$

4-9 用拉普拉斯变换方法求下列微分方程描述的系统冲激响应 $h(t)$ 和阶跃响应 $g(t)$：

(1) $\dfrac{\mathrm{d}y(t)}{\mathrm{d}t} + 5y(t) = 3x(t)$

(2) $\dfrac{\mathrm{d}^2 y(t)}{\mathrm{d}t^2} + 4\dfrac{\mathrm{d}y(t)}{\mathrm{d}t} + 3y(t) = \dfrac{\mathrm{d}x(t)}{\mathrm{d}t} + 2x(t)$

(3) $\dfrac{\mathrm{d}^3 y(t)}{\mathrm{d}t^3} + \dfrac{\mathrm{d}^2 y(t)}{\mathrm{d}t^2} + 3\dfrac{\mathrm{d}y(t)}{\mathrm{d}t} + y(t) = \dfrac{\mathrm{d}x(t)}{\mathrm{d}t} + 2x(t)$

4-10 求下列拉普拉斯变换的逆变换。

(1) $F_1(s) = \dfrac{1-\mathrm{e}^{-s}}{s+2}$ (2) $F_2(s) = \dfrac{\pi(1-\mathrm{e}^{-2s})}{s^2+\pi^2}$

(3) $F_3(s) = \dfrac{1-\mathrm{e}^{-0.5s}}{s(1-\mathrm{e}^{-s})}$

4-11 已知 LTI 系统函数为 $H(s) = 1 + s + \dfrac{1}{s}$，求 $h(t)$。

4-12 已知 LTI 系统的微分方程为

$$r'''(t) + 6r''(t) + 11r'(t) + 6r(t) = 2e''(t) + 6e'(t) + 6e(t)$$

求系统冲激响应 $h(t)$。

4-13　已知系统微分方程和初始条件如下：

$$y''(t) + 4y'(t) + 3y(t) = 2x'(t) + x(t), y(0_-) = 1, y'(0_-) = 1, x(t) = e^{-2t}u(t)$$

试用 s 域方法求零输入响应和零状态响应。

4-14　已知 LTI 系统的微分方程为

$$y''(t) + 5y'(t) + 6y(t) = 2f'(t) + f(t)$$

试求其冲激响应和阶跃响应。

4-15　已知系统方程，求系统函数 $H(s)$。

(1) $y''(t) + 11y'(t) + 24y(t) = 5f'(t) + 3f(t)$；

(2) $y''(t) + 3y'(t) + 2y(t) = f'(t) + 3f(t)$；

4-16　试判断下列系统的稳定性：

(1) $H(s) = \dfrac{s+1}{s^2+2s}$　　　　　　(2) $H(s) = \dfrac{s+2}{(s+1)^{10}}$

(3) $H(s) = \dfrac{3s+1}{s^3-4s^2-3s+2}$　　　　(4) $H(s) = \dfrac{5}{(s-1)(s-4)}$

4-17　某系统的零极点图如题 4-17 图所示，且单位冲激响应 $h(t)$ 的初值 $h(0_+) = 5$，试写出该系统的系统函数 $H(s)$。

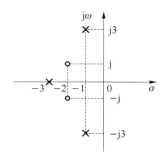

题 4-17 图

4-18　已知系统函数 $H(s) = \dfrac{2s+3}{s^3+2s+5}$，计算输入时 $f(t) = u(t)$ 时，零状态响应的初值 $y_f(0_+)$ 和终值 $y_f(\infty)$。

4-19　已知 RLC 电路系统，如题 4-19 图所示：

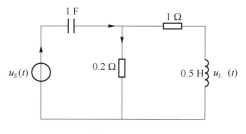

题 4-19 图

其中 $u_s(t) = 10u(t)$ V，电容和电感初始状态为零，求电容上流过的电流的零状态响应 $i(t)$。

4-20　如题 4-20 图示反馈系统,试求其系统函数 $H(s)$;为使系统稳定,试确定 K 的取值。

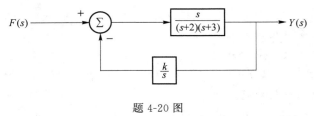

题 4-20 图

4-21　某 LTI 系统由微分方程描述:
$$y''(t) + 3y'(t) + 2y(t) = f(t), f(t) = 2u(t), y(0_-) = 3, y'(0_-) = 5$$
求系统的响应 $y(t)$。

4-22　已知 LTI 系统的微分方程为:$y''(t) + 5y'(t) + 6y(t) = 3f(t)$,求该系统的冲激响应 $h(t)$。

4-23　如题 4-23 图示反馈系统,试求其系统函数 $H(s)$;为使系统稳定,试确定 K 的取值。

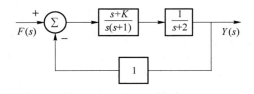

题 4-23 图

4-24　一个连续时间线性时不变系统,当输入为 $f(t) = u(t)$ 时,输出为 $y(t) = 2e^{-3t}u(t)$。

（1）系统的冲激响求应 $h(t)$;

（2）当 $f(t) = e^{-t}u(t)$,求输出 $y(t)$。

4-25　已知线性时不变系统的系统函数为 $H(s) = \dfrac{s+5}{s^2 + 4s + 3}$,输入为 $f(t)$,输出为 $y(t)$,写出该系统的输入、输出方程之间关系的微分方程。若 $f(t) = e^{-2t}u(t)$,求系统的零状态响应。

4-26　某反馈系统如题 4-26 图所示,试求:

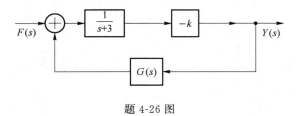

题 4-26 图

（1）$H(s) = \dfrac{Y(s)}{F(s)}$。

（2）若 $G(s) = \dfrac{1}{s+1}$，$H(s)$ 是稳定系统，确定 k 的取值范围。

4-27　已知 $\dfrac{\mathrm{d}^2}{\mathrm{d}t^2}f(t) + 3\dfrac{\mathrm{d}}{\mathrm{d}t}f(t) + 2f(t) = 2\dfrac{\mathrm{d}}{\mathrm{d}t}e(t) + 6e(t)$，且 $e(t) = 2u(t)$，$f(0_-) = 2$，$f'(0_-) = 3$。试求：（1）系统的零输入响应、零状态响应；（2）写出系统函数，并作系统函数的零极点分布图。

4-28　已知某系统的系统函数为 $H(s) = \dfrac{s+3}{s^2+7s+10}$，试求（1）该系统函数的零极点；（2）判断该系统的稳定性；（3）该系统是否为无失真传输系统，请写出判断过程。

第5章　离散时间信号与系统的时域分析

在前面几章的讨论中,所涉及的系统均属连续时间系统,这类系统用于传输和处理连续时间信号。此外,还有一类用于传输和处理离散时间信号的系统称为离散时间系统,简称离散系统。数字计算机是典型的离散系统例子,数据控制系统和数字通信系统的核心组成部分也都是离散系统。鉴于离散系统在精度、可靠性、可集成化等方面,比连续系统具有更大的优越性,因此,近几十年来,离散系统的理论研究发展迅速,应用范围也日益扩大。

5.1　离 散 时 间 信 号

5.1.1　离散时间信号

离散时间信号(简称离散信号)是仅在一系列离散的时刻才有定义的信号。因此离散信号是离散时间变量 $t_n (n = 0, \pm 1, \pm 2, \cdots)$ 的函数。信号仅在规定的离散时间点上有意义,而在其他时间则没有定义,如图 5-1(a)所示。鉴于 t_n 按一定顺序变化时,其相应的信号值组成一个数值序列,通常把离散时间信号定义为如下有序信号值的集合:

$$f(n) = \{f(t_n)\} \qquad n = 0, \pm 1, \pm 2, \cdots \tag{5-1}$$

式中,n 为整数,表示信号值在序列中出现的序号。

式(5-1)中 t_n 和 t_{n-1} 之间的间隔可以是常数,也可以随 n 变化。在实际应用中,一般取为常数。例如,对连续时间信号均匀取样后得到的离散时间信号便是如此。对于这类离散时间信号,若令 $t_n - t_{n-1} = T$,则信号仅在均匀时刻 $t = nT (n = 0, \pm 1, \pm 2, \cdots)$ 上取值。此时,式(5-1)中的 $\{f(t_n)\}$ 可以改写为 $\{f(nT)\}$,信号图形如图 5-1(b)所示。为了简便,我们用序列值的通项 $f(nT)$ 表示集合 $\{f(nT)\}$,并将常数 T 省略,则得到信号 $f(n)$,如图 5-1(c)所示。

工程应用中,常将定义在等间隔离散时刻点上的离散时间信号称为离散时间序列,简称序列。

5.1.2　离散时间信号的基本运算

对离散时间信号的处理,实质就是对序列进行各种数学变换或运算,转变为另一序列。在

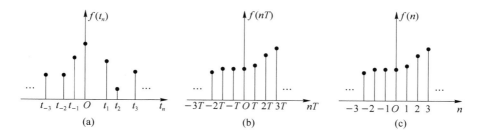

图 5-1　离散信号 $f(n)$ 的波形表示

时域中最基本、最简单的运算有加法、乘法、差分运算以及反折、时移尺度变换等。

1. 相加与相乘

序列的相加,是指两个序列 $f_1(n)$、$f_2(n)$ 同序号的序列值逐项对应相加,其和为一新序列,即

$$f(n) = f_1(n) + f_2(n)$$

序列的相乘,是指两个序列 $f_1(n)$、$f_2(n)$ 同序号的序列值逐项对应相乘,其积为一新序列,即

$$f(n) = f_1(n) \cdot f_2(n)$$

2. 反折

序列 $f(n)$ 的反折,是将自变量 n 用 $-n$ 替换,得到反折序列 $f(-n)$,其波形是 $f(n)$ 以 $n = 0$ 为轴的反折波形。

3. 移位

序列 c 移位(或称移序),是指该序列沿 n 轴逐项依次移位。若 m 为正整数,则 $f(n-m)$ 比 $f(n)$ 延迟 m 位,意味着 $f(n)$ 的图形在位置上右移 m 位;而 $f(n+m)$ 比 $f(n)$ 超前 m 位,即 $f(n)$ 的图形左移 m 位。如图 5-2 所示。

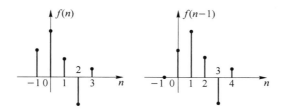

图 5-2　序列右移

4. 差分

序列的差分运算分为前向差分和后向差分,一阶后向差分为 $\nabla x(n) = x(n) - x(n-1)$,一阶前向差分为 $\Delta x(n) = x(n+1) - x(n)$。

5.1.3　典型离散时间信号

下面介绍几种常用的典型序列,它们在分析和表示更复杂的序列时起重要作用。

1. 单位序列

单位序列(又称单位函数)定义为

$$\delta(n) = \begin{cases} 1 & (n=0) \\ 0 & (n \neq 0) \end{cases} \tag{5-2}$$

它只在 $n=0$ 处取值为 1，而在其余各点均为零，如图 5-3(a) 所示。它类似于连续信号中的单位冲激函数 $\delta(t)$，但不同的是 $\delta(t)$ 在 $t=0$ 时，取值趋于无穷大；而离散信号 $\delta(n)$，其幅度在 $n=0$ 时为有限值 1。

若将 $\delta(n)$ 位移 m 位，则

$$\delta(n-m) = \begin{cases} 1 & n=m \\ 0 & n \neq m \end{cases}$$

或

$$\delta(n+m) = \begin{cases} 1 & n=-m \\ 0 & n \neq -m \end{cases}$$

其波形分别如图 5-3(b)、图 5-3(c) 所示。

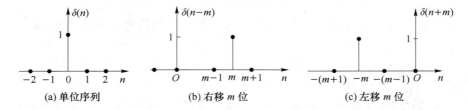

图 5-3 单位序列及其移位

2. 单位阶跃序列

单位阶跃序列定义为

$$u(n) = \begin{cases} 1 & (n \geqslant 0) \\ 0 & (n < 0) \end{cases} \tag{5-3}$$

它在 $n<0$ 的各点为零，在 $n \geqslant 0$ 的各点都等于 1，如图 5-4(a) 所示。它类似于连续时间信号中的单位阶跃信号 $u(t)$，但 $u(t)$ 在 $t=0$ 处发生跃变，其数值通常不予定义；而 $u(n)$ 在 $n=0$ 处定义为 1。

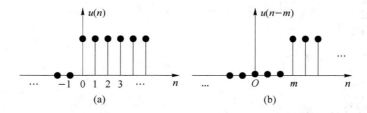

图 5-4 单位阶跃序列及其移位

若将 $u(n)$ 右移 m 位，则

$$u(n-m) = \begin{cases} 1 & n \geqslant m \\ 0 & n < m \end{cases}$$

如图 5-4(b) 所示。

不难看出，单位序列 $\delta(n)$ 与单位阶跃序列 $u(n)$ 之间的关系是

$$\delta(n) = u(n) - u(n-1) \tag{5-4}$$

由于

$$u(n) = \delta(n) + \delta(n-1) + \delta(n-2) + \delta(n-3) + \cdots$$

故单位阶跃序列可表示为

$$u(n) = \sum_{m=0}^{\infty} \delta(n-m) \tag{5-5}$$

3. 矩形序列

矩形序列是时间有限的,又称为有限长脉冲序列,其定义为

$$R_N(n) = \begin{cases} 1 & 0 \leqslant n \leqslant N-1 \\ 0 & \text{其他} \end{cases} \tag{5-6}$$

式中 N 称为矩形序列的长度,其波形如图 5-5(a)所示。

矩形序列可以用单位阶跃序列表示为

$$R_N(n) = u(n) - u(n-N)$$

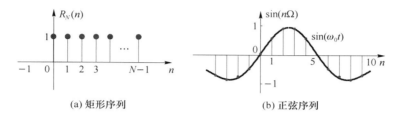

(a) 矩形序列　　　　　(b) 正弦序列

图 5-5　矩形序列

4. 正弦序列

正弦序列的一般形式为

$$f(n) = \sin(\Omega n) \tag{5-7}$$

式中,Ω 是正弦序列的数字角频率,它反映了序列值依次周期性重复的速率,如图 5-5(b)所示。例如,当 $\Omega = \dfrac{2\pi}{10}$,则序列每 10 个重复一次正弦包络的数值。

离散正弦序列是 $f(n) = \sin(\Omega n)$ 周期序列,应满足

$$f(n+N) = f(n)$$

其中,N 称为序列的周期,为任意正整数。当 $\dfrac{2\pi}{\Omega} = N$(正整数),此时正弦序列的周期为 N;当 $\dfrac{2\pi}{\Omega} = \dfrac{N}{m}$(有理数),正弦序列周期为 $N = m\dfrac{2\pi}{\Omega}$;当 $\dfrac{2\pi}{\Omega}$ 为无理数时,正弦序列不具有周期性,是非周期的序列。

5. 单边指数序列

单边指数序列的定义为

$$f(n) = a^n u(n) \tag{5-8}$$

其中 a 为实数,该序列的特征由 a 的取值决定。当 $|a| > 1$ 时,$f(n)$ 的幅度随 n 的增大而增大;当 $|a| < 1$ 时,$f(n)$ 的幅度随 n 的增大而减小;当 $a < 0$ 时,$f(n)$ 符号呈正、负交替变化。特殊的,当 $a = 1$ 时,$f(n)$ 为常数序列。其波形如图 5-6 所示。

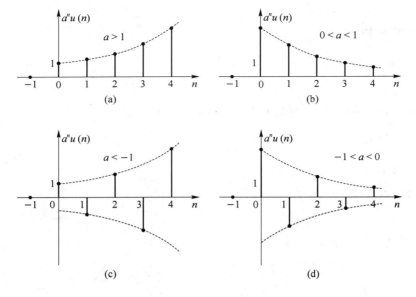

图 5-6　单边指数序列

5.2　离散时间系统

5.2.1　离散时间系统的描述

我们知道,若一系统的输入信号和输出信号都是连续时间信号,则称为连续时间系统。与此类似,若系统的输入和输出信号都是离散时间信号(序列),则称为离散时间系统,简称离散系统。数字计算机、数字通信系统和数字控制系统的主要部分均属于离散系统。由于离散系统在精度、抗干扰能力和可集成化等方面,比连续系统具有更大的优越性,所以,自 20 世纪 60 年代以后,离散系统的应用日益广泛。

连续时间系统以微分方程来描述,而离散系统则以差分方程来描述。下面以具体例子说明用差分方程描述系统的方法。

例 5-2-1　图 5-7 所示 RC 电路,其输出 $u_c(t)$ 和输入 $u_s(t)$ 满足如下微分方程。

$$u'_c(t) + \frac{1}{RC}u_c(t) = \frac{1}{RC}u_s(t)$$

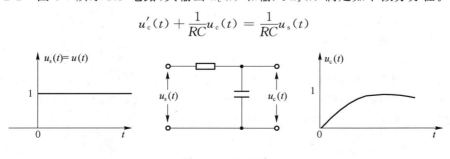

图 5-7　RC 电路

对于上述一阶线性微分方程,若用等间隔 T 对 $u_c(t)$ 进行取样,其在 $t = nT$ 各点的取样值

为 $u_c(nT)$。由微分的定义,当 T 足够小时,有

$$\frac{\mathrm{d}u_c(t)}{\mathrm{d}t} \approx \frac{u_c[(n+1)T] - u_c(nT)}{T}$$

当把输入 $u_s(t)$ 也作等间隔取样时,在 $t = nT$ 各点的取样值为 $u_s(nT)$,这样可得到

$$\frac{u_c[(n+1)T] - u_c(nT)}{T} + \frac{1}{RC}u_c(nT) = \frac{1}{RC}u_s(nT)$$

为简便,令 $T = 1$,上式可写为

$$u_c(n+1) - au_c(n) = bu_s(n) \tag{5-9}$$

式中

$$a = 1 - \frac{1}{RC}, b = \frac{1}{RC}$$

可见,式(5-9)为一阶常系数线性差分方程。说明,若取样间隔 T 足够小,微分方程可以近似为差分方程。实际中,利用计算机解微分方程就是依据这一原理近似为差分方程再进行计算的。

例 5-2-2　19 世纪数学家斐波那契(Fibonacci)建立了一个数学模型:若第一个月只有一对新生小兔,新生的小兔要过一个月才具有生育能力,每对兔子每月可以生育一对小兔,以后每个月按照表 5-1 所列数据递增,试列出表示兔子递增的差分方程。

表 5-1　例 5-2-1 表

月	1	2	3	4	5	6	⋯
兔子/对	1	1	1+1=2	2+1=3	3+2=5	5+3=8	⋯

解　设第 n 月,兔子的数量为 $y(n)$,则由题意可得 $y(0) = 0$, $y(1) = 1$,显然

$$y(2) = 1, y(3) = 2, y(4) = 3, y(5) = 5 \cdots$$

在第 n 个月时,应有 $y(n-2)$ 对兔子具有生育能力,因而这批兔子要从 $y(n-2)$ 对变成 $2y(n-2)$ 对;此外,还有 $y(n-1) - y(n-2)$ 对兔子没有生育能力(它们是在第 $n-1$ 月新生的),仍按原来数目保留下来,于是可以写出

$$y(n) = 2y(n-2) + [y(n-1) - y(n-2)]$$

即

$$y(n) - y(n-1) - y(n-2) = 0 \tag{5-10}$$

或

$$y(n+2) - y(n+1) - y(n) = 0$$

这也是二阶齐次差分方程。

例 5-2-3　图 5-8 表示梯形电阻网络,其各支路的电阻都是 R,每个节点对地的电压为 $u(n)$,其中 $n = 0, 1, 2, 3, \cdots, N$。已知两节点的电压 $u(0) = E$, $u(N) = 0$。试写出第 n 个节点的电压 $u(n)$ 的关系式。

解　对于任一节点 $n-1$,运用节点电流定律不难写出

$$\frac{u(n-1)}{R} = \frac{u(n) - u(n-1)}{R} + \frac{u(n-2) - u(n-1)}{R}$$

整理可得

$$u(n) - 3u(n-1) + u(n-2) = 0 \tag{5-11}$$

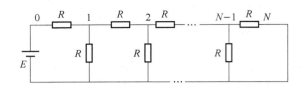

图 5-8　梯形电阻网络

差分方程的阶数为未知序列(响应序列)的最大序号与最小序号之差。式(5-9)为一阶差分方程,式(5-10)和式(5-11)为二阶差分方程。

一般来说,对于一个线性时不变离散系统而言,若系统的输入信号为 $f(n)$,输出(响应)信号为 $y(n)$,则描述系统输入输出关系的 N 阶差分方程可写为

$$y(n) + a_1 y(n-1) + \cdots + a_{N-1} y(n-N+1) + a_N y(n-N)$$
$$= b_0 f(n) + b_1 f(n-1) + \cdots + b_{M-1} f(n-M+1) + b_M f(n-M)$$

简记为

$$\sum_{k=0}^{N} a_k y(n-k) = \sum_{r=0}^{M} b_r f(n-r) \tag{5-12}$$

其中, $a_k(k=0,1,2,\cdots,N)$, $b_r(r=0,1,2,\cdots,M)$ 均为常数。式(5-12)称为后向(向右移位)N 阶常系数线性差分方程。

线性时不变(LTI)离散系统的主要特性,包括线性和时不变性。设离散系统的输入输出关系为

$$f(n) \rightarrow y(n)$$

齐次性:是指对于任意常数 a、输入 $f(n)$ 和输出 $y(n)$,恒有

$$af(n) \rightarrow ay(n)$$

可加性:是指对于输入 $f_1(n)$、$f_2(n)$ 和输出 $y(n)$,若设 $f_1(n) \rightarrow y_1(n)$, $f_2(n) \rightarrow y_2(n)$,则恒有

$$f_1(n) + f_2(n) \rightarrow y_1(n) + y_2(n)$$

线性:同时具有齐次性和可加性。对于任意常数 a_1 和 a_2,当输入 $f_1(n)$ 和 $f_2(n)$ 共同作用时,必有

$$a_1 f_1(n) + a_2 f_2(n) \rightarrow a_1 y_1(n) + a_2 y_2(n)$$

时不变性:对于任意整数 m,恒有

$$f(n-m) \rightarrow y(n-m)$$

则系统是时不变的,否则系统是时变的。离散系统的时不变性也称为位移不变性。

5.2.2　离散时间系统的模拟

与连续时间系统的模拟类似,离散系统也可以用一些具有某种功能的运算单元模拟。离散系统的基本运算单元有延迟器(或称移位器)、常数乘法器和加法器,如图 5-9 所示。若已经离散系统结构或系统模拟图,可以唯一地确定离散系统的输入输出关系—差分方程。反之亦然,根据离散时间系统的输入输出关系,即差分方程,也可完成系统模拟,得到系统结构。

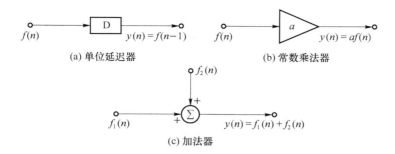

(a) 单位延迟器　　　　　　　　(b) 常数乘法器

(c) 加法器

图 5-9　基本模拟单元

例 5-2-4　某离散系统由延时单元,加法器和常数乘
法器组成,如图 5-10 所示。其中输入信号为 $f(n)$,输出
信号为 $y(n)$,试列出描述该系统的差分方程。

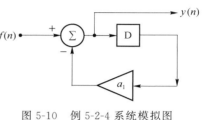

图 5-10　例 5-2-4 系统模拟图

解　信号 $y(n)$ 经延时单元输出为 $y(n-1)$,围绕加
法器可以写出

$$y(n) = f(n) - a_1 y(n-1)$$

即

$$y(n) + a_1 y(n-1) = f(n)$$

例 5-2-5　设一数字处理器由如下差分方程描述:

$$y(n) + a_1 y(n-1) + a_2 y(n-2) = b_0 f(n) + b_1 f(n-1) + b_2 f(n-2)$$

试画出其模拟框图。

解　首先将方程改写为

$$y(n) = -a_1 y(n-1) - a_2 y(n-2) + b_0 f(n) + b_1 f(n-1) + b_2 f(n-2)$$

由上式的关系可以画出如图 5-11(a)所示模拟框图。

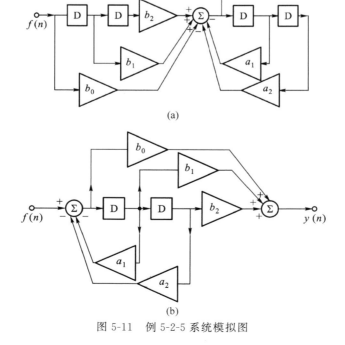

(a)

(b)

图 5-11　例 5-2-5 系统模拟图

图 5-11(a)是含有一个加法器的模拟图。实际中,由差分方程完成系统模拟,方法不止一种,模拟图也不唯一,可以证明,也可以像连续系统那样利用两个加法器构成模拟图,如图 5-11(b)所示,其前向通路,b_0、b_1 和 b_2 对应输入信号项的系数,反馈通路 a_1 和 a_2 对应方程左端移位项的系数。

5.3 离散时间系统的时域分析

建立了系统的差分方程后,主要任务之一就是求解差分方程,求出 LTI 离散系统的响应。从时域求解常系数线性差分方程的常用方法有迭代法、时域经典法、全响应法等。

5.3.1 差分方程的时域求解

1. 迭代法

描述 N 阶 LTI 离散系统的常系数线性差分方程为:

$$y(n) = -\sum_{k=1}^{N} a_k y(n-k) + \sum_{r=0}^{M} b_r f(n-r) \tag{5-13}$$

已知 N 个初始状态 $y(-1)$,$y(-2)$,$\cdots$,$y(-N)$ 和输入,依据上式可递推求得 $y(n)$。迭代法思路清晰,便于编写计算程序,可方便得到差分方程的数值解,但不易得到解析形式的解。

例 5-3-1 一阶离散系统的差分方程为 $y(n) - 0.5y(n-1) = f(n)$,已知系统初始状态 $y(-1) = 1$,输入为 $f(n) = u(n)$,用迭代法求解差分方程。

解 由差分方程得

$$y(n) = 0.5y(n-1) + u(n)$$

则

$$y(0) = 0.5y(-1) + u(0) = 0.5 \times 1 + 1 = 1.5$$
$$y(1) = 0.5y(0) + u(1) = 0.5 \times 1.5 + 1 = 1.75$$
$$y(2) = 0.5y(1) + u(2) = 0.5 \times 1.75 + 1 = 1.875$$
$$\vdots$$

2. 经典法

时域经典法与微分方程的时域经典解法类似,先分别求齐次解与特解,然后代入边界条件求待定系数。若系统的输入(激励)信号为 $f(n)$,输出(响应)信号为 $y(n)$,则描述系统输入输出关系的 N 阶差分方程的解,由齐次解 $y_h(n)$ 和特解 $y_p(n)$ 两部分组成,即

$$y(n) = y_h(n) + y_p(n) \tag{5-14}$$

齐次解的形式由齐次方程的特征根确定,特解的形式由差分方程中激励信号的形式确定。

（1）齐次解 $y_h(n)$

当一般差分方程式(5-13)中的 $f(n)$ 及其移位项的系数 b_r 均为零时,那么该差分方程就成为齐次方程,其形式为

$$\sum_{k=0}^{N} a_k y(n-k) = 0 \tag{5-15}$$

其特征方程为

$$\lambda^N + a_1\lambda^{N-1} + \cdots + a_{N-1}\lambda + a_N = 0 \tag{5-16}$$

N 阶差分方程有 N 个特征根 $\lambda_i(i=1,2,\cdots,N)$,根据特征根的不同情况,齐次解有如下不同的形式。

① 特征根 $\lambda_i(i=1,2,\cdots,N)$ 是不相等的实根,齐次解的通式为

$$y_h(n) = C_1\lambda_1^n + C_2\lambda_2^n + \cdots + C_N\lambda_N^n = \sum_{i=1}^{N} C_i\lambda_i^n \tag{5-17}$$

② 特征根 λ 是 N 阶重根,即 $\lambda_1 = \lambda_2 = \cdots = \lambda_N = \lambda$,齐次解的通式为

$$y_h(n) = C_1\lambda^n + C_2 n\lambda^n + \cdots + C_N n^{N-1}\lambda^n = \sum_{i=1}^{N} C_i n^{N-i}\lambda^n \tag{5-18}$$

③ 如果 λ 是 r 阶重根,即 $\lambda_1 = \lambda_2 = \cdots = \lambda_r = \lambda$,其余 $N-r$ 个根是单根,$\lambda_j(j=r+1,r+2,\cdots,N)$,齐次解的通式为

$$y_h(n) = C_1\lambda^n + C_2 n\lambda^n + \cdots + C_r n^{r-1}\lambda^n + C_{r+1}\lambda_{r+1}^n + \cdots + C_N\lambda_N^n$$

$$= \sum_{i=1}^{r} C_i n^{r-i}\lambda^n + \sum_{j=r+1}^{N} C_j\lambda_j^n \tag{5-19}$$

④ 当特征方程有共轭复根时,齐次解的形式可以是增幅、等幅或衰减形式的正弦或余弦序列。

(2) 特解 $y_p(n)$

差分方程特解的形式也与激励函数的形式有关。表 5-2 列出了几种典型的激励所对应的特解。选定特解后,把它代入到原差分方程,求出其待定系数,就得出方程的特解。

表 5-2　常用激励信号所对应的特解通式

激励信号的形式	特解的通式
$u(n)$	A
a^n	Aa^n(a 不等于方程的特征根)
	Ana^n(a 等于方程的单特征根)
	$[A_r n^r + A_{r-1} n^{r-1} + \cdots + A_1 n + A_0]a^n$($a$ 等于方程的 r 重特征根)
n^k	$A_k n^k + A_{k-1} n^{k-1} + \cdots + A_1 n + A_0$
$a^n n^k$	$a^n[A_k n^k + A_{k-1} n^{k-1} + \cdots + A_1 n + A_0]$
$\sin(n\omega)$ 或 $\cos(n\omega)$	$A_1\sin(n\omega) + A_2\cos(n\omega)$

(3) 完全解 $y(n) = y_h(n) + y_p(n)$

求线性差分方程的完全解,一般步骤如下:

① 写出与该方程相对应的特征方程,求出特征根,并写出其齐次解通式;

② 根据原方程的激励函数的形式,写出其特解的通式;

③ 将特解通式代入原方程求出待定系数,确定特解形式;

④ 写出原方程的全解的一般形式(即齐次解+特解);

⑤ 把初始条件代入,求出齐次解的待定系数值,便可得到差分方程的完全解。

例 5-3-2　已知差分方程 $y(n) + 5y(n-1) + 6y(n-2) = 0$,$y(0) = 3$,$y(1) = 1$,试求它的齐次解。

解　该差分方程为齐次方程,其特征方程为 $\lambda^2 + 5\lambda + 6 = 0$,可求得其解为 $\lambda_1 = -2$,$\lambda_2 = $

－3，它们都是单根代入式(5-18)，得该方程的通解

$$y_h(n) = C_1(-2)^n + C_2(-3)^n \quad (n \geqslant 0)$$

$$y(0) = y_h(0) = C_1 + C_2 = 3$$

$$y(1) = y_h(1) = -2C_1 - 3C_2 = 1$$

所以，$C_1 = 10$，$C_2 = -7$，于是方程的齐次解为

$$y_h(n) = 10(-2)^n - 7(-3)^n \quad (n \geqslant 0)$$

例 5-3-3　描述某离散系统的差分方程为 $6y(n) - 5y(n-1) + y(n-2) = f(n)$，初始状态 $y(0) = 0$，$y(1) = -1$，激励信号 $f(n) = u(n)$，求系统的完全解 $y(n)$。

解　该差分方程的特征方程为

$$6\lambda^2 - 5\lambda + 1 = 0$$

求得其特征根为

$$\lambda_1 = \frac{1}{2}, \lambda_2 = \frac{1}{3}$$

方程的齐次解为

$$y_h(n) = C_1\left(\frac{1}{2}\right)^n + C_2\left(\frac{1}{3}\right)^n \quad (n \geqslant 0)$$

当激励信号 $f(n) = u(n)$，则可设特解 $y_p(n) = A$，代入原差分方程有

$$6A - 5A + A = 1，解得 A = 0.5$$

$$y(n) = y_h(n) + y_p(n) = C_1\left(\frac{1}{2}\right)^n + C_2\left(\frac{1}{3}\right)^n + 0.5, \quad (n \geqslant 0)$$

差分方程的通解

$$y(0) = y_h(0) + y_p(0) = C_1 + C_2 + 0.5 = 0$$

代入初始条件

$$y(1) = y_h(1) + y_p(1) = \frac{C_1}{2} + \frac{C_2}{3} + 0.5 = -1$$

解得

$$C_1 = -8, C_2 = \frac{15}{2}$$

则差分方程的完全解为

$$y(n) = y_h(n) + y_p(n) = \underbrace{-8\left(\frac{1}{2}\right)^n + \frac{15}{2}\left(\frac{1}{3}\right)^n}_{\text{自由响应}} + \underbrace{0.5}_{\text{强迫响应}}, \quad (n \geqslant 0)$$

差分方程的齐次解也称为系统的自由响应，其形式根据特征方程的特征根情况来确定；特解也称为系统的强迫响应，其形式可根据激励信号形式来确定；其中待定系数根据差分方程的通解（即齐次解＋特解）由系统的初始状态求得。

3. 全响应法

LTI 离散系统的完全响应还可由零输入响应 $y_{zi}(n)$ 和零状态响应 $y_{zs}(n)$ 组成，即

$$y(n) = y_{zi}(n) + y_{zs}(n) \tag{5-20}$$

（1）零输入响应 $y_{zi}(n)$

零输入响应是指激励信号为零时仅由起始状态所引起的响应，此时 N 阶差分方程为齐次方程，当特征根为单实根时，零输入响应为

$$y_{zi}(n) = C_1\lambda_1^n + C_2\lambda_2^n + \cdots + C_N\lambda_N^n = \sum_{i=1}^{N} C_i\lambda_i^n \tag{5-21}$$

其中，C_{zi} 为待定系数，直接由 N 个初始值来确定求解。

（2）零状态响应 $y_{zs}(n)$

零状态响应是指起始状态为零时，由激励信号所引起的响应，此时 N 阶差分方程为非齐次方程，当特征根为单实根时，零状态响应为

$$y_{zs}(n) = \underbrace{\sum_{i=1}^{N} C_{zs}\lambda_i^n}_{\text{齐次解}} + \underbrace{y_p(n)}_{\text{特解}} \tag{5-22}$$

其中，待定系数 C_{zs} 根据激励形式和零起始状态条件来确定求解。

（3）完全响应

$$y(n) = y_{zi}(n) + y_{zs}(n) = \underbrace{\sum_{i=1}^{N} C_i\lambda_i^n}_{\text{零输入响应}} + \underbrace{\sum_{i=1}^{N} C_{zs}\lambda_i^n + y_p(n)}_{\text{零状态响应}}$$

$$= \underbrace{\sum_{i=1}^{N} C_i\lambda_i^n}_{\text{自由响应}} + \underbrace{y_p(n)}_{\text{强迫响应}} \tag{5-23}$$

可见，与连续信号的时域分析相类似，LTI 离散系统的完全响应除了可以分为自由响应和强迫响应外，还可以分为零输入响应和零状态响应，可以先利用求齐次解的方法得到零输入响应，再利用卷积和的方法（具体见 5.4 节内容）求零状态响应。

5.3.2　单位序列响应和阶跃响应

在离散系统中，人们最关心的是零状态响应，即在起始状态为零时，仅由输入信号 $f(n)$ 引起的响应。

在零状态条件下，当 LTI 离散系统激励为单位序列 $\delta(n)$ 时，由 $\delta(n)$ 产生的零状态响应称为单位序列响应（或单位样值响应），记为 $h(n)$，它的作用与连续系统中的冲激响应 $h(t)$ 相类似。通常可用迭代法来求解单位序列响应 $h(n)$。

例 5-3-4　设有一阶因果离散系统的差分方程为

$$y(n) + ay(n-1) = f(n)$$

试求其单位序列响应 $h(n)$。

解　根据定义，单位序列响应是输入 $f(n) = \delta(n)$ 时的零状态响应，则 $y(n) = h(n)$，有方程

$$h(n) + ah(n-1) = \delta(n)$$

将上式改写为

$$h(n) = -ah(n-1) + \delta(n)$$

由已知，起始状态 $h(-1) = 0$，可得

$$h(0) = -ah(-1) + \delta(0) = 1$$

$$h(1) = -ah(0) + \delta(1) = -a$$

$$h(2) = -ah(1) + \delta(2) = (-a)^2$$

······

依次类推,可得单位响应

$$h(n) = (-a)^n \quad (n \geqslant 0)$$

除了迭代法外,在时域中求 $h(n)$ 有多种方法,但从应用出发,一般常用下一章介绍的 z 变换方法求解。

当 LTI 离散系统的激励为单位阶跃序列 $u(n)$ 时,由 $u(n)$ 产生的零状态响应称为单位阶跃序列响应,记为 $s(n)$。由于

$$u(n) = \sum_{m=0}^{\infty} \delta(n-m)$$

若已知系统的单位序列响应 $h(n)$,根据 LTI 系统的线性性质和位移不变性,系统的阶跃序列响应

$$s(n) = \sum_{m=0}^{\infty} h(n-m) \tag{5-24}$$

类似地,由于

$$\delta(n) = u(n) - u(n-1)$$

若已知系统的单位阶跃序列响应 $s(n)$,那么系统的单位序列响应

$$h(n) = s(n) - s(n-1) \tag{5-25}$$

5.4   卷积和及其应用

在 LTI 连续系统时域分析中,利用卷积积分可以求出任意激励信号所产生的零状态响应。同样,在 LTI 离散系统时域分析中,单位响应与卷积和方法则是决定系统零状态响应的有力工具。

5.4.1   离散信号的分解与卷积和

第 2 章曾经指出,任意信号 $f(t)$ 都可以表示为冲激信号的线性组合,即

$$f(t) = \int_{-\infty}^{\infty} f(\tau)\delta(t-\tau)\mathrm{d}\tau \tag{5-26}$$

类似地,离散信号 $f(n)$ 也可以表示为单位序列 $\delta(n)$ 的线性组合。因为

$$\delta(n) = \begin{cases} 1 & (n = 0) \\ 0 & (n \neq 0) \end{cases}$$

则有

$$f(k)\delta(n-k) = \begin{cases} f(n) & (n = k) \\ 0 & (n \neq k) \end{cases}$$

所以对任意序列 $f(n)$ 可写为

$$f(n) = \cdots + f(-2)\delta(n+2) + f(-1)\delta(n+1) + f(0)\delta(n)$$
$$+ f(1)\delta(n-1) + f(2)\delta(n-2) + \cdots$$

即

$$f(n) = \sum_{k=-\infty}^{\infty} f(k)\delta(n-k) \tag{5-27}$$

式(5-27)即为离散信号的时域分解公式。它表明：任意信号 $f(n)$ 均可以表示为许多 $\delta(n)$ 序列的线性组合。观察式(5-27)，可以看出它与式(5-26)具有类似的形式，只是连续信号中的积分换成了离散求和。这种离散的和式也称为卷积和，简称卷和。

对于离散信号 $f_1(n)$ 和 $f_2(n)$，二者的卷积和定义为

$$f_1(n) \cdot f_2(n) = \sum_{k=-\infty}^{\infty} f_1(k)f_2(n-k) \tag{5-28}$$

如果 $f_1(n)$ 为因果序列，由于 $n<0$ 时，$f_1(n)=0$，故式(5-28)中求和下限可改写为零；如果 $f_2(n)$ 为因果序列，当 $(n-k)<0$ 时，即 $k>n$ 时，$f_2(n-k)=0$，因而和式的上限可改写为 n。因此，当 $f_1(n)$ 和 $f_2(n)$ 均为起始于零的因果信号时，则式(5-28)可表示为

$$f_1(n) \cdot f_2(n) = \sum_{k=0}^{n} f_1(k)f_2(n-k) \tag{5-29}$$

离散序列卷积和运算满足如下性质：

1. 代数律

（1）交换律

$$f_1(n) * f_2(n) = f_2(n) \cdot f_1(n) \tag{5-30}$$

（2）分配律

$$f_1(n) \cdot [f_2(n) + f_3(n)] = f_1(n) \cdot f_2(n) + f_1(n) \cdot f_3(n) \tag{5-31}$$

卷积和的代数运算规则在系统分析中的物理意义与连续系统类似。卷积和的分配律表明，两个子系统并联组成的复合系统，其单位序列响应等于两个子系统的单位序列响应之和，如图 5-12 所示。

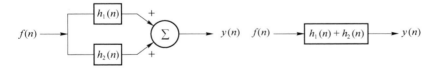

图 5-12　子系统并联时单位序列响应

（3）结合律

$$f_1(n) * [f_2(n) * f_3(n)] = [f_1(n) * f_2(n)] * f_3(n)$$
$$= [f_1(n) * f_3(n)] * f_2(n) \tag{5-32}$$

卷积和的结合律表明，两个子系统相级联组成的复合系统，其单位序列响应等于两个子系统的单位序列响应的卷积和，如图 5-13 所示。

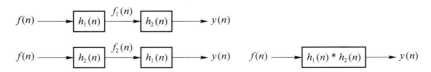

图 5-13　子系统级联时单位序列响应

2. 卷积和满足时不变性

若

$$f_1(n) * f_2(n) = f(n)$$

则

$$f_1(n-k_1) * f_2(n-k_2) = f_1(n-k_2) * f_2(n-k_1) = f(n-k_1-k_2) \qquad (5-33)$$

3. 任意序列与单位序列 $\delta(n)$ 的卷积和

根据卷积和的定义,式(5-27)可表示为

$$f(n) = \sum_{k=-\infty}^{\infty} f(k)\delta(n-k) = f(n) * \delta(n) \qquad (5-34)$$

也就是说,任意序列 $f(n)$ 与 $\delta(n)$ 卷积和的结果仍是该序列本身。

将式(5-34)推广,任意序列 $f(n)$ 与移位序列 $\delta(n-k_1)$ 的卷积和

$$f(n) * \delta(n-k_1) = f(n-k_1) \qquad (5-35)$$

此外还有

$$f(n-k_1) * \delta(n-k_2) = f(n-k_2) * \delta(n-k_1) = f(n-k_1-k_2) \qquad (5-36)$$

以上各式中 k_1、k_2 均为整常数。

例 5-4-1 设序列 $f_1(n) = \left(\dfrac{2}{3}\right)^n u(n)$,$f_2(n) = u(n)$,试求卷积和 $f_1(n) * f_2(n)$。

解 因为 $f_1(n)$ 和 $f_2(n)$ 均为因果序列,所以

$$f_1(n) * f_2(n) = \sum_{k=0}^{n} \left(\frac{2}{3}\right)^k u(n-k) = \sum_{k=0}^{n} \left(\frac{2}{3}\right)^k$$

上式是公比为 $\dfrac{2}{3}$ 的等比级数求和问题。由求和公式

$$\sum_{k=0}^{n} (a)^k = \begin{cases} \dfrac{1-a^{n+1}}{1-a} & (a \neq 1) \\ n+1 & (a = 1) \end{cases}$$

可得

$$f_1(n) * f_2(n) = \frac{1-\left(\dfrac{2}{3}\right)^{n+1}}{1-\dfrac{2}{3}} = 3\left[1-\left(\frac{2}{3}\right)^{n+1}\right]u(n)$$

对于有限长序列的卷积和,可以采用一种更为简便实用的方法:首先把两个序列排成两行,然后做普通乘法,但中间结果不进位,最后将位于同一列的中间结果相加就可得到卷积和序列。

例 5-4-2 设 $f_1(n) = \{1,3,2,4\}$,$(n \geqslant 0)$;$f_2(n) = \{2,1,3\}$,$(n \geqslant 0)$。求卷积和 $f_1(n) * f_2(n)$。

解 用乘法计算如下:

```
          1   3   2   4
      ×   2   1   3
      ─────────────────────
          3   9   6   12
      1   3   2   4
  2   6   4   8
  ─────────────────────────
  2   7  10  19  10  12
```

即

$$f_1(n) * f_2(n) = \{ \underset{n=0}{2} ,7,10,19,10,12\} \quad (n \geqslant 0)$$

对于有限长序列或无限长序列,还可以用序列阵表(简称列表法)的方法求卷积和。

例 5-4-3　设 $f_1(n) = \{1,3,2,4,0,\cdots\}, (n \geqslant 0)$; $f_2(n) = \{2,1,3,0,\cdots\}, (n \geqslant 0)$。求卷积和 $f_1(n) * f_2(n)$。　　**解**　首先画出序列阵表如下,左部放 $f_1(n)$,上部放 $f_2(n)$,然后以 $f_1(n)$ 的每个数去乘 $f_2(n)$ 的各数并放入相应的行,最后把虚线上不同列的数值分别相加即可得结果序列 $y(n)$。

序列阵表如下:

		$f_2(0)$	$f_2(1)$	$f_2(2)$	$f_2(3)$ $\cdots$
		2	1	3	0　$\cdots$
$f_1(0)$	1	2	1	3	0
$f_1(1)$	3	6	3	9	0
$f_1(2)$	2	4	2	6	0
$f_1(3)$	4	8	4	12	0
$f_1(4)$	0	0	0	0	0
$\vdots$	$\vdots$				

由表中数值可得

$$y(0) = 2$$
$$y(1) = 6 + 1 = 7$$
$$y(2) = 4 + 3 + 3 = 10$$
$$y(3) = 8 + 2 + 9 = 19$$
$$y(4) = 4 + 6 = 10$$
$$\cdots$$

即

$$y(n) = \{2,7,10,19,10,\cdots\} \quad (n \geqslant 0)$$

为了看清离散卷积和的内在机理,这里以图 5-14 的变化说明。图中设 $f_1(n) = u(n) - u(n-6)$, $f_2(n) = a^n u(n)$, $y(n)$ 是二者卷积和的结果。

5.4.2　离散系统的零状态响应

当离散系统的单位序列响应 $h(n)$ 已知后,系统对于任意输入序列 $f(n)$ 的零状态响应便可容易确定,其过程推导如下。

对于线性时不变(LTI)离散系统,当输入信号为 $\delta(n)$ 时,系统的零状态响应为 $h(n)$,即

$$\delta(n) \rightarrow h(n)$$

由时不变特性,有

$$\delta(n-k) \rightarrow h(n-k)$$

由齐次性,有

$$f(k)\delta(n-k) \rightarrow f(k)h(n-k)$$

再由可加性,有

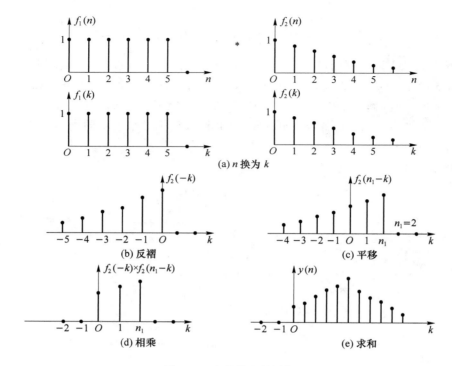

图 5-14　离散卷和的图解

$$\sum_{k=-\infty}^{\infty} f(k)\delta(n-k) \rightarrow \sum_{k=-\infty}^{\infty} f(k)h(n-k)$$

由式(5-34)可知

$$\sum_{k=-\infty}^{\infty} f(k)\delta(n-k) = f(n)$$

这表明,当输入信号为 $f(n)$ 时,其零状态响应为

$$\sum_{k=-\infty}^{\infty} f(k)h(n-k) = f(n) * h(n)$$

即零状态响应

$$y(n) = f(n) * h(n) = \sum_{k=-\infty}^{\infty} f(k)h(n-k) \tag{5-37}$$

式(5-37)说明:线性时不变离散系统的零状态响应等于输入序列 $f(n)$ 与单位序列响应 $h(n)$ 的卷积和。

若 $f(n)$ 和 $h(n)$ 均为因果序列,即 $n < 0$ 时, $f(n) = 0$ 和 $h(n) = 0$,则式(5-37)可变为

$$y(n) = f(n) * h(n) = \sum_{k=0}^{n} f(k)h(n-k) \tag{5-38}$$

例 5-4-4　已知离散系统的输入序列 $f(n)$ 和单位序列响应 $h(n)$ 分别为

$$f(n) = u(n) - u(n-3)$$

$$h(n) = \left(\frac{1}{2}\right)^n u(n)$$

试求系统的零状态响应 $y(n)$。

解　由式(5-37)可得

$$y(n) = f(n) * h(n) = [u(n) - u(n-3)] * h(n)$$

由分配律得

$$y(n) = u(n) * h(n) - u(n-3) * h(n)$$

其中

$$u(n) * h(n) = u(n) * \left(\frac{1}{2}\right)^n u(n) = \left[2 - \left(\frac{1}{2}\right)^n\right] u(n)$$

由时不变特性可知，$u(n-3) * h(n)$ 应比上式结果右移 3 位，即

$$u(n-3) * h(n) = \left[2 - \left(\frac{1}{2}\right)^{n-3}\right] u(n-3)$$

最后，由线性可加性，得

$$y(n) = \left[2 - \left(\frac{1}{2}\right)^n\right] u(n) - \left[2 - \left(\frac{1}{2}\right)^{n-3}\right] u(n-3)$$

单位阶跃序列响应 $s(n)$ 也是一种零状态响应，即 $f(n) = \varepsilon(n)$，由式(5-37)可得

$$s(n) = u(n) * h(n) = \sum_{k=-\infty}^{\infty} u(k)h(n-k) = \sum_{k=0}^{\infty} h(n-k)$$

它正是式(5-24)。

习　题　五

5-1　试画出下列离散信号的图形。

(1) $f_1(n) = (\frac{1}{2})^n u(n)$

(2) $f_2(n) = u(2-n)$

(3) $f_3(n) = u(-2-n)$

(4) $f_4(n) = 2(1-0.5^n)u(n)$

5-2　试画出下列序列的图形。

(1) $f_1(n) = u(n-2) - u(n-6)$

(2) $f_2(n) = u(n+2) + u(-n)$

(3) $f_3(n) = nu(n) \cdot [u(n) - u(n-5)]$

(4) $f_4(n) = \delta(n) + \delta(n-1) + 2\delta(n-2) + 2\delta(n-3) + \delta(n-4)$

5-3　设有差分方程

$$y(n) + 3y(n-1) + 2y(n-2) = f(n)$$

起始状态 $y(-1) = -\frac{1}{2}$，$y(-2) = \frac{5}{4}$。试求系统的零输入响应。

5-4　设有离散系统的差分方程为

$$y(n) + 4y(n-1) + 3y(n-2) = 4f(n) + f(n-1)$$

试画出其时域模拟图。

5-5　如图所示为工程上常用的数字处理系统，试列出其差分方程。

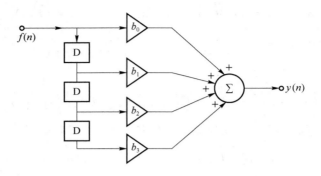

题 5-5 图

5-6 设有序列 $f_1(n)$ 和 $f_2(n)$，如图 5-6 所示，试用两种方法求二者的卷积。

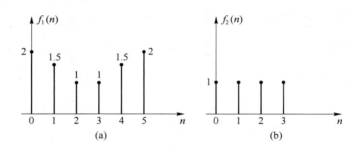

题 5-6 图

5-7 设有一阶系统为

$$y(n) - 0.8y(n-1) = f(n)$$

试求单位响应 $h(n)$ 和阶跃响应 $s(n)$，并画出 $s(n)$ 的图形。

5-8 设离散系统的单位响应 $h(n) = \left(\dfrac{1}{3}\right)^n u(n)$，输入信号 $f(n) = 2^n$，试求零状态响应 $y(n)$。

5-9 试证明

$$\lambda_1^n u(n) * \lambda_2^n u(n) = \frac{\lambda_1^{n+1} - \lambda_1^{n+1}}{\lambda_1 - \lambda_2}$$

5-10 已知系统的单位响应，

$$h(n) = a^n u(n) \quad (0 < a < 1)$$

输入信号 $f(n) = u(n) - u(n-6)$，求系统的零状态响应。

第6章　离散时间信号与系统的 Z 域分析

Z 变换的最初思想是英国数学家狄莫弗(De Moivre)于 1730 年首先提出的。后来,虽然经拉普拉斯等人不断研究与完善,但二百多年来终因它在工程上无重要应用而未受到人们的重视。进入 20 世纪 60 年代后,由于电子计算机的广泛应用和数字通信、取样数据控制系统的迅速发展,Z 变换成为分析线性离散系统的重要数学工具。Z 变换的基本思想、许多性质及其分析方法都与拉氏变换有相似之处。当然,与拉氏变换也存在着一些重要的差异。Z 变换可使离散时间信号的卷积运算变成代数运算,离散时间系统的差分方程变成 Z 域代数方程,从而可以比较方便地分析系统的响应。

本章首先从拉氏变换导出 Z 变换的定义,然后讨论 Z 变换的性质、收敛域、Z 反变换以及 Z 变换与拉氏变换的关系。在此基础上,着重讨论离散时间系统的 Z 变换分析法。即应用 Z 变换求解差分方程,应用系统函数及其零极点分布来分析系统的时域特性和频率特性,最后简要介绍离散时间系统的 Z 域模拟。

6.1　Z 变　换

6.1.1　双边 Z 变换的定义

Z 变换可以借助抽样信号的拉氏变换来引入,也可以由定义直接给出。

连续信号 $f(t)$ 经理想抽样,即 $f(t)$ 乘以单位冲激序列 $\delta_T(t)$,得到抽样信号为

$$f_s(t) = f(t)\delta_T(t) = f(t)\sum_{n=-\infty}^{\infty}\delta(t-nT)$$

$$= \sum_{n=-\infty}^{\infty}f(nT)\delta(t-nT)$$

T 为抽样时间间隔,对 $f_s(t)$ 取拉氏变换得

$$F_s(s) = L[f_s(t)] = \sum_{n=-\infty}^{\infty}f(nT)e^{-snT} \tag{6-1}$$

令

$$z = e^{sT},$$

则式(6-1)变为

$$F_s(z) = \sum_{n=-\infty}^{\infty}f(nT)z^{-n} \tag{6-2}$$

为了书写和分析方便起见,通常将采样间隔视为一个时间单位,即采样间隔归一化,于是 $T=1$,从而(6-2)可写为

$$F(z) = \sum_{n=-\infty}^{\infty} f(n)z^{-n} \qquad (6\text{-}3)$$

这就是离散序列 $f(n)$ 的双边 Z 变换的表达式。

离散序列并不一定是由连续信号抽样所得,有的信号原本就是离散的,与连续信号的采样序列并不一定是相同的,故此,其 Z 变换可直接用式(6-3)定义。若有序列 $f(n)$($n=0$,± 1,± 2,$\cdots$),则 $f(n)$ 的 Z 变换定义为

$$F(z) \underline{\underline{\text{def}}} \sum_{n=-\infty}^{\infty} f(n)z^{-n}$$

式中,Z 为复变量。通常,$F(z)$ 称为序列 $f(n)$ 的象函数,简记为 $F(z) = \text{Z}[f(n)]$。$f(n)$ 称为 $F(z)$ 的原函数,记为 $f(n) = \text{Z}^{-1}[F(z)]$,二者的关系还可以表示为

$$f(n) \leftrightarrow F(z)$$

双边 Z 变换不仅涉及 $f(n)$ 中 $n > 0$ 部分,而且还涉及 $n < 0$ 部分,如果只考虑 $f(n)$ 中 $n > 0$ 的部分,则有

$$F(z) = \sum_{n=0}^{\infty} f(n)z^{-n} \qquad (6\text{-}4)$$

上式称为 $f(n)$ 的单边 Z 变换。

显然,如果 $f(n)$ 是因果序列(即 $n < 0$ 时,$f(n) = 0$),则单双边 Z 变换相等,否则,二者不相等。

6.1.2 Z 变换的收敛域

与拉普拉斯变换的收敛域的定义相类似,Z 变换的收敛域的定义为:能使某一序列 $f(n)$ 的 Z 变换 $\sum_{n=-\infty}^{\infty} f(n)z^{-n}$ 级数收敛的 z 平面上 z 值的集合。序列 Z 变换级数绝对收敛的条件是绝对可和,即要求

$$\sum_{n=-\infty}^{\infty} |f(n)z^{-n}| < \infty \qquad (6\text{-}5)$$

式 6-5 是 $f(n)$ 的 Z 变换存在的充要条件。

对于任意给定的有界序列 $f(n)$,满足式(6-5)的所有 z 值的集合,称为 $F(z)$ 的收敛域(region of convergence),简写为 ROC。下面根据序列的性质,举例说明如何确定序列 Z 变换的收敛域。

例 6-1-1 求下列序列的双边变换及其收敛域(a,b 为非零)

(1) $f(n) = a^n u(n)$ 　　　　　　　　　　(2) $f(n) = -b^n u(-n-1)$

(3) $f(n) = a^n u(n) + b^n u(-n-1)$ 　　　(4) $f(n) = u(n+1) - u(n-2)$

解:(1)$F(z) = \sum_{n=-\infty}^{\infty} f(n)z^{-n} = \sum_{n=0}^{\infty} a^n z^{-n} = \sum_{n=0}^{\infty} \left(\dfrac{a}{z}\right)^n$

$$= 1 + \frac{a}{z} + \left(\frac{a}{z}\right)^2 + \cdots = \frac{1}{1-\dfrac{a}{z}} = \frac{z}{z-a}$$

$$\left|\frac{a}{z}\right| < 1 \text{ 或 } |z| > R_1 = |a|$$

因 Z 是一个复变量，其取值可在一个复平面上表示，该复平面称为 Z 平面。故 $|z| > a$ 在 z 平面上是以原点为中心，半径 $\rho = a$ 的圆外部区域，如图 6-1(a) 所示。

$$(2)\ F(z) = \sum_{n=-\infty}^{\infty} f(n)z^{-n} = -\sum_{n=-\infty}^{-1} b^n z^{-n}$$

$$= -\sum_{n=-\infty}^{-1}\left(\frac{b}{z}\right)^n = -\sum_{n=1}^{\infty}\left(\frac{z}{b}\right)^n$$

$$= -\left[\frac{z}{b} + \left(\frac{z}{b}\right)^2 + \left(\frac{z}{b}\right)^3 + \cdots\right]$$

$$= -\frac{z}{b}\cdot\left[1 + \left(\frac{z}{b}\right)^1 + \left(\frac{z}{b}\right)^2 + \cdots\right]$$

$$= \frac{z}{z-b}$$

$$|z| < R_2 = |b|$$

收敛域是 z 平面上是以原点为中心，R_2 为半径 $\rho = a$ 的圆的内部区域，如图 6-1(b) 所示。

$$(3)\ F(z) = \sum_{n=-\infty}^{\infty} f(n)z^{-n} = \sum_{n=-\infty}^{\infty}\left[a^n u(n) + b^n u(-n-1)\right]z^{-n}$$

$$= \sum_{n=0}^{\infty} a^n z^{-n} + \sum_{n=-\infty}^{-1} b^n z^{-n}$$

$$= \frac{z}{z-a} - \frac{z}{z-b}$$

双边 Z 变换可以看成是左边序列与右边序列的 Z 变换的叠加。等式右边第一个级数是左边序列，其收敛域为 $|z| < R_2$，第二个级数是右边序列，其收敛域为 $|z| > R_1$。当 $R_2 > R_1$ 时，双边序列的收敛域为两个级数的收敛域的重叠部分，为一个环形区域，如图 6-1(c) 所示。

$$|a| = R_1 < |z| < R_2 = |b|$$

$$(4)\ F(z) = \sum_{n=-\infty}^{\infty} f(n)z^{-n} = \sum_{n=-\infty}^{\infty}\left[u(n+1) - u(n-2)\right]z^{-n}$$

$$= \sum_{n=-1}^{1} z^{-n}$$

$$= z + 1 + z^{-1}$$

$$= \frac{z^2 + z + 1}{z}$$

有限长序列，只要级数的各项都存在且有限，则它们的和一定存在且有限，即收敛域为 $0 < |z| < \infty$，如图 6-1(d) 所示。

由上例分析可得以下结论：

(1) 有限长双边序列的双边 Z 变换的收敛域一般为 $0 < |z| < \infty$；有限长因果序列双边 Z 变换的收敛域为 $|z| > 0$；有限长反因果序列双边 Z 变换的收敛域为 $|z| < \infty$；单位序列 $\delta(n)$ 的双边 Z 变换的收敛域为全 Z 复平面。

(2) 无限长因果序列双边 Z 变换的收敛域为 $|z| > |z_0|$，z_0 为复数、虚数或实数，即收敛域为半径为 $|z_0|$ 的圆外区域。

(3) 无限长反因果序列双边 Z 变换的收敛域为 $|z| < |z_0|$，即收敛域为以 $|z_0|$ 为半径的圆

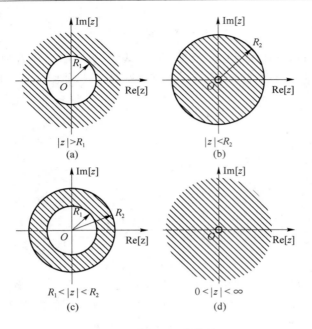

图 6-1 例 6-1-1 收敛域

内区域。

（4）无限长双边序列双边 Z 变换的收敛域为 $|z_1|<|z|<|z_2|$，即收敛域位于以 $|z_1|$ 为半径和以 $|z_2|$ 为半径的两个圆之间的环状区域。

（5）不同序列的双边 Z 变换可能相同，即序列与其双边 Z 变换不是一一对应的。序列的双边 Z 变换连同收敛域一起与序列才是一一对应的。

6.1.3 典型序列的变换

下面按照 Z 变换的定义式（6-4）来推导一些常用信号的 Z 变换。

1. 单位样值序列

单位样值序列 $\delta(n)$ 的定义为

$$\delta(n) = \begin{cases} 1 & n = 0 \\ 0 & n \neq 0 \end{cases}$$

由式（6-4），取其 Z 变换

$$F(z) = \sum_{n=0}^{\infty} \delta(n) z^{-n} = 1 \tag{6-6}$$

可见，与连续系统的单位冲激信号 $\delta(t)$ 的拉普拉斯变换 s 类似，单位样值序列 $\delta(n)$ 的 Z 变换等于常数 1，它在整个 Z 平面内收敛。

2. 单位阶跃序列

单位阶跃序列 $u(n)$ 的定义为

$$u(n) = \begin{cases} 1 & n \geqslant 0 \\ 0 & n < 0 \end{cases}$$

将 $u(n)$ 代入式（6-4），得

$$F(z) = \sum_{n=0}^{\infty} u(n)z^{-n} = \sum_{n=0}^{\infty} z^{-n} = 1 + z^{-1} + z^{-2} + \cdots$$

这是一个等比级数,当 $|z| > 1$ 时,该级数收敛,由等比级数的求和公式,得

$$Z[u(n)] = \frac{1}{1 - z^{-1}} = \frac{z}{z-1} \quad |z| > 1 \tag{6-7}$$

3. 单边指数序列

单边指数序列的定义为

$$f(n) = a^n u(n)$$

由例 6-1-1 的结果可知

$$Z[a^n u(n)] = \frac{1}{a - z^{-1}} = \frac{z}{z-a}, \quad |z| > |a| \tag{6-8}$$

若令 $a = \mathrm{e}^{\mathrm{j}\beta}$,则可以得到复指数序列的 Z 变换

$$Z[\mathrm{e}^{\mathrm{j}\beta n} u(n)] = \frac{z}{z - \mathrm{e}^{\mathrm{j}\beta}}, \quad |z| > 1 \tag{6-9}$$

4. 左边指数序列

$$Z[-a^n u(-n-1)] = \frac{1}{a - z^{-1}} = \frac{z}{z-a}, \quad |z| < |a| \tag{6-10}$$

5. 矩形窗

$$R_N(n) = \begin{cases} 1 & 0 \leqslant n \leqslant N-1 \\ 0 & \text{其他} \end{cases}$$

$$\begin{aligned} F(z) &= \sum_{n=0}^{\infty} R_N(n)z^{-n} \\ &= \sum_{n=0}^{N-1} z^{-n} = \frac{1 - z^{-N}}{1 - z^{-1}} \quad |z| > 1 \end{aligned} \tag{6-11}$$

表 6-1 给出了常用序列的 Z 变换,以便查阅。

表 6-1　常用序列的 Z 变换

序号	$f(n)$	$F(z)$	收敛域
1	$\delta(n)$	1	$|z| > 0$
2	$u(n)$	$\dfrac{z}{z-1}$	$|z| > 1$
3	n	$\dfrac{z}{(z-1)^2}$	$|z| > 1$
4	n^2	$\dfrac{z(z+1)}{(z-1)^3}$	$|z| > 1$
5	$a^n u(n)$	$\dfrac{z}{z-a}$	$|z| > |a|$
6	$-a^n u(-n-1)$	$\dfrac{z}{z-a}$	$|z| < |a|$
7	$R_N(n)$	$\dfrac{z(1-z^{-N})}{z-1}$	$|z| > 0$
8	$\mathrm{e}^{\mathrm{j}\beta n} u(n)$	$\dfrac{z}{z - \mathrm{e}^{\mathrm{j}\beta}}$	$|z| > 1$
9	$\sin(\Omega_0 n)$	$\dfrac{\sin \Omega_0}{z^2 - 2z\sin \Omega_0 + 1}$	$|z| > 1$

序号	$f(n)$	$F(z)$	收敛域
10	$\cos(\Omega_0 n)$	$\dfrac{z^2 - z\cos\Omega_0}{z^2 - 2z\cos\Omega_0 + 1}$	$\lvert z \rvert > 1$
11	$Aa^{n-1}u(n-1)$	$\dfrac{A}{z-a}$	$\lvert z \rvert > \lvert a \rvert$
12	$a^n\sin(\Omega_0 n)$	$\dfrac{az\sin\Omega_0}{z^2 - 2az\sin\Omega_0 + a^2}$	$\lvert z \rvert > \lvert a \rvert$
13	$a^n\cos(\Omega_0 n)$	$\dfrac{z^2 - az\cos\Omega_0}{z^2 - 2az\sin\Omega_0 + a^2}$	$\lvert z \rvert > \lvert a \rvert$

6.2 双边 Z 变换的性质

Z 变换也可以由它的定义推出许多性质,这些性质表示了函数在时域与 Z 域之间的关系,其中有些性质和拉普拉斯变换的性质相对应,利用这些性质可以方便地进行 Z 变换和 Z 变换的求解。

6.2.1 线性性质

若

$$f_1(n) \leftrightarrow F_1(z) \qquad a_1 < \lvert z \rvert < \beta_1$$
$$f_2(n) \leftrightarrow F_2(z) \qquad a_2 < \lvert z \rvert < \beta_2$$

则

$$k_1 f_1(n) + k_2 f_2(n) \leftrightarrow k_1 F_1(z) + k_2 F_2(z) \qquad R_d < \lvert z \rvert < R_u \tag{6-12}$$

其中 k_1, k_2 为任意常数;$a_1, a_2, \beta_1, \beta_2$ 均为正实数。利用 Z 变换的定义很容易证明上述结论。

变换叠加后的新序列的 Z 变换的收敛域一般是原来两个序列 Z 变换收敛域的重叠部分,即 $\max(a_1, a_2) < \lvert z \rvert < \min(\beta_1, \beta_2)$,但是,如果在这些线性组合中某些零、极点相互抵消,则收敛域可能扩大。

例 6-2-1 已知 $f(n) = u(n) - 3^n u(-n-1)$,求 $f(n)$ 的双边 Z 变换 $F(z)$ 及其收敛域。

解:

$$u(n) \leftrightarrow \frac{z}{z-1} \qquad \lvert z \rvert > 1$$

$$-3^n u(-n-1) \leftrightarrow \frac{z}{z-3} \qquad \lvert z \rvert < 3$$

由线性性质得:$F(z) = \dfrac{z}{z-1} + \dfrac{z}{z-3} = \dfrac{2z^2 - 4z}{(z-1)(z-3)} \qquad 1 < \lvert z \rvert < 3$

例 6-2-2 求因果余弦序列 $\cos(\Omega_0 n)u(n)$ 的双边 Z 变换及其收敛域。

$$\cos(\Omega_0 n) = \frac{1}{2}(\mathrm{e}^{\mathrm{j}\Omega_0 n} + \mathrm{e}^{-\mathrm{j}\Omega_0 n})$$

$$e^{j\Omega_0 n}u(n) \leftrightarrow \frac{z}{z - e^{j\Omega_0}} \qquad |z| > 1$$

$$e^{-j\Omega_0 n}u(n) \leftrightarrow \frac{z}{z - e^{-j\Omega_0}} \qquad |z| > 1$$

由线性性质得：

$$Z[\cos(\Omega_0 n)u(n)] = \frac{1}{2}\left(\frac{z}{z - e^{j\Omega_0}} + \frac{z}{z - e^{-j\Omega_0}}\right) = \frac{z^2 - z\cos\Omega_0}{z^2 - 2z\cos\Omega_0 + 1} \qquad |z| > 1$$

同理可得：

$$\sin(\Omega_0 n)u(n) \leftrightarrow \frac{\sin\Omega_0}{z^2 - 2z\sin\Omega_0 + 1} \qquad |z| > 1$$

6.2.2　时移性质

移位性质也称延时性质，它是分析离散系统的重要特性之一。单边与双边 Z 变换的移位性质有重要的差别，因此对其进行分别讨论。

（1）双边 Z 变换位移性质

若　$f(n) \leftrightarrow F(z)$，$R_1 < |z| < R_2$，则有

$$f(n + m) \leftrightarrow z^m F(z) \qquad R_1 < |z| < R_2$$

$$f(n - m) \leftrightarrow z^{-m} F(z) \qquad R_1 < |z| < R_2 \tag{6-13}$$

式中整数 $m > 0$，R_1，R_2 均为正实数。

证明：根据双边 Z 变换的定义

$$Z[f(n + m)] = \sum_{n=-\infty}^{\infty} f(n + m)z^{-n}$$

令 $k = n + m$

$$Z[f(n + m)] = \sum_{k=-\infty}^{\infty} f(k)z^{-(k-m)} = z^m \sum_{k=-\infty}^{\infty} f(k)z^{-k} = z^m F(z) \qquad R_1 < |z| < R_2$$

但在 $z = 0$ 和 $|z| = \infty$ 可能会有增删。当信号时移可能会改变其因果性，故 ROC 在 $z = 0$，$|z| = \infty$ 有可能改变。

（2）单边 Z 变换位移性质

若

$$f(n)u(n) \leftrightarrow F(z), |z| > R_1,$$

则

$$f(n + m)u(n) \leftrightarrow z^m\left[F(z) - \sum_{k=0}^{m-1} f(k)z^{-k}\right] \qquad |z| > R_1$$

$$f(n - m)u(n) \leftrightarrow z^{-m}\left[F(z) + \sum_{k=-m}^{-1} f(k)z^{-k}\right] \qquad |z| > R_1 \tag{6-14}$$

式中整数 $m > 0$

证明：根据单边 Z 变换的定义

$$Z[f(n - m)u(n)] = \sum_{n=0}^{\infty} f(n - m)z^{-n}$$

令 $k = n - m$，

$$Z[f(n-m)u(n)] = \sum_{k=-m}^{\infty} f(k)z^{-(k+m)} = z^{-m} \sum_{k=-m}^{\infty} f(k)z^{-k}$$

$$= z^{-m}\Big[\sum_{k=0}^{\infty} f(k)z^{-k} + \sum_{k=-m}^{-1} f(k)z^{-k}\Big]$$

$$= z^{-m}\Big[F(z) + \sum_{k=-m}^{-1} f(k)z^{-k}\Big] \qquad |z| > R_1$$

例 6-2-3 已知 $f(n) = u(n+2)$，求 $f(n)$ 的双边和单边 Z 变换及其收敛域。

解：由于

$$u(n) \leftrightarrow \frac{z}{z-1} \quad |z| > 1$$

$f(n)$ 的单边 Z 变换为

$$u(n+2) \leftrightarrow z^2\Big[\frac{z}{z-1} - \sum_{k=0}^{1} z^{-k}\Big] = z^2\Big[\frac{z}{z-1} - 1 - z^{-1}\Big] = \frac{z}{z-1} \quad |z| > 1$$

$f(n)$ 的双边 Z 变换为

$$u(n+2) \leftrightarrow \frac{z^3}{z-1} \quad 1 < |z| < \infty$$

6.2.3　Z 域尺度变换

若
$$f(n) \leftrightarrow F(z), R_1 < |z| < R_2$$
则

$$a^n f(n) \leftrightarrow F\Big(\frac{z}{a}\Big) \qquad |a|R_1 < |z| < |a|R_2 \tag{6-15}$$

式中 a 为常数（实数、虚数、复数），$a \neq 0$

证明：根据双边 Z 变换的定义，则有

$$Z[a^n f(n)] = \sum_{n=-\infty}^{\infty} a^n f(n) z^{-n} = \sum_{n=-\infty}^{\infty} f(n)\Big(\frac{z}{a}\Big)^{-n} = F\Big(\frac{z}{a}\Big) \qquad R_1 < \Big|\frac{z}{a}\Big| < R_2$$

即
$$a^n f(n) \leftrightarrow F\Big(\frac{z}{a}\Big) \qquad |a|R_1 < |z| < |a|R_2$$

若令 $a = -1$，

$$(-1)^n f(n) \leftrightarrow F(-z) \quad R_1 < |z| < R_2$$

Z 域尺度性质表明，时域中乘以指数序列等效于 Z 平面的尺度压缩或扩展。

例 6-2-4 已知求 $f(n) = \Big(\frac{1}{2}\Big)^n \cdot 3^{n+1} u(n+1)$，求 $f(n)$ 的双边 Z 变换及其收敛域。

解：令 $f_1(n) = 3^{n+1} u(n+1)$，$f(n) = \Big(\frac{1}{2}\Big)^n \cdot f_1(n)$

由于：

$$F_1(z) = Z[f_1(n)] = z \cdot \frac{z}{z-3} = \frac{z^2}{z-3} \qquad 3 < |z| < \infty$$

根据 Z 域尺度变换性质：

$$F(z) = Z[f(n)] = Z\Big[\Big(\frac{1}{2}\Big)^n f_1(n)\Big] = F_1(2z)$$

$$= \frac{(2z)^2}{2z-3}$$

$$= \frac{4z^2}{2z-3} \qquad \frac{3}{2} < |z| < \infty$$

6.2.4 卷积定理

若

$$f_1(n) \leftrightarrow F_1(z) \qquad R_{11} < |z| < R_{12}$$
$$f_2(n) \leftrightarrow F_2(z) \qquad R_{21} < |z| < R_{22}$$

则

$$f_1(n) * f_2(n) \leftrightarrow F_1(z) \cdot F_2(z) \tag{6-16}$$

ROC 一般是 $F_1(z)$ 和 $F_2(z)$ 的 ROC 的公共部分。如果 $F_1(z)$ 和 $F_2(z)$ 相乘中有零、极点相抵消时,则 ROC 可能会扩大。

证:根据双边 Z 变换的定义

$$Z[f_1(n) * f_2(n)] = \sum_{n=-\infty}^{\infty} [f_1(n) * f_2(n)] z^{-n} = \sum_{n=-\infty}^{\infty} \left[\sum_{m=-\infty}^{\infty} f_1(m) f_2(n-m) \right] z^{-n}$$

交换上式的求和次序,得

$$Z[f_1(n) * f_2(n)] = \sum_{m=-\infty}^{\infty} f_1(m) \left[\sum_{n=-\infty}^{\infty} f_2(n-m) z^{-n} \right]$$

方括号中的求和项是 $f_2(n-m)$ 的双边 Z 变换。根据位移性质:

$$\sum_{n=-\infty}^{\infty} f_2(n-m) z^{-n} = z^{-m} F_2(z)$$

例 6-2-5 已知 $f_1(n) = 2^n u(n+2)$,$f_2(n) = 4u(n-2)$,$f(n) = f_1(n) * f_2(n)$ 求 $f(n)$ 的双边 Z 变换及收敛域

解:由于

$$u(n) \leftrightarrow \frac{z}{z-1} \quad |z| > 1$$

$$2^n u(n) \leftrightarrow \frac{z}{z-2} \quad |z| > 2$$

由位移性质得

$$f_1(n) = \frac{1}{4} 2^{n+2} u(n+2) \leftrightarrow F_1(z) = \frac{z^3}{4(z-2)} \quad 2 < |z| < \infty$$

$$f_2(n) = 4u(n-2) \leftrightarrow F_2(z) = \frac{4z^{-1}}{z-1} \quad |z| > 1$$

根据卷积性质:

$$F(z) = F_1(z) F_2(z) = \frac{z^3}{4(z-2)} \frac{4z^{-1}}{z-1} = \frac{z^2}{(z-2)(z-1)} \quad |z| > 2$$

6.2.5 Z 域微分特性

若

$$f(n) \leftrightarrow F(z) \qquad R_1 < |z| < R_2$$

则

$$nf(n) \leftrightarrow (-z) \frac{\mathrm{d}F(z)}{\mathrm{d}z} \qquad R_1 < |z| < R_2 \tag{6-17}$$

$$n^2 f(n) \leftrightarrow (-z) \frac{\mathrm{d}}{\mathrm{d}z} \left[(-z) \frac{\mathrm{d}}{\mathrm{d}z} F(z) \right] \qquad R_1 < |z| < R_2 \tag{6-18}$$

$$n^m f(n) \leftrightarrow (-z) \frac{\mathrm{d}}{\mathrm{d}z} \left[\cdots \left(-z \frac{\mathrm{d}}{\mathrm{d}z} \left(-\frac{\mathrm{d}}{\mathrm{d}z} F(z) \right) \right) \cdots \right] \qquad R_1 < |z| < R_2 \tag{6-19}$$

式中,m 为正整数

证:根据双边 Z 变换的定义

$$F(z) = \sum_{n=-\infty}^{\infty} f(n) z^{-n}$$

对上式两边关于 z 求导

$$\frac{\mathrm{d}F(z)}{\mathrm{d}z} = \frac{\mathrm{d}}{\mathrm{d}z} \sum_{n=-\infty}^{\infty} f(n) z^{-n} = \left[\sum_{n=-\infty}^{\infty} f(n) \frac{\mathrm{d}}{\mathrm{d}z} (z^{-n}) \right] = \sum_{n=-\infty}^{\infty} f(n)(-n) z^{-n-1}$$

$$= -z^{-1} \sum_{n=-\infty}^{\infty} n f(n) z^{-n}$$

上式两边乘以 $-z$,得

$$(-z) \frac{\mathrm{d}}{\mathrm{d}z} F(z) = \sum_{n=-\infty}^{\infty} n f(n) z^{-n} = \sum_{n=-\infty}^{\infty} f(n)(-n) z^{-n-1} = -z^{-1} \sum_{n=-\infty}^{\infty} n f(n) z^{-n}$$

上式两边乘以 $-z$,得:

$$(-z) \frac{\mathrm{d}}{\mathrm{d}z} F(z) = \sum_{n=-\infty}^{\infty} n f(n) z^{-n} = Z[n f(n)]$$

即

$$nf(n) \leftrightarrow (-z) \frac{\mathrm{d}}{\mathrm{d}z} F(z)$$

例 6-2-6 求单位斜坡序列 $nu(n)$ 的单边 Z 变换。

解:由于

$$u(n) \leftrightarrow \frac{z}{z-1} \quad |z| > 1$$

根据 Z 域微分性质:

$$nu(n) \leftrightarrow -z \frac{\mathrm{d}}{\mathrm{d}z} \left[\frac{z}{z-1} \right] = \frac{z}{(z-1)^2} \quad |z| > 1$$

6.2.6 Z 域积分特性

若

$$f(n) \leftrightarrow F(z) \quad R_1 < |z| < R_2$$

则

$$\frac{f(n)}{n+k} \leftrightarrow z^k \int_z^{\infty} \frac{F(\lambda)}{\lambda^{k+1}} \mathrm{d}\lambda \qquad R_1 < |z| < R_2 \tag{6-20}$$

式中,k 为整数,$n+k>0$。

若 $k=0, n>0$,则有

$$\frac{f(n)}{n} \leftrightarrow \int_z^\infty \frac{F(\lambda)}{\lambda} \mathrm{d}\lambda \tag{6-21}$$

6.2.7　初值定理

若

$$f(n)u(n) \leftrightarrow F(z) \tag{6-22}$$

则

$$f(0) = \lim_{z \to \infty} F(z)$$

证明

由于

$$F(z) = \sum_{n=0}^{\infty} f(n)z^{-n} = f(0) + \sum_{n=1}^{\infty} f(n)z^{-n}$$

$$F(z) = \sum_{n=0}^{\infty} f(n)z^{-n} = f(0) + f(1)z^{-1} + f(2)z^{-2} + \cdots$$

当 $z \to \infty$ 时,上式级数中除了第一项 $f(0)$ 外,其余各项都趋于零,所以有

$$\lim_{z \to \infty} F(z) = f(0) + \lim_{z \to \infty} \left[\sum_{n=1}^{\infty} f(n)z^{-n} \right] = f(0)$$

6.2.8　终值定理

若

$$f(n)u(n) \leftrightarrow F(z)$$

则 $f(n)$ 的终值为

$$f(\infty) = \lim_{z \to 1} \left[(z-1)F(z) \right] \tag{6-23}$$

注意终值定理的应用条件:当 $(z-1)F(z)$ 的 ROC 包含单位圆,或者 $F(z)$ 除在 $z=1$ 处有一阶极点外,其余极点均位于单位圆内。

例 6-2-7　已知 $F(z) = \dfrac{z^2(z-0.2)}{(z-1)(z-0.5)(z+0.2)}$,求 $f(0)$ 和 $f(\infty)$。

解: $f(0) = \lim_{z \to \infty} \dfrac{z^2(z-0.2)}{(z-1)(z-0.5)(z+0.2)} = \lim_{z \to \infty} \dfrac{1-0.2z^{-3}}{(1-z^{-1})(1-0.5z^{-1})(1+0.2z^{-1})} = 1$

$$f(\infty) = \lim_{z \to 1} \frac{(z-1)z^2(z-0.2)}{(z-1)(z-0.5)(z+0.2)} = \lim_{z \to 1} \frac{z^2(z-0.2)}{(z-0.5)(z+0.2)} = \frac{4}{3}$$

表 6-2 列出了 Z 变换的主要性质(定理),以便查阅。

表 6-2　Z 变换的主要性质(定理)

序号	性质名称		信号(序列)		Z 变换
0	定义	双边变换	$f(k) = \dfrac{1}{2\pi\mathrm{j}} \oint_C F(z)z^{k-1}\mathrm{d}z$ $-\infty < k < \infty$		$F(z) = \displaystyle\sum_{k=-\infty}^{\infty} f(k)z^{-k}, \alpha < |z| < \beta$
		单边变换	$f(k) = \dfrac{1}{2\pi\mathrm{j}} \oint_C F(z)z^{k-1}\mathrm{d}z$	$k \geqslant 0$	$F(z) = \displaystyle\sum_{k=0}^{\infty} f(k)z^{-k}, |z| > \alpha$

序号	性质名称		信号（序列）	Z 变换
1	线性		$a_1 f_1(k) + a_2 f_2(k)$	$a_1 F_1(z) + a_2 F_2(z)$ $\max(\alpha_1,\alpha_2) < \mid z \mid < \min(\beta_1,\beta_2)$
2	位移	双边变换	$f(k \pm m)$	$z^{\pm m} F(z), \alpha < \mid z \mid < \beta$
		单边变换	$f(k-m), m > 0$	$z^{-m} F(z) + \sum_{k=0}^{m-1} f(k-m) z^{-k}, \mid z \mid > \alpha$
			$f(k+m), m > 0$	$z^m F(z) + \sum_{k=0}^{m-1} f(k) z^{m-k}, \mid z \mid > \alpha$
			$f(k-m)\varepsilon(k-m), m > 0$	$z^{-m} F(z), \mid z \mid > \alpha$
3	K 域乘 a^k		$a^k f(k), a \neq 0$	$F\left(\dfrac{z}{a}\right), \alpha \mid a \mid < \mid z \mid < \beta \mid a \mid$
4	K 域卷积	双边变换	$f_1(k) * f_2(k)$	$F_1(z) F_2(z)$ $\max(\alpha_1,\alpha_2) < \mid z \mid < \min(\beta_1,\beta_2)$
		单边变换	$f_1(k) * f_2(k)$ $f_1(k)、f_2(k)$ 为因果序列	$F_1(z) F_2(z), \mid z \mid > \max(\alpha_1,\alpha_2)$
5	Z 域微分		$k^m f(k), m > 0$	$\left[-z \dfrac{\mathrm{d}}{\mathrm{d}z}\right]^m F(z), \alpha < \mid z \mid < \beta$
6	Z 域微分		$\dfrac{f(k)}{k+m}, k+m > 0$	$z^m \displaystyle\int_z^\infty F(\lambda) \lambda^{-(m+1)} \mathrm{d}\lambda, \alpha < \mid z \mid < \beta$
7	K 域反转 （适用于双边变换）		$f(-k)$	$F(z^{-1}), \dfrac{1}{\beta} < \mid z \mid < \dfrac{1}{\alpha}$
8	部分和	双边变换	$\displaystyle\sum_{m=-\infty}^{k} f(m)$	$\dfrac{z}{z-1} F(z), \max(\alpha,1) < \mid z \mid < \beta$
		单边变换	$\displaystyle\sum_{m=0}^{k} f(m)$	$\dfrac{z}{z-1} F(z), \mid z \mid > \max(\alpha,1)$
9	初值定理	双边变换	$f(N) = \lim\limits_{z \to \infty} z^N F(z), f(k) = 0, k < N$	
		单边变换	$f(0) = \lim\limits_{z \to \infty} F(z), f(k) = 0, k < 0$	
10	终值定理		$f(\infty) = \lim\limits_{x \to 1} \dfrac{z-1}{z} F(z), \mid z \mid > \alpha, (0 < \alpha < 1)$ $f(\infty)$ 存在	

6.3　Z 逆变换

在离散系统分析中，常常要从 Z 域的变换函数（象函数）求出原序列 $f(n)$，这个过程就是 Z 反变换，也称 Z 逆变换。常用的方法有部分分式展开法和幂级数展开法。

6.3.1　幂级数展开法(长除法)

由于 $f(n)$ 的 Z 变换 $F(z)$ 为 z^{-1} 的幂级数,即

$$F(z) = \sum_{n=-\infty}^{+\infty} f(n)z^{-n} = \cdots + f(-1)z^1 + f(0) + f(1)z^{-1} + f(2)z^{-2} + f(3)z^{-3} + \cdots$$

因此,只要在给定的收敛域内,把 $F(z)$ 展成幂级数,级数的系数就是原序列 $f(n)$。

一般情况下,$F(z)$ 是一个有理分式,分子分母都是 Z 的多项式,因此,可以直接利用分子多项式除以分母多项式,得到幂级数的展开式,从而得到 $f(n)$,因此这种方法称为长除法。

在利用长除法做 Z 反变换时,同样要根据收敛域判断序列 $f(n)$ 的性质。如果 $F(z)$ 的收敛域为 $|z| > a$,则 $f(n)$ 是因果序列,此时,将 $F(z)$ 的分子分母按照 z 的降幂(z^{-1} 的升幂)进行排列,再进行长除;如果 $F(z)$ 的收敛域为 $|z| < \beta$,则 $f(n)$ 为反因果序列,此时 $F(z)$ 的分子分母按照 z 的升幂(z^{-1} 的降幂)进行排列,再进行长除运算。

例 6-3-1　已知 $F(z) = \dfrac{z^2 + z}{z^2 - 2z + 1}$,$|z| > 1$,求 $F(z)$ 的原函数 $f(n)$。

解: 因为 $F(z)$ 的收敛域为 $|z| > 1$,所以其原函数为因果序列,将 $F(z)$ 的分子分母按照 z 的降幂(z^{-1} 的升幂)进行排列,即

$$F(z) = \frac{z^2 + z}{z^2 - 2z + 1}$$

进行长除,得

$$
\begin{array}{r}
1+3z^{-1}+5z^{-2}+\cdots \\
z^2-2z+1 \overline{\smash{\big)}\ z^2+z} \\
\underline{z^2-2z+1} \\
3z-1 \\
\underline{3z-6+3z^{-1}} \\
5-3z^{-1} \\
\underline{5-10z^{-1}+5z^{-2}} \\
7z^{-1}-5z^{-2} \\
\cdots
\end{array}
$$

$$F(z) = 1 + 3z^{-1} + 5z^{-2} + \cdots = \sum_{n=0}^{\infty} (2n+1)z^{-n}$$

故原序列为

$$f(n) = (2n+1)u(n)$$

例 6-3-2　已知 $F(z) = \dfrac{z^2 + z}{z^2 - 2z + 1}$,$|z| < 1$,求 $F(z)$ 的原函数 $f(n)$。

解: 因为 $F(z)$ 的收敛域为 $|z| < 1$,故 $F(z)$ 的原函数 $f(n)$ 为反因果序列,将 $F(z)$ 的分子分母按照 z 的升幂(z^{-1} 的降幂)进行排列,即

$$F(z) = \frac{z^2 + z}{z^2 - 2z + 1}$$

进行长除,得

$$1-2z+z^2 \overline{\smash{\big)}\ \begin{array}{l} z+3z^2+5z^3+\cdots \\ z+z^2 \end{array}}$$

$$\begin{array}{l} z-2z^2+z^3 \\ \hline 3z^2-z^3 \\ \quad 3z^2-6z^3+3z^4 \\ \hline \quad 5z^3-3z^4 \\ \quad\quad 5z^3-10z^4+5z^5 \\ \hline \quad\quad 7z^4-5z^5 \\ \quad\quad\quad \cdots \end{array}$$

$$F(z) = z + 3z^2 + 5z^3 + \cdots = \sum_{n=-\infty}^{-1} -(2n+1)z^{-n}$$

故原序列为

$$f(n) = -(2n+1)u(-n-1)$$

6.3.2　部分分式展开法

若 $F(z)$ 为有理分式,则 $F(z)$ 可表示为

$$F(z) = \frac{B(z)}{A(z)} = \frac{b_m z^m + b_{m-1} z^{m-1} + \cdots + b_1 z + b_0}{a_n z^n + a_{n-1} z^{n-1} + \cdots + a_1 z + a_0} \qquad \alpha < |z| < \beta \qquad (6\text{-}24)$$

$a_i(i=0,1,2,\cdots,n)$、$b_j(j=0,1,2,\cdots,m)$ 为实数,取 $a_n=1$。$A(z)$ 为特征多项式,$A(z)=0$ 为特征方程,其根为 $F(z)$ 的特征根,也称为 $F(z)$ 的极点。

若 $m \geqslant n$,$F(z)$ 为假分式。可用多项式除法将 $F(z)$ 表示为:

$$F(z) = c_0 + c_1 z + c_2 z^2 + \cdots + c_{m-n} z^{m-n} + \frac{D(z)}{A(z)}, c_i(i=0,1,2,\cdots,m-n) \text{ 为实数}$$

$$= N(z) + \frac{D(z)}{A(z)} \qquad (6\text{-}25)$$

若 $m < n$,$F(z)$ 为真分式:

$$\frac{F(z)}{z} = \frac{B(z)}{M(z)} = \frac{B(z)}{(z-p_1)(z-p_2)\cdots(z-p_m)} \qquad (6\text{-}26)$$

$p_i(i=0,1,2,\cdots,m)$ 为 $\dfrac{F(z)}{z}$ 的极点,可以直接利用部分分式展开的方法求 Z 反变换。其过程与拉普拉斯反变换类似。但由于 Z 反变换的主要形式为 $\dfrac{K_1}{z-p_1}$,$\dfrac{K_1}{(z-p_1)^2}$ 等,其分母上都有 z,为了保证 $F(z)$ 分解后能得到这样的标准形式,通常先将 $\dfrac{F(z)}{z}$ 展开为部分分式之和,再乘以 z,然后根据 Z 变换的收敛域求得原序列 $f(n)$。

下面根据 $F(z)$ 的极点的不同类型,将 $\dfrac{F(z)}{z}$ 展开成下述三种情况。

1. $F(z)$ 的极点为一阶单实极点

若 $F(z)$ 仅含有互不相同的单实极点 p_1,p_2,$\cdots$,p_n,且不等于 0,则 $\dfrac{F(z)}{z}$ 可以展开为

$$\frac{F(z)}{z} = \frac{B(z)}{M(z)} = \frac{K_1}{z-p_1} + \frac{K_2}{z-p_2} + \cdots + \frac{K_L}{z-p_L} = \sum_{i=1}^{L} \frac{K_i}{z-p_i} \qquad (6\text{-}27)$$

式中 $p_0 = 0$，K_i 为待定系数，且其计算式为：

$$K_i = (z - z_i) \frac{F(z)}{z} \bigg|_{z=p_i}$$

将求得的各系数代入式(6-27)，得

$$F(z) = K_0 + \sum_{i=1}^{L} K_i \frac{z}{z - p_i}$$

根据给定的收敛域，由基本的 Z 变换对，对 $F(z)$ 进行反变换，即可得到 $f(n)$ 的表达式。

例 6-3-3　已知 $F(z) = \dfrac{z^2 + 2}{(z-1)(z-2)}$，$|z| > 2$，求 $F(z)$ 的原函数 $f(n)$。

解：因为 $F(z)$ 的收敛域为 $|z| > 2$，所以 $f(n)$ 为因果序列。

$F(z)$ 的极点全为一阶极点

$$\frac{F(z)}{z} = \frac{z^2 + 2}{z(z-1)(z-2)} = \frac{K_1}{z} + \frac{K_2}{z-1} + \frac{K_3}{z-2}$$

$$K_1 = z \cdot \frac{F(z)}{z} \bigg|_{z=0} = 1 \quad K_2 = (z-1) \cdot \frac{F(z)}{z} \bigg|_{z=1} = -3 \quad K_3 = (z-2) \cdot \frac{F(z)}{z} \bigg|_{z=2} = 3$$

于是得

$$\frac{F(z)}{z} = \frac{1}{z} - \frac{3}{z-1} + \frac{3}{z-2}$$

$$F(z) = 1 - \frac{3z}{z-1} + \frac{3z}{z-2} \quad |z| > 2$$

所以

$$f(n) = \delta(n) - 3u(n) + 3(2)^n u(n)$$

例 6-3-4　已知 $F(z) = \dfrac{z^2}{(z+2)(z+3)}$，$|z| < 2$，求 $F(z)$ 的原函数 $f(n)$。

解：$F(z)$ 的收敛域为 $|z| < 2$，所以 $f(n)$ 为反因果序列。

$$\frac{F(z)}{z} = \frac{z}{(z+2)(z+3)} = \frac{3}{z+3} - \frac{2}{z+2}$$

于是得

$$F(z) = \frac{3z}{z+3} - \frac{2z}{z+2}$$

$$-(-3)^n u(-n-1) \leftrightarrow \frac{z}{z+3} \quad |z| < 3$$

$$-(-2)^n u(-n-1) \leftrightarrow \frac{z}{z+2} \quad |z| < 2$$

所以

$$f(n) = [2(-2)^n - 3(-3)^n] u(-n-1)$$

$$= [(-3)^{n+1} - (-2)^{n+1}] u(-n-1)$$

例 6-3-5　$F(z) = \dfrac{z^2 + 3z}{(z-1)(z-2)(z-3)}$，$2 < |z| < 3$，求 $F(z)$ 的原函数 $f(n)$。

解：$F(z)$ 的收敛域为 $2 < |z| < 3$，所以 $f(n)$ 为双边序列。

$$\frac{F(z)}{z} = \frac{z+3}{(z-1)(z-2)(z-3)} = \frac{2}{z-1} - \frac{5}{z-2} + \frac{3}{z-3}$$

故有

$$F(z) = \frac{2z}{z-1} - \frac{5z}{z-2} + \frac{3z}{z-3} \quad 2<|z|<3$$

$$u(n) \leftrightarrow \frac{z}{z-1} \quad |z|>1$$

$$2^n u(n) \leftrightarrow \frac{z}{z-2} \quad |z|>2$$

$$-3^n u(-n-1) \leftrightarrow \frac{z}{z-3} \quad |z|<3$$

所以

$$f(n) = 2u(n) - 5 \cdot 2^n u(n) - 3 \cdot 3^n u(-n-1)$$

2. $F(z)$ 的极点中含有重极点

设 $F(z)$ 在 $z=p_1$ 处有 r 阶重极点，其余为互不相同的单极点，则 $\dfrac{F(z)}{z}$ 可以展开为

$$\frac{F(z)}{z} = \frac{N(z)}{z(z-p_1)^p} = \frac{K_0}{z} + \frac{K_{11}}{(z-p_1)^p} + \cdots + \frac{K_{1r}}{z-p_1} \tag{6-28}$$

式中各系数确定如下

$$K_{1i} = \frac{1}{(i-1)!} \cdot \frac{\mathrm{d}^{i-1}}{\mathrm{d}z^{i-1}} \left[(z-p_1)^r \frac{F(z)}{z} \right] \Big|_{z=p_1} \quad (i=1,2,\cdots,r) \tag{6-29}$$

$$F(z) = K_0 + \frac{K_{11}z}{(z-p_1)^p} + \cdots + \frac{K_{1r}z}{z-p_1} \tag{6-30}$$

因果序列

$$f(n) = K_0 \delta(n) + \frac{K_{11}n(n-1)\cdots(n-r+2)p_1^{n-r+1}}{(r-1)!}u(n) + \cdots + K_{1r}(p_1)^n u(n)$$

反因果序列

$$f(n) = K_0 \delta(n) - \frac{K_{11}n(n-1)\cdots(n-r+2)p_1^{n-r+1}}{(r-1)!}u(-n-1) - \cdots - K_{1r}(p_1)^n u(-n-1)$$

例 6-3-6 已知 $F(z) = \dfrac{z+2}{(z-1)(z-2)^2}, 1<|z|<2, f(n)$ 为双边序列。

解： $f(n)$ 为双边序列，$\dfrac{F(z)}{z}$ 的部分分式展开式为

$$\frac{F(z)}{z} = \frac{z+2}{z(z-1)(z-2)^2}$$

将上展为部分分式之和

$$\frac{F(z)}{z} = \frac{K_{11}}{(z-2)^2} + \frac{K_{12}}{(z-2)} + \frac{K_1}{z-1} + \frac{K_2}{z}$$

$$= \frac{2}{(z-2)^2} - \frac{\dfrac{5}{2}}{z-2} + \frac{3}{z-1} - \frac{\dfrac{1}{2}}{z}$$

$$F(z) = \frac{2z}{(z-2)^2} - \frac{\dfrac{5}{2}z}{z-2} + \frac{3z}{z-1} - \frac{1}{2} \quad 1<|z|<2$$

因为

$$-n2^{n-1}u(-n-1) \leftrightarrow \frac{z}{(z-2)^2} \quad |z|<2 \qquad -2^n u(-n-1) \leftrightarrow \frac{z}{z-2} \quad |z|<2$$

$$u(n) \leftrightarrow \frac{z}{z-1} \quad |z| > 1 \qquad\qquad\qquad \delta(n) \leftrightarrow 1$$

所以

$$f(n) = -2^n 2^{n-1} u(-n-1) + \frac{5}{2} 2^n u(-n-1) + 3u(n) - \frac{1}{2}\delta(n)$$

$$= (5-2n)2^{n-1} u(-n-1) + 3u(n) - \frac{1}{2}\delta(n)$$

例 6-3-7　$F(z) = \dfrac{z^2 + z}{z^2 + 2z + 4} \quad |z| > 2$ 求原函数 $f(n)$。

解： $f(n)$ 为因果序列，$F(z)$ 的极点为 $z_{1,2} = -1 \pm j\sqrt{3}$

$$\frac{F(z)}{z} = \frac{z+1}{(z+1-j\sqrt{3})(z+1+j\sqrt{3})} = \frac{K_1}{z+1-j\sqrt{3}} + \frac{K_2}{z+1+j\sqrt{3}}$$

式中各系数确定如下

$$K_1 = (z+1-j\sqrt{3})\frac{F(z)}{z}\bigg|_{z=-1+j\sqrt{3}} = \frac{1}{2}$$

$$K_2 = (z+1+j\sqrt{3})\frac{F(z)}{z}\bigg|_{z=-1-j\sqrt{3}} = \frac{1}{2}$$

$$F(z) = \frac{\frac{1}{2}z}{z+1-j\sqrt{3}} + \frac{\frac{1}{2}z}{z+1+j\sqrt{3}}$$

$$F(z) = \frac{\frac{1}{2}z}{z+1-j\sqrt{3}} + \frac{\frac{1}{2}z}{z+1+j\sqrt{3}}$$

对上式取逆变换得

$$f(n) = \frac{1}{2}\left[(-1+j\sqrt{3})^n + (-1-j\sqrt{3})^n\right]u(n)$$

$$= \frac{1}{2}\left[\left(2e^{j\frac{2\pi}{3}}\right)^n + \left(2e^{-j\frac{2\pi}{3}}\right)^n\right]u(n)$$

$$= \frac{1}{2}2^n\left[e^{j\frac{2\pi}{3}n} + e^{-j\frac{2\pi}{3}n}\right]u(n)$$

$$= 2^n\cos\left(\frac{2\pi}{3}n\right)u(n)$$

6.4　离散系统的 Z 域分析

　　应用 Z 变换的方法分析 LTI 离散系统的差分方程称为 Z 域分析。与连续系统的 s 域分析相对应。首先利用 Z 变换的线性和移位性质把时间域的差分方程变换为 Z 域的代数方程，简化求解过程；同时，单边 Z 变换将系统的初始状态自然地包含于象函数方程中。因此，即可分别求得零输入响应，零状态响应，也可一举求得完全响应。过程如图 6-2 所示。

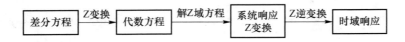

图 6-2　离散系统的 Z 域分析

例 6-4-1　已知二阶离散系统的差分方程为 $y(n) - 5y(n-1) + 6y(n-2) = f(n-1)$ $f(n) = 2^n u(n)$,$y(-1) = 1$,$y(-2) = 1$。求系统的完全响应 $y(n)$、零输入响应 $y_{zi}(n)$、零状态响应 $y_{zs}(n)$。

解:输入 $f(n)$ 的单边 Z 变换为

$$F(z) = Z[2^n u(n)] = \frac{z}{z-2} \quad |z| > 2$$

对系统差分方程两端取单边 Z 变换:

$$Y(z) - 5z^{-1}[Y(z) + y(-1)z] + 6z^{-2}[Y(z) + y(-1)z + y(-2)z^2] = z^{-1}F(z)$$

整理方程:

$$(1 - 5z^{-1} + 6z^{-2})Y(z) = 5y(-1) - 6y(-1)z^{-1} - 6y(-2) + z^{-1}F(z)$$

$$Y(z) = \underbrace{\frac{5y(-1) - 6y(-1)z^{-1} - 6y(-2)}{1 - 5z^{-1} + 6z^{-2}}}_{Y_{zi}(z)} + \underbrace{\frac{z^{-1}F(z)}{1 - 5z^{-1} + 6z^{-2}}}_{Y_{zs}(z)}$$

由于右边第一项与初始条件和系统特性有关,因此对应于零输入响应,记为 $Y_{zi}(z)$。而第二项只与输入和系统特性有关,所以对应于零状态响应,记为 $Y_{zi}(z)$,代入 $F(z)$ 和初始条件 $y(-1)$,$y(-2)$:

$$Y_{zi}(z) = \frac{-6z^{-1} - 1}{1 - 5z^{-1} + 6z^{-2}} = \frac{-z^2 - 6z}{z^2 - 5z + 6}$$

$$\frac{Y_{zi}(z)}{z} = \frac{-z - 6}{z^2 - 5z + 6} = \frac{8}{z-2} + \frac{-9}{z-3}$$

$$Y_{zi}(z) = \frac{8z}{z-2} - \frac{9z}{z-3} |z| > 3$$

$$y_{zi}(n) = 8 \cdot 2^n u(n) - 9 \cdot 3^n u(n)$$

$$Y_{zs}(z) = \frac{z^{-1}}{1 - 5z^{-1} + 6z^{-2}} \cdot \frac{z}{z-2}$$

$$= \frac{z}{z^2 - 5z + 6} \cdot \frac{z}{z-2}$$

$$\frac{Y_{zs}(z)}{z} = \frac{z}{(z^2 - 5z + 6)(z-2)}$$

$$Y_{zs}(z) = -\frac{2z}{(z-2)^2} - \frac{3z}{z-2} + \frac{3z}{z-3}$$

$$= \frac{-2}{(z-2)^2} + \frac{-3}{z-2} + \frac{3}{z-3}$$

$$y_{zs}(n) = -2 \cdot n \cdot 2^{n-1} u(n) - 3 \cdot 2^k u(n) + 3 \cdot 3^n u(n)$$

$$= -n \cdot 2^n u(n) - 3 \cdot 2^n u(n) + 3 \cdot 3^n u(n)$$

$$y(n) = y_{zi}(n) + y_{zs}(n) = 5 \cdot 2^n u(n) - n \cdot 2^n u(n) - 6 \cdot 3^n u(n))$$

以上分析是为了让读者看清零输入响应和零状态响应的来历才进行的,否则完全可以一举合并进行,这正是 Z 域方法的优点。

例 6-4-2　设一数字处理系统的差分方程为

$$y(n) - 0.9y(n-1) + 0.2y(n-2) = f(n) - f(n-1)$$

试求 $f(n) = u(n)$ 时的阶跃响应和单位响应 $h(n)$。

解：系统在零状态条件下，由单位节约序列产生的响应称为阶跃响应。由于这里 $f(n) = u(n)$，故

$$f(-1) = f(-2) = \cdots = 0$$

且起始状态

$$y(-1) = y(-2) = \cdots = 0$$

对该差分方程两边同时取 Z 变换时，与 $f(-1), y(-1), y(-2)$ 有关的项均为零，故有

$$Y(z) - 0.9z^{-1}Y(z) + 0.2z^{-2}Y(z) = (1 - z^{-1})F(z)$$

即

$$(1 - 0.9z^{-1} + 0.2z^{-2})Y(z) = (1 - z^{-1})F(z)$$

从而

$$Y(z) = \frac{F(z)(1 - z^{-1})}{1 - 0.9z^{-1} + 0.2z^{-2}} = \frac{(z^2 - z)F(z)}{z^2 - 0.9z + 0.2}$$

因为

$$F(z) = \frac{z}{z - 1}$$

代入上式，得

$$Y(z) = \frac{z^2}{z^2 - 0.9z + 0.2} = \frac{z^2}{(z - 0.5)(z - 0.4)}$$

部分分式展开

$$\frac{Y(z)}{z} = \frac{z}{(z - 0.5)(z - 0.4)} = \frac{K_1}{z - 0.5} + \frac{K_2}{z - 0.4}$$

解得系数

$$K_1 = (z - 0.5)\frac{Y(z)}{z}\Big|_{z = 0.5} = 5$$

$$K_2 = (z - 0.4)\frac{Y(z)}{z}\Big|_{z = 0.4} = -4$$

反变换得到阶跃响应

$$y(n) = s(n) = 5(0.5)^n u(n) - 4(0.4)^n u(n)$$

根据单位样值响应与阶跃响应的关系

$$h(n) = s(n) - s(n-1)$$

故该系统的单位样值为

$$h(n) = [5(0.5)^n - 4(0.4)^n]u(n) - [5(0.5)^{n-1} - 4(0.4)^{n-1}]u(n-1)$$

6.5　系统函数与系统特性

离散时间系统的系统函数 $H(z)$ 是离散系统分析的重要参数。同 $H(s)$ 类似，离散系统 $H(z)$ 与系统差分方程有着确定的对应关系；在给定激励的情况下，系统函数决定了系统的零

状态响应。除此之外,通过分析系统函数的零、极点分布,还可以了解离散系统的时域响应、频域响应和系统的因果稳定性等诸多特性。

6.5.1　系统函数的定义

描述 N 阶离散系统的差分方程一般形式为

$$a_0 y(n) + a_1 y(n-1) + \cdots + a_N y(n-N)$$
$$= b_0 f(n) + b_1 f(n-1) + \cdots + b_M f(n-M) \tag{6-31}$$

如果 $f(n)$ 为因果序列,在零状态条件下,对差分方程两端取单边 Z 变换,在零状态条件下,对差分方程两端取单边 Z 变换得

$$(a_0 + a_1 z^{-1} + \cdots + a_N z^{-N}) Y_{zs}(z) = (b_0 + b_1 z^{-1} + \cdots + b_M z^{-M}) F(z) \tag{6-32}$$

于是有

$$Y_{zs}(z) = \frac{b_0 + b_1 z^{-1} + \cdots + b_M z^{-M}}{a_0 + a_1 z^{-1} + \cdots + a_N z^{-N}} F(z) = H(z) F(z) \tag{6-33}$$

则系统函数(传输函数)为

$$H(z) = \frac{Y_{zs}(z)}{F(z)} = \frac{b_0 + b_1 z^{-1} + \cdots + b_M z^{-M}}{a_0 + a_1 z^{-1} + \cdots + a_N z^{-N}} \tag{6-34}$$

$H(z)$ 称为离散时间系统的系统函数或传输函数,它定义为系统零状态响应的 Z 变换与激励的 Z 变换之比。由上式可见,系统函数 $H(z)$ 只与系统的差分方程的 a_{n-i}、b_{m-j} 有关,而与激励和系统的初始状态无关。这说明系统函数只与系统本身结构有关,反映了系统固有的特性。由系统差分方程也可以很容易地求出系统函数,反之亦然。

由第五章可知,系统零状态响应等于激励与单位样值响应的卷积和,即

$$y_{zs}(n) = f(n) * h(n)$$

由时域卷积定理,得到

$$Y_{zs}(z) = F(z) H(z)$$

可以看出,系统函数 $H(z)$ 与单位样值响应 $h(n)$ 是一对 Z 变换。

若系统函数和激励的 Z 变换 $F(z)$ 已知,则由式(6-30)得到系统零状态响应的 Z 变换 $Y_{zs}(z)$,对 $Y_{zs}(z)$ 求 Z 反变换可以得到系统的零状态响应 $y_{zs}(n)$。

例 6-5-1　求由线性常系数差分方程

$$y(n) + 5y(n-1) + 6y(n-2) = x(n) - x(n-1)$$

所描述的离散时间因果系统的系统函数

解:对方程两边同时进行 Z 变换有

$$Y(z) - 5z^{-1}Y(z) + 6z^{-2}Y(z) = X(z) - z^{-1}X(z)$$

因此

$$H(z) = \frac{1 - z^{-1}}{1 - 5z^{-1} + 6z^{-2}} = \frac{1 - z^{-1}}{(1 - 2z^{-1})(1 - 3z^{-1})}$$

因为该系统是因果系统,其收敛域在最外的极点之外为 $|z| > 3$。

6.5.2　$H(z)$ 的零点和极点与时域的响应关系

n 阶离散系统的系统函数 $H(z)$ 通常为有理分式,可以表示为 z^{-1} 的有理分式,也可以表

示为 z 的有理分式。即

$$H(z) = \frac{B(z)}{A(z)} = \frac{b_m z^m + b_{m-1} z^{m-1} + \cdots + b_1 z + b_0}{a_n z^n + a_{n-1} z^{n-1} + \cdots + a_1 z + a_0} \tag{6-35}$$

式中，$a_i(i=0,1,2,\cdots,n)$、$b_j(j=0,1,2,\cdots,m)$ 为实数，将 $A(z)$，$B(z)$ 进行因式分解，则 $H(z)$ 可以表示为

$$H(z) = H_0 \frac{(z-z_1)(z-z_2)\cdots(z-z_m)}{(z-p_1)(z-p_2)\cdots(z-p_n)} = H_0 \frac{\sum\limits_{j=1}^{m}(z-z_j)}{\sum\limits_{i=1}^{n}(z-p_i)} \tag{6-36}$$

$H_0 = \dfrac{b_m}{a_n}$ 为常数，$z_j(j=0,1,2\cdots,m)$ 是分子 $B(z)=0$ 的根，称为 $H(z)$ 的零点，$p_j(j=0,1,2\cdots,n)$ 是分子 $A(z)=0$ 的根，称为 $H(z)$ 的极点。

零点 z_j 和极点 p_j 的值可以是实数、虚数或复数，由于差分方程的系数 a_i、b_j 均为实数，所以零、极点若为虚数或复数，则必须共轭成对出现。

$H(z)$ 的零、极点分布有以下几种情况：

（1）一阶实零、极点，位于 z 平面的实轴上；

（2）一阶共轭零、极点，位于虚轴上并对称于实轴；

（3）一阶共轭复零、极点，对称于实轴；

（4）二阶和二阶以上的实、虚、复零点和极点，它们具有和一阶极点相同的分布类型。

离散时间系统的系统函数 $H(z)$ 也可以用零、极点分布图来表示，即将系统函数的零、极点绘在 z 平面上，零点用"○"表示，极点用"×"表示，若是 n 阶零点或极点，则在相应的零、极点旁标注 (n)。

若 $H(z)$ 在单位圆上的实极点，则 $h(n)$ 对应为阶跃序列；若 $H(z)$ 单位圆内的实极点，则 $h(n)$ 对应为指数衰减序列；若 $H(z)$ 在单位圆内的共轭极点，$h(n)$ 对应为衰减振荡序列；若 $H(z)$ 在单位圆上的共轭极点，则 $h(n)$ 对应为正弦振荡序列；若 $H(z)$ 单位圆外的极点，$h(n)$ 对应为增长序列。如图 6-3 所示。

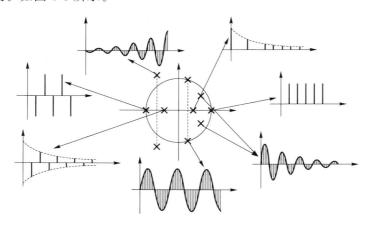

图 6-3　极点的位置与 $h(n)$ 之间的关系

6.5.3　系统函数与系统的因果稳定关系

由于 $H(z)$ 与单位样值序列 $h(n)$ 是一对 Z 变换，因此可以从系统函数的角度来考察系统

稳定特性和因果特性。

线性时不变离散时间系统稳定的充分必要条件是单位样值序列绝对可和,即

$$\sum_{n=-\infty}^{\infty} |h(n)| < \infty$$

由 Z 变换的定义和系统函数的定义,可知

$$H(z) = \sum_{k=-\infty}^{\infty} h(n)z^{-n}$$

当 $|z| = 1$(在 z 平面的单位圆上)时,对于稳定系统,有

$$H(z)\Big|_{|z|=1} \leqslant \sum_{n=-\infty}^{\infty} |h(n)| |z^{-n}| \Big|_{|z|=1} = \sum_{n=-\infty}^{\infty} |h(n)| < \infty$$

上式表明。稳定系统的收敛域应包含单位圆。这是 Z 域系统稳定的充要条件。

下面从 $H(z)$ 的极点分布情况来讨论系统的稳定性问题。

由上节内容可知,$h(n)$ 的变化规律完全取决于 $H(z)$ 的极点分布,若系统函数 $H(z)$ 的所有极点位于单位圆内部,则对应的响应将随着时间的增加而逐渐衰减为零,$h(n)$ 绝对可和,此时系统稳定;若 $H(z)$ 的极点是位于单位圆上的一阶极点,则对应的响应将随着时间 n 的增加而趋于一个非零常数或有界等幅振荡,此时系统临界稳定,若 $H(z)$ 的极点是位于单位圆外部,或在单位圆上有二阶或二阶以上的重极点,则其对应的响应将随着时间 n 的增加而无限制地增长,$h(n)$ 不满足绝对可和,因此系统不稳定。

综上所述,由系统函数 $H(z)$ 的极点分布可以给出系统稳定的如下结论:

(1)稳定。若 $H(z)$ 的所有极点位于单位圆内部,则系统稳定。

(2)临界稳定。若 $H(z)$ 的极点是位于单位圆上一阶极点,则系统为临界稳定。

(3)不稳定。若 $H(z)$ 只要有一个极点位于单位圆外,或在单位圆上有二阶或二阶以上的重极点,则系统为不稳定。

需要说明的是,上述稳定的判断结论是对因果系统而言的,即 $h(n)$ 满足 $h(n) = 0, n < 0$,若系统为非因果系统,即便系统的极点都位于单位圆内部,也不是稳定系统。

所以因果系统稳定的充要条件是 $H(z)$ 的所有极点均位于 z 平面的单位圆以内。

例 6-5-2 求以下差分方程表示的因果系统的函数,注明收敛域,说明系统是否稳定。

$$y(n) + 0.2y(n-1) - 0.24y(n-2) = f(n) - f(n-1)$$

解对方程两边同时进行 Z 变换有

$$Y(z) - 0.2z^{-1}Y(z) - 0.24z^{-2}Y(z) = F(z) - z^{-1}F(z)$$

因此

$$H(z) = \frac{Y(z)}{F(z)} = \frac{1 - z^{-1}}{1 + 0.2z^{-1} - 0.24z^{-2}} = \frac{z(z-1)}{(z-0.4)(z+0.6)}$$

其极点 $p_1 = 0.4, p_2 = 0.6$,由题意,系统是因果系统,其收敛域为 $|z| > 0.6$。由于两极点均在单位圆内部,所以系统为稳定系统。

6.6 离散时间系统频率响应

与连续时间系统类似,在离散时间系统中经常需要对输入信号的频谱进行处理,因此,有必要研究系统的频率响应问题。在连续时间系统中,系统的频率响应是指系统对不同频率复

指数信号或正弦信号激励下的稳态响应特性,用 $H(j\omega)$ 表示。在离散时间系统中,系统的频率响应是指系统对复指数信号或正弦信号激励下的稳态响应特性,用 $H(e^{j\omega})$ 表示。下面给出离散时间系统的频率响应的定义及系统函数零、极点分布与系统频率响应的关系。

6.6.1 频率响应

设线性时不变系统的单位样值响应为 $h(n)$,则当激励是复指数序列 $f[n] = e^{jn\omega T}$ 时,T 为取样周期。则其响应(零状态响应)为

$$y(n) = f(n) \cdot h(n)$$
$$= \sum_{k=0}^{\infty} h(k) e^{j(n-k)\omega T}$$
$$= e^{jn\omega T} \sum_{n=-\infty}^{\infty} h(k) (e^{-j\omega T})^{-k}$$

由于

$$H(z) = \sum_{k=-\infty}^{\infty} h(n) z^{-n}$$

故上式可写为

$$y(n) = e^{jn\omega T} H(e^{j\omega T}) = H(e^{j\omega T}) f(n) \tag{6-37}$$

上式说明 $H(e^{j\omega T})$ 是输入序列产生的响应序列在频域的加权因子(传递函数),称为系统的频率特性。式(6-34)同时说明,若离散系统的角频率为 ω、取样周期为 T 的复指数序列(或正弦序列),系统的稳态响应也是同频率的复指数序列(或正弦序列)。

前面曾经指出,若系统函数 $H(s)$ 的收敛域包含 $j\omega$ 轴,则将 $s = j\omega$ 代入就得到连续系统正弦稳态时的频率特性 $H(\omega)$。类似地,在离散系统中,若 $H(z)$ 的收敛域包含单位圆,即 $|z| \geqslant 1$,或者说只要离散系统是稳定的,则将 z 换为 $e^{j\omega T}$ 就可得到离散系统的频率特

$$H(e^{j\omega T}) = H(z)\big|_{z=e^{j\omega T}} \tag{6-38}$$

频率特性又可写为

$$H(e^{j\omega T}) = |H(e^{j\omega T})| e^{j\varphi(\omega T)} \tag{6-39}$$

式中,$|H(e^{j\omega T})|$ 称为幅频特性;$\varphi(\omega T)$ 称为相频特性。由于 $e^{j\omega T}$ 周期为 2π 的函数,因而频率特性 $H(e^{j\omega T})$ 也是周期函数。这与连续系统不同。

由于 $\omega T = \Omega$,故频率特性也可以表示为

$$H(e^{j\Omega}) = |H(e^{j\Omega})| e^{j\varphi(\Omega)} \tag{6-40}$$

例 6-6-1　在数字信号处理中,为了有效地传输低频信号,一个常用的简单低通系统是

$$y(n) + ay(n-1) = f(n)$$

(1) a 为何值时系统稳定?

(2) 若取 $a = 0.5$,试求系统的频率特性,并画出其幅频特性和相频特性。

解　由系统方程可得系统函数

$$H(z) = \frac{1}{1 - az^{-1}} = \frac{z}{z - a}$$

按稳定性要求,$H(z)$ 的极点应在单位圆内,故当

$$|a| < 1$$

时该系统稳定。这时频率特性

$$H(\mathrm{e}^{\mathrm{j}\omega T}) = H(z)\big|_{z=\mathrm{e}^{\mathrm{j}\omega T}}$$

$$= \frac{\mathrm{e}^{\mathrm{j}\Omega}}{\mathrm{e}^{\mathrm{j}\Omega} - a}$$

$$= \frac{1}{1 - a\mathrm{e}^{-\mathrm{j}\Omega}}$$

$$= \frac{1}{(1 - a\cos\Omega) + \mathrm{j}a\sin\Omega}$$

当 $a = 0.5$ 时,有

$$\left| H(\mathrm{e}^{\mathrm{j}\Omega}) \right| = \frac{1}{\sqrt{1 + a^2 - 2a\cos\Omega}} = \frac{1}{\sqrt{1.25 - \cos\Omega}}$$

$$\varphi(\Omega) = -\arctan\left(\frac{a\sin\Omega}{1 - a\cos\Omega}\right) = -\arctan\left(\frac{0.5\sin\Omega}{1 - 0.5\cos\Omega}\right)$$

由此可得系统的频率特性如图 6-4 所示。它具有低通特性,但周期变化。在图 6-4(c)中,其重复周期为 2π。

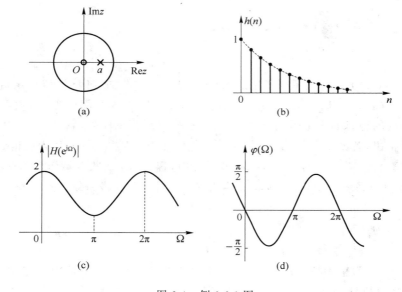

图 6-4　例 6-6-1 图

6.6.2　系统零极点分布与系统频率响应特性的关系

同连续系统的频率响应特性一样,也可以利用 $H(z)$ 在平面上的零、极点分布,通过几何方法直观地画出系统的频率响应特性。

若已知线性时不变系统的系统函数为

$$H(z) = \frac{\displaystyle\prod_{r=1}^{M}(z - z_r)}{\displaystyle\prod_{k=1}^{N}(z - p_k)} = \frac{\displaystyle\prod_{r=1}^{M}(\mathrm{e}^{\mathrm{j}\omega} - z_r)}{\displaystyle\prod_{k=1}^{N}(\mathrm{e}^{\mathrm{j}\omega} - p_k)} = \left| H(\mathrm{e}^{\mathrm{j}\omega}) \right| \mathrm{e}^{\mathrm{j}\varphi(\omega)}$$

当 ROC 包括 $|z| = 1$ 时,Z 变换在单位圆上的情况就是 $X(\mathrm{e}^{\mathrm{j}\omega})$,因此也可以利用零极点

图对其进行几何求值。其方法与拉氏变换时类似：考查动点在单位圆上移动一周时，各极点矢量和零点矢量的长度与幅角变化的情况，即反映系统的频率特性。

$$\mathrm{e}^{\mathrm{j}\omega} - z_r = A_r \mathrm{e}^{\mathrm{j}\psi_r} , \mathrm{e}^{\mathrm{j}\omega} - p_k = B_k \mathrm{e}^{\mathrm{j}\theta_k} \tag{6-41}$$

$$\left| H(\mathrm{e}^{\mathrm{j}\omega}) \right| = \frac{\prod\limits_{r=1}^{M} A_r}{\prod\limits_{k=1}^{N} B_k} \tag{6-42}$$

$$\varphi(\omega) = \sum_{r=1}^{M} \psi_r - \sum_{k=1}^{N} \theta_k \tag{6-43}$$

由零极点图所做的矢量，如图 6-5 所示。

例如一阶系统：$y(n) - ay(n-1) = x(n)$，其 $h(n) = a^n u(n)$，则方程两边取 Z 变换得：

$$H(z) = \frac{1}{1 - az^{-1}}, |z| > a$$

当 $|a| < 1$ 时，ROC 包括单位圆。相应的频率响应为

$$H(\mathrm{e}^{\mathrm{j}\omega}) = \frac{1}{1 - a\mathrm{e}^{-\mathrm{j}\omega}},$$

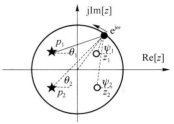

图 6-5　零极点图的矢量示意图

模记为

$$\left| H(\mathrm{e}^{\mathrm{j}\omega}) \right| = \frac{\left| \dot{V}_1 \right|}{\left| \dot{V}_2 \right|}$$

显然，$\left| \dot{V}_1 \right| = 1$，$\left| H(\mathrm{e}^{\mathrm{j}\omega}) \right|$ 取决于 $\left| \dot{V}_2 \right|$ 的变化。

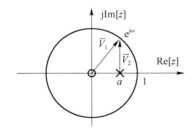

图 6-6　$0 < a < 1$ 时的矢量示意图

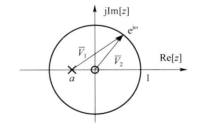

图 6-7　$-1 < a < 0$ 时的矢量示意图

当 $0 < a < 1$ 时，在 $\omega = 0$ 处 $\left| H(\mathrm{e}^{\mathrm{j}\omega}) \right|$ 最大，$\omega = \pi$ 时，$\left| H(\mathrm{e}^{\mathrm{j}\omega}) \right|$ 最小，呈单调变化

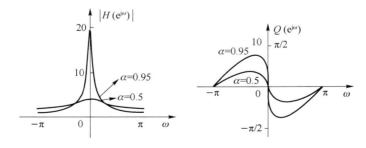

图 6-8　$0 < a < 1$ 时频率响应的模特性图和相位特性图

当 $-1 < a < 0$ 时，频率响应的模特性图和相位特性图为

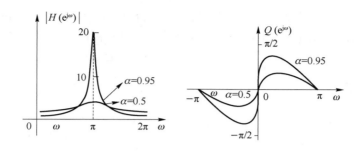

图 6-9　$-1 < \alpha < 0$ 时频率响应的模特性图和相位特性图

可以看出：

$|\alpha|$ 越小，极点靠原点越近，系统的频率响应越平缓，系统的 $h(n)$ 衰减越快，$s(n)$ 上升越快。

$|\alpha|$ 越大，极点靠单位圆越近，系统频响越尖锐，频响的极大值越大，系统带宽越窄，相位的非线性程度越厉害。

6.7　离散时间系统的 Z 域模拟

同连续系统的模拟系统类似，离散时间系统也是用一些基本运算单元模拟原系统，使其具有相同的数学模型，以便利用计算机进行模拟实现，研究系统参数或输入信号对系统响应的影响，进而选择系统的参数、工作条件。

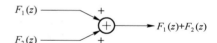

6.7.1　基本运算单元

离散时间系统由数乘器（放大器）、加法器和延时器组成，它们在 Z 域的模型如图 6-10 所示。

图 6-10　离散系统模拟的基本运算单元

6.7.2　系统模拟的直接形式

已知二阶离散系统的系统函数为 $H(z) = \dfrac{b_2 z^2 + b_1 z + b_0}{z^2 + a_1 z + a_0}$，则模拟该系统的框图如图 6-11 和图 6-12 所示。

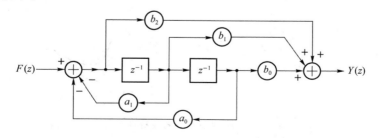

图 6-11　二阶系统模拟直接形式 I

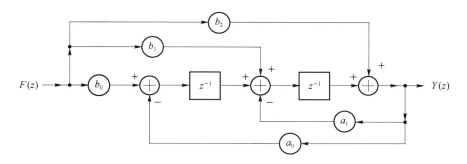

图 6-12　二阶系统模拟直接形式 Ⅱ

6.7.3　系统模拟的组合形式

同连续时间系统类似，一个复杂的离散时间系统也可以分解为多个简单子系统组合连接构成，常见的组合形式有级联、并联、混连及反馈形式。这些形式的模拟与连续系统的模拟类似，因此，这里仅对其做简要说明。

1. 离散系统的串联形式

图 6-13 表示系统的级联形式，其实现方法是将 $H(z)$ 的 $N(z)$ 和 $D(z)$ 分解为一阶或二阶实系数因子形式，然后将它们分别组成一阶或二阶子系统，即

$$H(z) = H_1(z) \cdot H_2(z) \cdots H_n(z) \tag{6-44}$$

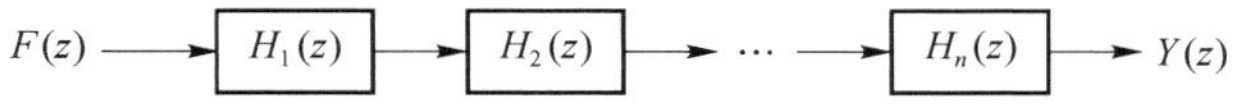

$$F(z) \longrightarrow \boxed{H_1(z)} \longrightarrow \boxed{H_2(z)} \longrightarrow \cdots \longrightarrow \boxed{H_n(z)} \longrightarrow Y(z)$$

图 6-13　级联（串联）系统的方框图

2. 离散系统的并联形式

图 6-14 表示系统的级联形式，其实现方法是将 $H(z)$ 展开为部分分式，形成一阶或二阶子系统的叠加形式，即

$$H(z) = H_1(z) + H_2(z) + \cdots + H_n(z) \tag{6-45}$$

3. 离散系统的反馈连接

反馈形式如图 6-15 所示。其中 $H_1(z)$ 为正向通道的系统函数，$H_2(z)$ 为反馈通道函数，$H_1(z)$ 的输出通过 $H_2(z)$ 反馈到输入端。

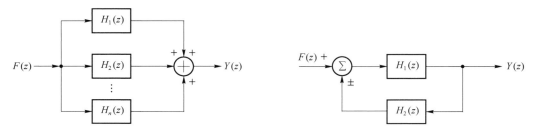

图 6-14　并联系统的方框图　　　　图 6-15　反馈系统的方框图

$$H(z) = \frac{Y(z)}{F(z)} = \frac{H_1(z)}{1 \mp H_1(z) H_2(z)} \tag{6-46}$$

例 6-7-1　图 6-16 所示离散时间系统,其中,
$H_1(z) = \dfrac{1}{z}$，$H_2(z) = \dfrac{1}{z+2}$，$H_3(z) = \dfrac{1}{z-1}$。试求总
系统的系统函数并写出系统的差分方程。

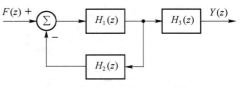

图 6-16　例 6-7-1 的系统的方框图

解　由图 6-16 可以看出,总的系统可以看成是
子系统 $H_1(z)$、$H_2(z)$ 组成的负反馈系统与子系统
$H_3(z)$ 的级联,因此总的系统函数为

$$H(z) = \frac{Y(z)}{F(z)} = \frac{H_1(z)}{1 + H_1(z)H_2(z)} H_3(z) = \frac{\dfrac{1}{z}}{1 + \dfrac{1}{z}\dfrac{1}{z+2}} \frac{1}{z-1}$$

$$= \frac{z+2}{z^3 + z^2 - z - 1} = \frac{z^{-2} + 2z^{-3}}{1 + z^{-1} - z^{-2} - z^{-3}}$$

由 $H(z = \dfrac{z^{-2} + 2z^{-3}}{1 + z^{-1} - z^{-2} - z^{-3}})$，可得

$$(1 + z^{-1} - z^{-2} - z^{-3})Y(z) = (z^{-2} + 2z^{-3})F(z)$$

所以系统的差分方程为

$$y(n) + y(n-1) - y(n-2) - y(n-3) = f(n-2) + 2f(n-3)$$

习　题　六

6-1　根据 Z 变换的定义,求下列信号的双边 Z 变换及收敛域。

(1) $\left(\dfrac{1}{2}\right)^n u(n)$

(2) $(-\dfrac{1}{2})^n u(n)$

(3) $-\left(\dfrac{1}{2}\right)^{|n|} u(-n-1)$

(4) $(\dfrac{1}{2})^{-n} u(n)$

(5) $(\dfrac{1}{2})^n u(-n)$

(6) $\delta(n-2)$

6-2　根据常用 Z 变换和 Z 变换的性质,分别求下列信号的 Z 变换。

(1) $f(n) = \delta(n) - \delta(n-3)$

(2) $f(n) = u(n) - u(n-6)$

(3) $f(n) = n(-1)^n u(n)$

(4) $f(n) = n(n+1)u(n)$

(5) $f(n) = (n-1)^2 u(n-1)$

(6) $(3^n - 2^n)u(n)$

(7) $(n-1)u(n-1)$

(8) $\left(\dfrac{1}{2}\right)^n \cos\left(\dfrac{n\pi}{2}\right) u(n)$

6-3　求下列函数的原函数。

(1) $F(z) = \dfrac{2z}{(z-1)(z-2)}$，$|z| > 2$

(2) $F(z) = \dfrac{z}{(z+1)(z-1)^2}$　$|z| > 1$

(3) $F(z) = \dfrac{z^2 + z}{(z-1)(z^2 - z + 1)}$　$|z| > 1$

(4) $\dfrac{3z^2 + z}{(z-0.2)(z+0.4)}$，$|z| > 0.2$

(5) $F(z) = \dfrac{z^{-5}}{z+2}$　$|z| > 2$

(6) $F(z) = \dfrac{2z^2 - 3z + 1}{z^2 - 4z - 5}$　$|z| > 5$

6-4　已知一个序列的双边 Z 变换为 $F(z) = \dfrac{z}{(z-1)(z-2)(z-3)}$，求下述三种情况下

的原函数 $f(n)$:

(1) $|z| > 3$ (2) $|z| < 1$ (3) $2 < |z| < 3$

6-5 已知 $f(n) = f_1(n) * f_2(n)$,用 Z 变换的卷积性质求下列情况下的 $f(n)$ 。

(1) $f_1(n) = a^n u(n)$, $f_2(n) = b^n u(n)$ (2) $f_1(n) = 2^n u(n)$, $f_2(n) = \delta(n-1)$

6-6 已知因果序列 $f(n)$ 的 Z 变换如下,求 $f(n)$ 的初值 $f(0)$ 、 $f(1)$ 和终值 $f(\infty)$ 。

(1) $F(z) = \dfrac{2z^2}{(z-1)\left(z-\dfrac{1}{3}\right)}$ $|z| > 1$ (2) $F(z) = \dfrac{z^2 + z + 1}{(z-1)\left(z+\dfrac{1}{2}\right)}$

(3) $F(z) = \dfrac{2z^2 - 3z + 1}{z^2 - 4z - 5}$ (4) $F(z) = \dfrac{z^3 + 2z^2 - z + 1}{z^3 - z^2 + 0.5z}$

6-7 已知离散系统的单位脉冲响应 $h(n) = 2^n u(n)$

(1) 输入 $f(n) = u(n)$,求系统的零状态响应 $y_f(n)$;

(2) 若系统的输出 $y_f(n) = 3^n u(n)$,求输入信号 $f(n)$ 。

6-8 利用 Z 变换求解下列差分方程所描述的系统的完全响应。

(1) $y(n) - 2y(n-1) = (n-2)u(n)$, $y(0) = 1$

(2) $y(n) + 3y(n-1) + 2y(n-2) = u(n)$, $y(-1) = 0$, $y(-2) = \dfrac{1}{2}$

(3) $y(n) + 2y(n-1) + y(n-2) = \dfrac{4}{3}3^n u(n)$, $y(-1) = 0$, $y(0) = \dfrac{4}{3}$

6-9 已知某离散 LTI 因果系统的差分方程为
$$y(n) - 0.7y(n-1) + 0.12y(n-2) = 2f(n) - f(n-1)$$

(1) 求系统函数 $H(z)$;

(2) 求单位序列响应 $h(n)$;

(3) 试判断系统的稳定性。

6-10 利用 Z 变换求 $[u(n+2) - u(n-3)] * [u(n+2) - u(n-3)]$ 的卷积。

6-11 利用 Z 变换 $[3^n u(n) + 2^n u(n-1)] * u(n+2)$ 的卷积。

6-12 已知因果离散系统的系统函数如下,试画出该系统的零极点分布图,并求该系统的频率响应,粗略画出系统的幅频响应和相频响应曲线。

(1) $H(z) = \dfrac{3(z+1)}{4z-1}$ $|z| > \dfrac{1}{4}$ (2) $H(z) = \dfrac{4(z-1)}{3z-1}$ $|z| > \dfrac{1}{3}$

6-13 已知因果离散系统的系统函数 $H(z)$ 的零极点分布如题 6-13 图所示,且 $H(0) = 5$

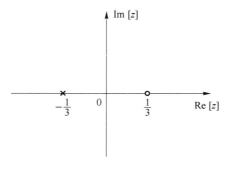

题 6-13 图

（1）求系统函数 $H(z)$；

（2）求系统的频率响应；

（3）粗略画出系统的幅频响应曲线。

6-14　已知因果离散系统的差分方程为 $y(n) + \dfrac{1}{3}y(n-1) = f(n) + f(n-1)$

（1）求系统函数 $H(z)$；

（2）画出 $H(z)$ 的零极点分布图。

6-15　求题 6-15 图所示的离散系统的单位脉冲响应 $h(n)$ 和单位阶跃响应 $g(n)$。其中，$h_1(n) = \delta(n)$，$h_2(n) = u(n)$，$h_2(n) = u(n-2)$。

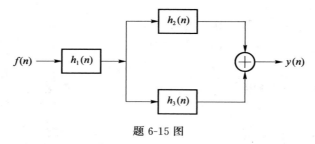

题 6-15 图

6-16　求描述题 6-16 图所示的离散系统的差分方程。

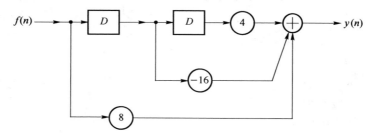

题 6-16 图

6-17　已知因果离散系统的系统函数如下，检验各系统是否稳定。

（1）$H(z) = \dfrac{z+2}{8z^2 - 2z - 2}$　　　　　　（2）$H(z) = \dfrac{1 - z^{-1} - z^{-2}}{2 + 5z^{-1} + 2z^{-2}}$

（3）$H(z) = \dfrac{3z+4}{2z^2 + z - 1}$　　　　　　（4）$H(z) = \dfrac{1 - z^{-1}}{1 + z^{-1} + z^{-2}}$

6-18　某离散系统的系统函数为

（1）$H(z) = \dfrac{z^2 + 3z + 2}{2z^2 - (k-1)z + 1}$　　　　（2）$H(z) = \dfrac{2z+1}{z^2 - z + K}$

分析 K 的值满足什么条件能使系统稳定。

6-19　已知线性时不变系统的系统函数：

$$H(z) = \frac{Y(z)}{X(z)} = \frac{1 + \dfrac{1}{2}z^{-1}}{1 + \dfrac{1}{4}z^{-1}}, \quad |z| > \frac{1}{4}$$

（1）求该系统函数的零、极点，并画出零极图；

（2）求描述此系统的差分方程；

（3）判断该系统的因果稳定性（要求写出判断依据）。

第7章 连续与离散系统的状态变量分析

系统分析,简言之就是建立系统的数学模型并求出它的解答,描述系统的方法有输入-输出法和状态变量法。在前几章中,采用了输入-输出法,也称为端口法,主要关心系统的输入与输出之间的关系,着眼于系统的外部特性,不便于研究与系统内部情况有关的各种问题。如果线性时不变系统有 p 个输入而只有一个输出,则描述该系统的是 n 阶线性常系数微分方程;如果该系统有 q 个输出,那么描述方程将是 q 个 n 阶微分方程。随着系统理论和计算机技术的飞速发展,自 20 世纪 60 年代开始,作为现代控制理论基础的状态变量法在系统分析中得到了日益广泛的应用。利用状态变量描述系统的内部特性,也称为内部法,运用于多输入-多输出系统,用 n 个状态变量的一阶微分(或差分)方程组来描述系统。

状态变量分析用两组方程描述系统。

(1) 状态方程。它把状态变量与输入联系起来,是有 n 个状态变量的 n 个联立的一阶微分方程组。

(2) 输出方程。它把输出与状态变量和输入联系起来,它是一组代数方程。若系统是 q 个输出,则有 q 个方程。

用状态方程描述系统主要有以下优点。

(1) 它除了给出系统的响应外,还提供了系统的内部特性情况,使我们能同时观测并处理几个系统变量;

(2) 这种一阶微分(或差分)方程组便于计算机进行数值计算;

(3) 便于分析具有多个输入、多个输出的系统;

(4) 容易推广应用于时变系统或非线性系统。

7.1 线性系统的状态方程

7.1.1 状态变量与状态方程

为了说明状态变量和状态方程的概念,首先来研究图 7-1 所示的二阶电路。

图中 u_S 为电压源,i_S 为电流源。由于电容电流和电感电压分别为

$$i_C(t) = C \frac{\mathrm{d}u_C(t)}{\mathrm{d}t}$$

$$u_L(t) = L\frac{\mathrm{d}i_L(t)}{\mathrm{d}t}$$

分别设流过 R_1 的电流为 $i_1(t)$，两端电压为 $u_1(t)$，R_2 两端的电压为 $u_2(t)$，根据 KCL 和 KVL 可列如下方程：

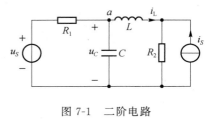

图 7-1 二阶电路

$$\begin{cases} i_C(t) = C\dfrac{\mathrm{d}u_C(t)}{\mathrm{d}t} = -i_L(t) + i_1(t) \\ u_L(t) = L\dfrac{\mathrm{d}i_L(t)}{\mathrm{d}t} = u_C(t) - u_2(t) \end{cases} \qquad (7\text{-}1)$$

其中

$$i_1(t) = \frac{1}{R_1}\big[u_S(t) - u_C(t)\big]$$

$$u_2(t) = R_2\big[i_S(t) + i_L(t)\big]$$

代入式(7-1)，整理可得

$$\begin{cases} \dfrac{\mathrm{d}u_C(t)}{\mathrm{d}t} = -\dfrac{1}{R_1 C}u_C(t) - \dfrac{1}{C}i_L(t) + \dfrac{1}{R_1 C}u_S(t) \\ \dfrac{\mathrm{d}i_L(t)}{\mathrm{d}t} = \dfrac{1}{L}u_C(t) - \dfrac{R_2}{L}i_L(t) - \dfrac{R_2}{L}i_S(t) \end{cases} \qquad (7\text{-}2)$$

若指定电容电流 $i_C(t)$ 和电感电压 $u_L(t)$ 为输出，则有方程

$$\begin{cases} i_C(t) = -i_L(t) + \dfrac{1}{R_1}\big[u_S(t) - u_C(t)\big] \\ u_L(t) = u_C(t) - R_2\big[i_S(t) + i_L(t)\big] \end{cases} \qquad (7\text{-}3)$$

将式(7-2)、式(7-3)写成矩阵形式为

$$\begin{pmatrix} \dfrac{\mathrm{d}u_C(t)}{\mathrm{d}t} \\ \dfrac{\mathrm{d}i_L(t)}{\mathrm{d}t} \end{pmatrix} = \begin{pmatrix} -\dfrac{1}{R_1 C} & -\dfrac{1}{C} \\ \dfrac{1}{L} & -\dfrac{R_2}{L} \end{pmatrix}\begin{pmatrix} u_C(t) \\ i_L(t) \end{pmatrix} + \begin{pmatrix} \dfrac{1}{R_1 C} & 0 \\ 0 & -\dfrac{R_2}{L} \end{pmatrix}\begin{pmatrix} u_S(t) \\ i_S(t) \end{pmatrix}$$

$$\begin{pmatrix} i_C(t) \\ u_L(t) \end{pmatrix} = \begin{pmatrix} -\dfrac{1}{R_1} & -1 \\ 1 & -R_2 \end{pmatrix}\begin{pmatrix} u_C(t) \\ i_L(t) \end{pmatrix} + \begin{pmatrix} \dfrac{1}{R_1} & 0 \\ 0 & -R_2 \end{pmatrix}\begin{pmatrix} u_S(t) \\ i_S(t) \end{pmatrix}$$

令 $x_1(t) = u_C(t)$，$x_2(t) = i_L(t)$，它们的一阶导数为 $\dot{x}_1(t) = \dfrac{\mathrm{d}u_C(t)}{\mathrm{d}t}$，$\dot{x}_2(t) = \dfrac{\mathrm{d}i_L(t)}{\mathrm{d}t}$；令系统的激励和响应分别为 $f(t) = \begin{bmatrix} u_S(t) & i_S(t) \end{bmatrix}^{\mathrm{T}}$，其中 T 是转置矩阵符号，$y_1(t) = i_C(t)$，$y_2(t) = u_L(t)$，则上述矩阵可写为

$$\begin{pmatrix} \dot{x}_1(t) \\ \dot{x}_2(t) \end{pmatrix} = \begin{pmatrix} -\dfrac{1}{R_1 C} & -\dfrac{1}{C} \\ \dfrac{1}{L} & -\dfrac{R_2}{L} \end{pmatrix}\begin{pmatrix} x_1(t) \\ x_2(t) \end{pmatrix} + \begin{pmatrix} \dfrac{1}{R_1 C} & 0 \\ 0 & -\dfrac{R_2}{L} \end{pmatrix}f(t) \qquad (7\text{-}4)$$

$$\begin{pmatrix} y_1(t) \\ y_2(t) \end{pmatrix} = \begin{pmatrix} -\dfrac{1}{R_1} & -1 \\ 1 & -R_2 \end{pmatrix}\begin{pmatrix} x_1(t) \\ x_2(t) \end{pmatrix} + \begin{pmatrix} \dfrac{1}{R_1} & 0 \\ 0 & -R_2 \end{pmatrix}f(t) \qquad (7\text{-}5)$$

由微分方程理论可知，若已知电容初始电压 $u_C(t_0)$ 和电感初始电流 $i_L(t_0)$（设初始时刻为 $t = t_0$），则根据 $t \geqslant t_0$ 时的给定输入就可唯一地确定方程式(7-2)在 $t \geqslant t_0$ 的解 $u_C(t)$ 和 $i_L(t)$。由式(7-3)可见，任意时刻 $t(t \geqslant t_0)$ 的输出 $u_L(t)$ 可有该时刻的 $u_C(t)$、$i_L(t)$ 以及输入

$i_S(t)$ 唯一地确定。

这里 $u_C(t_0)$ 和电感初始电流 $i_L(t_0)$ 称为电路在 $t = t_0$ 时刻的状态。$u_C(t)$ 和 $i_L(t)$ (即 $x_1(t)$ 和 $x_2(t)$) 是描述该状态随时间 t 变化的变量,称为状态变量。式(7-4) 形式的一阶微分方程组称为状态方程,它描述了系统状态变量的一阶导数与状态变量和激励的关系;式(7-5) 形式的代数方程组称为输出方程,它描述了输出与状态变量和激励之间的关系。

一般而言,连续动态系统在某一时刻 t_0 的状态,是描述该系统所必需的最少的一组数 $x_1(t_0)$, $x_2(t_0)$, $\cdots$, $x_n(t_0)$,根据它们在 $t = t_0$ 时刻的数值连同 $t \geqslant t_0$ 时的输入,可以唯一地确定 $t > t_0$ 的任意时刻 t 的状态 $x_1(t)$, $x_2(t)$, $\cdots$, $x_n(t)$ 和其他各个响应。状态变量 $x_i(t)$($i = 1, 2, \cdots, n$)是描述状态随时间变化的一组变量,它们在某时刻(如 $t = t_1$)时的值就组成了系统在该时刻的状态。状态变量方程简称为状态方程,它是用状态变量和激励(有时为零)表示的一组独立的一阶微分方程;而输出方程是用状态变量和激励表示的代数方程。通常将状态方程和输出方程总称为动态方程或系统方程。

7.1.2 动态方程的一般形式

设有一个 n 阶多输入－多输出连续系统如图 7-2 所示。它有 m 个输入为 $f_1(t)$, $f_2(t)$, $\cdots$, $f_m(t)$,q 个输出 $y_1(t)$, $y_2(t)$, $\cdots$, $y_q(t)$,将系统的 n 个状态变量记为 $x_1(t), x_2(t), \cdots, x_n(t)$。

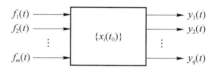

图 7-2 多输入－多输出连续系统

由于在连续时间系统中,状态变量是连续时间函数,因此,对于线性的因果系统,在任意瞬时,状态变量的一阶导数是状态变量和输入的函数,它可以写为

$$\begin{cases} \dfrac{\mathrm{d}x_1}{\mathrm{d}t} = a_{11}x_1 + a_{12}x_2 + \cdots + a_{1n}x_n + b_{11}f_1 + b_{12}f_2 + \cdots + b_{1m}f_m \\[2mm] \dfrac{\mathrm{d}x_2}{\mathrm{d}t} = a_{21}x_1 + a_{22}x_2 + \cdots + a_{2n}x_n + b_{21}f_1 + b_{22}f_2 + \cdots + b_{2m}f_m \\[2mm] \qquad\qquad\qquad\qquad\qquad \vdots \\[2mm] \dfrac{\mathrm{d}x_n}{\mathrm{d}t} = a_{n1}x_1 + a_{n2}x_2 + \cdots + a_{nn}x_n + b_{n1}f_1 + b_{n2}f_2 + \cdots + b_{nm}f_m \end{cases}$$

式中,各系数 a_{ij} 和 b_{ij} 是由系统参数决定的系数。对于线性时不变系统,它们都是常数;对于线性时变系统,它们是时间的函数。系统的状态方程也可以用矢量矩阵的形式来表示,即

$$\begin{bmatrix} \dot{x}_1(t) \\ \dot{x}_2(t) \\ \vdots \\ \dot{x}_n(t) \end{bmatrix} = \begin{bmatrix} a_{11} & a_{12} \cdots & a_{1n} \\ a_{21} & a_{22} \cdots & a_{2n} \\ \vdots & \vdots & \vdots \\ a_{n1} & a_{n2} \cdots & a_{nn} \end{bmatrix} \begin{bmatrix} x_1(t) \\ x_2(t) \\ \vdots \\ x_n(t) \end{bmatrix} + \begin{bmatrix} b_{11} & b_{12} \cdots & b_{1m} \\ b_{21} & b_{22} \cdots & b_{2m} \\ \vdots & \vdots & \vdots \\ b_{n1} & b_{n2} \cdots & b_{nm} \end{bmatrix} \begin{bmatrix} f_1(t) \\ f_2(t) \\ \vdots \\ f_m(t) \end{bmatrix}$$

上式可简记为

$$\dot{x}(t) = \boldsymbol{A}x(t) + \boldsymbol{B}f(t) \tag{7-6}$$

式中

$$x(t) = \begin{bmatrix} x_1(t) & x_2(t) & \cdots & x_n(t) \end{bmatrix}^{\mathrm{T}}$$
$$\dot{x}(t) = \begin{bmatrix} \dot{x}_1(t) & \dot{x}_2(t) & \cdots & \dot{x}_n(t) \end{bmatrix}^{\mathrm{T}}$$
$$f(t) = \begin{bmatrix} f_1(t) & f_2(t) & \cdots & f_m(t) \end{bmatrix}^{\mathrm{T}}$$

分别是状态变量、状态变量的一阶导数和激励(输入)组成的列矩阵。

$$\boldsymbol{A} = \begin{pmatrix} a_{11} & a_{12} \cdots & a_{1n} \\ a_{21} & a_{22} \cdots & a_{2n} \\ a_{n1} & a_{n2} \cdots & a_{nn} \end{pmatrix}$$

$$\boldsymbol{B} = \begin{pmatrix} b_{11} & b_{12} \cdots & b_{1m} \\ b_{21} & b_{22} \cdots & b_{2m} \\ \vdots & \vdots & \vdots \\ b_{n1} & b_{n2} \cdots & b_{nm} \end{pmatrix}$$

分别是系数矩阵,对于 LTI 系统,它们都是常数矩阵,其中 $\boldsymbol{A}$ 为 $n \times n$ 方阵,称为系统矩阵,$\boldsymbol{B}$ 为 $n \times m$ 矩阵,称为控制矩阵。

类似地,如果 q 个输出 $y_1(t)$, $y_2(t)$, $\cdots$, $y_q(t)$,那么,它们中的每一个都是用状态变量和激励表示的代数方程,其矩阵形式为

$$\begin{bmatrix} y_1(t) \\ y_2(t) \\ \vdots \\ y_q(t) \end{bmatrix} = \begin{bmatrix} c_{11} & c_{12} & \cdots & c_{1n} \\ c_{21} & c_{22} & \cdots & c_{2n} \\ \vdots & \vdots & \vdots & \vdots \\ c_{q1} & c_{q2} & \cdots & c_{qn} \end{bmatrix} \begin{bmatrix} x_1(t) \\ x_2(t) \\ \vdots \\ x_n(t) \end{bmatrix} + \begin{bmatrix} d_{11} & d_{12} & \cdots & d_{1m} \\ d_{21} & d_{22} & \cdots & d_{2m} \\ \vdots & \vdots & \vdots & \vdots \\ d_{q1} & d_{q2} & \cdots & d_{qm} \end{bmatrix} \begin{bmatrix} f_1(t) \\ f_2(t) \\ \vdots \\ f_m(t) \end{bmatrix}$$

上式可简记为

$$y(t) = Cx(t) + Df(t) \tag{7-7}$$

式中

$$y(t) = \begin{bmatrix} y_1(t) & y_2(t) & \cdots & y_q(t) \end{bmatrix}^{\mathrm{T}}$$

是输出列矩阵,而

$$\boldsymbol{C} = \begin{pmatrix} c_{11} & c_{12} & \cdots & c_{1n} \\ c_{21} & c_{22} & \cdots & c_{2n} \\ \vdots & \vdots & \vdots \\ c_{q1} & c_{q2} & \cdots & c_{qn} \end{pmatrix}$$

$$\boldsymbol{D} = \begin{pmatrix} d_{11} & d_{12} & \cdots & d_{1m} \\ d_{21} & d_{22} & \cdots & d_{2m} \\ \vdots & \vdots & \vdots \\ d_{q1} & d_{q2} & \cdots & d_{qm} \end{pmatrix}$$

分别是系数矩阵,对于 LTI 系统,它们都是常数矩阵。式(7-6)和式(7-7)分别是 LII 连续系统状态方程和输出方程的标准形式。

由于 $x(t)$ 可看作是 n 维空间的向量,称为状态向量,故状态变量分析也常称为状态空间分析。

应用状态方程和输出方程的概念,可以研究许多复杂的工程问题。如倒立振子的运动、机器人双脚的行走、飞机和火箭的升空等。图 7-3 是火箭升空控制的示意图。其中 x_1, x_2, x_3 和 x_4 为状态变量。

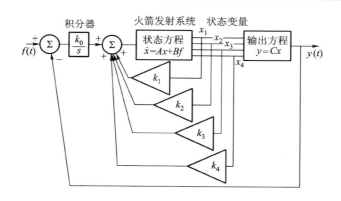

图 7-3　火箭控制系统

7.2　连续系统状态方程的建立

一般而言,动态系统(连续的或离散的)的状态方程和输出方程可根据描述系统的输入—输出方程(微分或差分方程)、系统函数、系统的模拟框图或信号流图等列出。对于电路,则可直接按电路图列出。下面首先介绍电路状态方程的列写,然后再讨论一般连续系统和离散系统状态方程的建立。

7.2.1　电路状态方程的列写

对于给定电路,其状态方程直观列写的一般步骤是:

(1) 选所有独立电容电压和独立电感电流作为状态变量;

(2) 为保证所列出的状态方程等号左端只为一个状态变量的一阶导数,必须对每一个独立电容写出只含此独立电容电压一阶导数在内的节点(割集)KCL 方程,对每一个独立电感写出只含此电感电流一阶导数在内的回路 KVL 方程;

(3) 若第(2)步所列出 KCL、KVL 方程中含有非状态变量,则利用适当的节点 KCL 方程和回路 KVL 方程,将非状态变量消去;

(4) 将列出的状态方程整理成式(7-6)的标准形式。

例 7-2-1　写出图 7-4 所示电路的状态方程,若以电流 i_C 和电压 u 为输出,列出输出方程。

解: 该系统中有三个独立动态元件,故需三个状态变量。选取电容电压 u_C 和电感电流 i_{L2}、i_{L3} 为状态变量。

对接有电容 C 的节点②运用 KCL 可得

$$i_C = C\dot{u}_C = i_{L2} + i_{L3} \tag{7-8}$$

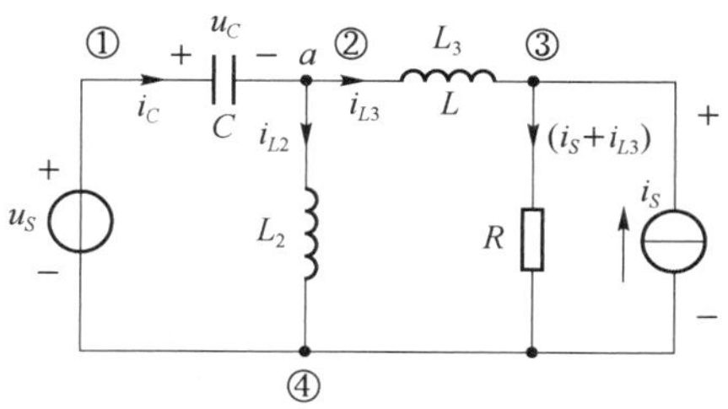

图 7-4　例 7-2-1 图

选包含 L_2 的回路 $L_2 \rightarrow u_S \rightarrow C$ 以及包含 L_3 的回路 $L_3 \rightarrow R \rightarrow u_S \rightarrow C$,运用 KVL 可得两个独立电压方程

$$\begin{cases} u_S = u_C + L_2\, \dot{i}_{L2} \\ u_S = u_C + L_3\, \dot{i}_{L3} + R(i_S + i_{L3}) \end{cases} \tag{7-9}$$

将式(7-8)和式(7-9)稍加整理,即可得到状态方程

$$\begin{cases} \dot{u}_C = \dfrac{1}{C}i_{L2} + \dfrac{1}{C}i_{L3} \\[2mm] \dot{i}_{L2} = -\dfrac{1}{L_2}u_C + \dfrac{1}{L_2}u_S \\[2mm] \dot{i}_{L3} = -\dfrac{1}{L_3}u_C - \dfrac{R}{L_3}i_{L3} + \dfrac{1}{L_3}u_S - \dfrac{R}{L_3}i_S \end{cases} \tag{7-10}$$

写成标准矩阵形式为

$$\begin{pmatrix} \dot{u}_C \\ \dot{i}_{L2} \\ \dot{i}_{L3} \end{pmatrix} = \begin{pmatrix} 0 & \dfrac{1}{C} & \dfrac{1}{C} \\[2mm] -\dfrac{1}{L_2} & 0 & 0 \\[2mm] -\dfrac{1}{L_3} & 0 & -\dfrac{R}{L_3} \end{pmatrix} \begin{pmatrix} u_C \\ i_{L2} \\ i_{L3} \end{pmatrix} + \begin{pmatrix} 0 & 0 \\[2mm] \dfrac{1}{L_2} & 0 \\[2mm] \dfrac{1}{L_3} & -\dfrac{R}{L_3} \end{pmatrix} \begin{pmatrix} u_S \\ i_S \end{pmatrix} \tag{7-11}$$

输出方程为

$$\begin{cases} i_C = i_{L2} + i_{L3} \\ u = Ri_S + Ri_{L3} \end{cases} \tag{7-12}$$

写成标准矩阵形式为

$$\begin{pmatrix} i_C \\ u \end{pmatrix} = \begin{pmatrix} 0 & 1 & 1 \\ 0 & 0 & R \end{pmatrix} \begin{pmatrix} u_C \\ i_{L2} \\ i_{L3} \end{pmatrix} + \begin{pmatrix} 0 & 0 \\ 0 & R \end{pmatrix} \begin{pmatrix} u_S \\ i_S \end{pmatrix} \tag{7-13}$$

7.2.2　由系统的模拟框图或信号流图建立状态方程

由系统的模拟框图或信号流图建立状态方程是一种比较直观和简单的方法,其一般规则是:

(1) 选积分器的输出(或微分器的输入)作为状态变量,如图 7-5 所示。

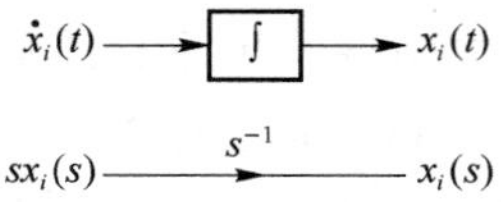

(2) 围绕加法器列写状态方程或输出方程。

$$\dot{x}_i(t) \longrightarrow \boxed{\int} \longrightarrow x_i(t)$$

$$sx_i(s) \xrightarrow{\quad s^{-1} \quad} x_i(s)$$

图 7-5　状态变量的选择

例 7-2-2　已知一个三阶连续系统的模拟框图如图 7-6 所示,试建立其状态方程和输出方程。

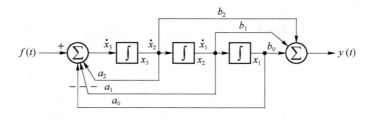

图 7-6　例 7-2-2 系统的模拟框图

解　选择各积分器的输出为状态变量,从右边到左边依次取为 $x_1(t)$、$x_2(t)$、$x_3(t)$,如图 7-5 所示。根据各积分器输入-输出和加法器的关系,可写出状态方程为

$$\dot{x}_1(t) = x_2(t)$$

$$\dot{x}_2(t) = x_3(t)$$

$$\dot{x}_3(t) = -a_0 x_1(t) - a_1 x_2(t) - a_2 x_3(t) + f(t)$$

$$y(t) = b_0 x_1(t) + b_1 x_2(t) + b_2 x_3(t)$$

对于例 7-2-2,对应的信号流图如图 7-7 所示。虽然模拟框图是系统的时域描述,信号流图是系统的 S 域描述,二者的含义不同,但是,若撇开它们的具体含义,而只把 s^{-1} 看作是积分器的符号,那么从图的角度而言,它们并没有原则上的区别。因此,只要选择了 s^{-1} 的输出端状态变量即可写出状态方程。

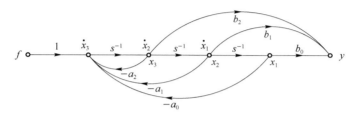

图 7-7　例 7-2-2 对应的信号流图

7.2.3　由微分方程或系统函数建立状态方程

设 n 阶 LTI 连续系统的微分方程为

$$y^{(n)}(t) + a_{n-1} y^{(n-1)}(t) + \cdots + a_1 y^{(1)}(t) + a_0 y(t) = b_m f^{(m)}(t) + b_{m-1} f^{(m-1)}(t) + \cdots$$
$$+ b_1 f^{(1)}(t) + b_0 f(t)$$

则其系统函数为

$$H(s) = \frac{b_m s^m + b_{m-1} s^{m-1} + \cdots + b_1 s + b_0}{s^n + a_{n-1} s^{n-1} + \cdots + a_1 s + a_0}$$

则可根据系统的微分方程或系统函数 $H(s)$ 画出模拟框图或信号流图,然后再从模拟框图或信号流图建立系统的状态方程。

例 7-2-3　设给定系统的系统函数为

$$H(s) = \frac{b_1 s + b_0}{s^3 + a_2 s^2 + a_1 s + a_0}$$

形式 1　采用图 7-8 所示的直接形式 I 信号流图模拟 $H(s)$。我们在形式上将 $H(s)$ 的信号流图看成是 $H(p)$ 的信号流图,将其中的 S 域信号 $F(s)$、$Y(s)$ 视为时域信号 $f(t)$、$y(t)$;将“s^{-1}”视为积分算子“p^{-1}”。选择三个积分器的输出信号 x_1、x_2 和 x_3 作为状态变量,在积分器的输入端列出状态方程。

$$\dot{x}_1 = x_2$$

$$\dot{x}_1 = x_2$$

$$\dot{x}_3 = f - a_0 x_1 - a_1 x_2 - a_2 x_3$$

在输出端列出输出方程

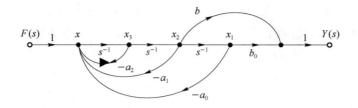

图 7-8　直接形式 I 模拟

$$y = b_0 x_1 + b_1 x_2$$

整理成矩阵形式有

$$\begin{pmatrix} \dot{x}_1 \\ \dot{x}_2 \\ \dot{x}_3 \end{pmatrix} = \begin{pmatrix} 0 & 1 & 0 \\ 0 & 0 & 1 \\ -a_0 & -a_1 & -a_2 \end{pmatrix} \begin{pmatrix} x_1 \\ x_2 \\ x_3 \end{pmatrix} + \begin{pmatrix} 0 \\ 0 \\ 1 \end{pmatrix} f$$

$$y = (b_0 \quad b_1 \quad 0) \begin{pmatrix} x_1 \\ x_2 \\ x_3 \end{pmatrix}$$

形式 2　采用图 7-9 所示的直接形式 II 信号流图模拟系统函数 $H(s)$。由于此时，积分器的输出信号并非一定是后接节点的变量信号（可以还有其他支路的输入信号），为了便于选择状态变量，画模拟信号流图时，应在有关积分器的输出端增加一个辅助节点和一条增益为 1 的辅助支路。

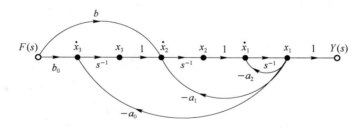

图 7-9　直接形式 II 模拟

$$\begin{pmatrix} \dot{x}_1 \\ \dot{x}_2 \\ \dot{x}_3 \end{pmatrix} = \begin{pmatrix} -a_2 & 1 & 0 \\ -a_1 & 0 & 1 \\ -a_0 & 0 & 0 \end{pmatrix} \begin{pmatrix} x_1 \\ x_2 \\ x_3 \end{pmatrix} + \begin{pmatrix} 0 \\ b_1 \\ b_0 \end{pmatrix} f$$

$$y = (1 \quad 0 \quad 0) \begin{pmatrix} x_1 \\ x_2 \\ x_3 \end{pmatrix}$$

形式 3　设系统函数 $H(s)$ 具有单极点，其部分分式展开式为

$$H(s) = \frac{a_1}{s + \lambda_1} + \frac{a_2}{s + \lambda_2} + \frac{a_3}{s + \lambda_3}$$

选积分器的输出为状态变量，则可得

$$\dot{x}_1 = -\lambda_1 x_1 + a_1 f$$
$$\dot{x}_2 = -\lambda_2 x_2 + a_2 f$$
$$\dot{x}_3 = -\lambda_3 x_3 + a_3 f$$

和

$$y = x_1 + x_2 + x_3$$

写成矩阵形式为

$$\begin{pmatrix} \dot{x}_1 \\ \dot{x}_2 \\ \dot{x}_3 \end{pmatrix} = \begin{pmatrix} -\lambda_1 & 0 & 0 \\ 0 & -\lambda_2 & 0 \\ 0 & 0 & -\lambda_3 \end{pmatrix} \begin{pmatrix} x_1 \\ x_2 \\ x_3 \end{pmatrix} + \begin{pmatrix} a_1 \\ a_2 \\ a_3 \end{pmatrix} f$$

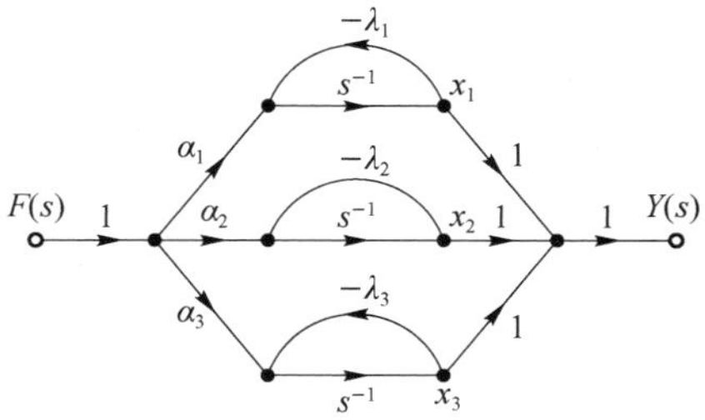

例 7-2-4　已知一个二阶微分方程式

$$\frac{d^2 y}{dt^2} + 3 \frac{dy}{dt} + 2y(t) = 2f(t)$$

试写出其状态方程和输出方程。

解　令 $y(t)$ 和 $y'(t)$ 为系统的状态变量,即

$$x_1(t) = y(t), x_2(t) = y'(t)$$

则由原微分方程式可得到系统的状态方程为

$$\begin{cases} \dot{x}_1(t) = x_2(t) \\ \dot{x}_2(t) = y''(t) = 2f(t) - 2x_1(t) - 3x_2(t) \end{cases}$$

系统的输出方程为 $y(t) = x_1(t)$,写成矩阵形式为

$$\begin{pmatrix} \dot{x}_1(t) \\ \dot{x}_2(t) \end{pmatrix} = \begin{pmatrix} 0 & 1 \\ -2 & -3 \end{pmatrix} \begin{pmatrix} x_1(t) \\ x_2(t) \end{pmatrix} + \begin{pmatrix} 0 \\ 2 \end{pmatrix} [f(t)]$$

$$[y(t)] = (1 \quad 0) \begin{pmatrix} x_1(t) \\ x_2(t) \end{pmatrix}$$

图 7-10　并联方式模拟

7.3　离散系统状态方程的建立

与连续系统一样,可以利用状态变量分析法来分析离散系统。离散系统是用差分方程来描述的,选择适当的状态变量可以把高阶差分方程化为关于状态变量的一阶差分方程组,这个差分方程就是该离散系统的状态方程。输出方程是关于变量 n 的代数方程组。

7.3.1　离散系统状态方程的一般形式

如有 m 个输入, r 个输出的 n 阶离散系统,则状态方程是状态变量和输入序列的一阶线性常系数差分方程组,即

$$\left.\begin{aligned} x_1(n+1) &= a_{11}x_1 + a_{12}x_2 + \cdots + a_{1n}x_n + b_{11}f_1 + b_{12}f_2 + \cdots + b_{1m}f_m \\ x_2(n+1) &= a_{21}x_1 + a_{22}x_2 + \cdots + a_{2n}x_n + b_{21}f_1 + b_{22}f_2 + \cdots + b_{2m}f_m \\ &\vdots \\ x_n(n+1) &= a_{n1}x_1 + a_{n2}x_2 + \cdots + a_{nn}x_n + b_{n1}f_1 + b_{n2}f_2 + \cdots + b_{nm}f_m \end{aligned}\right\} \tag{7-14}$$

$$y_1(n) = c_{11}x_1 + c_{12}x_2 + \cdots + c_{1n}x_n + d_{11}f_1 + d_{12}f_2 + \cdots + d_{1m}f_m$$
$$y_2(n) = c_{21}x_1 + c_{22}x_2 + \cdots + c_{2n}x_n + d_{21}f_1 + d_{22}f_2 + \cdots + d_{2m}f_m$$
$$\vdots$$
$$y_r(n) = c_{r1}x_1 + c_{r2}x_2 + \cdots + c_{rn}x_n + d_{r1}f_1 + d_{r2}f_2 + \cdots + d_{rm}f_m$$
$$(7\text{-}15)$$

式(7-14)称为状态变量方程或状态空间方程,简称状态方程,式(7-15)称为输出方程。它们同样可以用矩阵形式来表示。状态方程式(7-14)可以表示为如下的标准形式。

$$x(n+1) = \boldsymbol{A}x(n) + \boldsymbol{B}f(n) \qquad (7\text{-}16)$$

则输出方程式(7-15)的标准形式为

$$y(n) = \boldsymbol{C}x(n) + \boldsymbol{D}f(n) \qquad (7\text{-}17)$$

式(7-16)和式(7-17)中,系数矩阵 $\boldsymbol{A}$ 为 $n \times n$ 方阵,称为系统矩阵,$\boldsymbol{B}$ 为 $n \times m$ 矩阵,称为控制矩阵;$\boldsymbol{C}$ 为 $r \times n$ 矩阵,称为输出矩阵;$\boldsymbol{D}$ 为 $r \times m$ 矩阵。对于线性时不变系统,这些矩阵都是常数矩阵。

7.3.2 由系统框图或信号流图建立状态方程

离散系统状态方程的建立与连续系统相类似,也可利用框图或信号流图列出。由于离散系统状态方程是 $x_i(n+1)$ 与各状态变量和输入的关系,因此选各延迟单元 D(对应于支路 z^{-1})的输出端信号为状态变量 $x_i(n)$,那么其输入端信号就是 $x_i(n+1)$,这样,根据系统的框图或信号流图就可列出该系统的状态方程和输出方程。

例 7-3-1 一离散系统有两个输入 $f_1(n)$、$f_2(n)$ 和两个输出 $y_1(n)$、$y_2(n)$,其系统框图如图 7-11 所示,试写出其状态方程和输出方程。

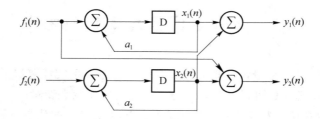

图 7-11 例 7-3-1 图

解 选延迟单元的输出端信号 $x_1(n)$,$x_2(n)$ 为状态变量,如图 7-11 所示。由左端加法器可列出状态方程

$$x_1(n+1) = a_1 x_1(n) + f_1(n)$$
$$x_2(n+1) = a_2 x_2(n) + f_2(n)$$

由右端加法器可列出输出方程为

$$y_1(n) = x_1(n) + f_2(n)$$
$$y_2(n) = x_2(n) + f_1(n)$$

写成矩阵表达式为

$$\begin{pmatrix} x_1(n+1) \\ x_2(n+1) \end{pmatrix} = \begin{pmatrix} a_1 & 0 \\ 0 & a_2 \end{pmatrix} \begin{pmatrix} x_1(n) \\ x_2(n) \end{pmatrix} + \begin{pmatrix} 1 & 0 \\ 0 & 1 \end{pmatrix} \begin{pmatrix} f_1(n) \\ f_2(n) \end{pmatrix}$$

$$\begin{pmatrix} y_1(n) \\ y_2(n) \end{pmatrix} = \begin{pmatrix} 1 & 0 \\ 0 & 1 \end{pmatrix} \begin{pmatrix} x_1(n) \\ x_2(n) \end{pmatrix} + \begin{pmatrix} 0 & 0 \\ 1 & 0 \end{pmatrix} \begin{pmatrix} f_1(n) \\ f_2(n) \end{pmatrix}$$

7.3.3　由差分方程或系统函数建立状态方程

若已知系统的差分方程,可先由系统的差分方程求出系统函数 $H(z)$,然后由 $H(z)$ 画出系统的框图,再从框图建立系统的状态方程。

例 7-3-2　若描述某离散系统的差分方程为

$$y(n) + 2y(n-1) - 3y(n-2) + 4y(n-3) = f(n-1) + 2f(n-2) - 3f(n-3)$$

试写出其状态方程和输出方程。

解　通过差分方程,我们不难得到该系统的系统函数

$$H(z) = \frac{z^{-1} + 2z^{-2} - 3z^{-3}}{1 + 2z^{-1} - 3z^{-2} + 4z^{-3}}$$

根据 $H(z)$,可画出如图 7-12 所示的直接形式的时域系统框图和 Z 域信号流图。

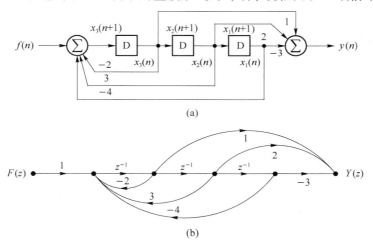

图 7-12　(a)时域系统框图;(b)Z 域信号流图

选延迟单元 D(相应于 z^{-1})的输出信号为状态变量(如图 7-11 所示),可列出状态方程和输出方程为

$$x_1(n+1) = x_2(n)$$
$$x_2(n+1) = x_3(n)$$
$$x_3(n+1) = -4x_1(n) + 3x_2(n) - 2x_3(n) + f(n)$$
$$y(n) = -3x_1(n) + 2x_2(n) + x_3(n)$$

将它们写成矩阵表达式为

$$\begin{pmatrix} x_1(n+1) \\ x_2(n+1) \\ x_3(n+1) \end{pmatrix} = \begin{pmatrix} 0 & 1 & 0 \\ 0 & 0 & 1 \\ -4 & 3 & -2 \end{pmatrix} \begin{pmatrix} x_1(n) \\ x_2(n) \\ x_3(n) \end{pmatrix} + \begin{pmatrix} 0 \\ 0 \\ 1 \end{pmatrix} \begin{bmatrix} f(n) \end{bmatrix}$$

$$y(n) = \begin{bmatrix} -3 & 2 & 1 \end{bmatrix} \begin{pmatrix} x_1(n) \\ x_2(n) \\ x_3(n) \end{pmatrix}$$

7.4　系统状态方程的求解

7.4.1　连续系统状态方程的求解

前面已经讨论了连续时间系统的状态方程和输出方程的建立,下面将进一步讨论如何求解这些方程,一般来说有两种方法:一种是采用时域法求解;另一种是基于拉普拉斯变换的复频域求解。

1. 状态方程的时域解

连续时间系统状态方程和输出方程的一般形式为

$$\dot{x}(t) = Ax(t) + Bf(t)$$

可改写为

$$\dot{x}(t) - Ax(t) = Bf(t)$$

它与一阶电路的微分方程

$$y'(t) - ay(t) = bf(t)$$

相似。将 a 换为 A,则状态方程的解可写为

$$x(t) = \underbrace{e^{At}x(0)}_{\text{零输入解}} + \underbrace{\int_0^t e^{A(t-\tau)}Bf(\tau)d\tau}_{\text{零状态解}} \tag{7-18}$$

或者表示为

$$x(t) = e^{At}x(0) + e^{At} * Bf(t) \tag{7-19}$$

式中,$x(0)$ 为起始状态,以后设状态连续,不分 0_- 和 0_+。式中,e^{At} 是一矩阵指数函数,通常称为状态转移矩阵函数。观察上式可知,为求 $x(t)$,关键是设法求出 e^{At}。

一般情况下,设动态系统为

$$\dot{x}(t) = Ax(t) + Bf(t)$$
$$y(t) = Cx(t) + Df(t)$$

可以证明

$$y(t) = Ce^{At} * Bf(t) + Df(t) \tag{7-20}$$

系统的冲激响应矩阵为

$$h(t) = Ce^{At}B + D\delta(t) \tag{7-21}$$

式中,$\delta(t)$ 为对角方阵

$$\delta(t) = \begin{bmatrix} \delta(t) & 0\cdots & 0 \\ 0 & \delta(t)\cdots & 0 \\ \vdots & \vdots & \vdots \\ 0 & 0\cdots & \delta(t) \end{bmatrix}$$

因此,在时域求解中,如何计算矩阵指数函数 e^{At} 是一个关键的问题。常用的计算方法如下:

(1) 幂级数法。按照幂级数的定义展开成幂级数,然后求出其近似解。

（2）矩阵的相似变换法。将矩阵 $\boldsymbol{A}$ 变换成相似的对角矩阵 $\boldsymbol{\Lambda}$，即

$$\boldsymbol{P}^{-1}\boldsymbol{\Lambda P} = \boldsymbol{B} = \boldsymbol{\Lambda} \qquad \boldsymbol{\Lambda} = \boldsymbol{PAP}^{-1}$$

（3）应用凯莱-哈密尔顿(Caley-Hamilton)定理，将 $\mathrm{e}^{\Lambda t}$ 表示成有限项之和，然后进行计算。

2. 状态方程的复频域解

连续时间系统状态方程一般形式为

$$\dot{x}(t) = Ax(t) + Bf(t)$$

对上式两边取拉普拉斯变换，得

$$sX(s) - x(0_-) = \boldsymbol{A}X(s) + \boldsymbol{B}F(s) \tag{7-22}$$

将式(7-22)改写为

$$(s\boldsymbol{I} - \boldsymbol{A})X(s) = x(0_-) + \boldsymbol{B}F(s) \tag{7-23}$$

式(7-23)中，$\boldsymbol{I}$ 为 $n \times n$ 单位矩阵。

为了方便，定义分解矩阵

$$\boldsymbol{\Phi}(s) = (s\boldsymbol{I} - \boldsymbol{A})^{-1} \tag{7-24}$$

分解矩阵(resolvent matrix)是一个由系统参数 A 完全决定了的矩阵。它在状态方程的求解过程中起着非常重要的作用。这时式(7-23)可表示为

$$X(s) = \boldsymbol{\Phi}(s)x(0_-) + \boldsymbol{\Phi}(s)\boldsymbol{B}F(s) \tag{7-25}$$

这就是状态方程的拉普拉斯变换解。

分解矩阵的拉普拉斯逆变换为状态转移矩阵

$$\varphi(t) \leftrightarrow \boldsymbol{\Phi}(s) = (s\boldsymbol{I} - \boldsymbol{A})^{-1}$$

对状态变量的复频域解取拉普拉斯变换，可得

$$x(t) \leftrightarrow X(s) = \mathscr{L}^{-1}\underbrace{[\boldsymbol{\Phi}(s)x(0_-)]}_{\text{零输入响应}} + \mathscr{L}^{-1}\underbrace{[\boldsymbol{\Phi}(s)\boldsymbol{B}F(s)]}_{\text{零状态响应}} \tag{7-26}$$

式(7-26)就是状态变量的时域解。其中，第一部分仅由系统的初始状态决定，故为零输入响应；第二部分是激励的函数，故为零状态响应。

由输出方程

$$y(t) = Cx(t) + Df(t)$$

得到其拉普拉斯变换的表达式为

$$Y(s) = Cx(s) + \boldsymbol{D}F(s)$$

将状态变量的复频域解代入上式，即可得到响应的复频域解

$$Y(s) = C\boldsymbol{\Phi}(s)x(0_-) + [C\boldsymbol{\Phi}(s)B + D]F(s) \tag{7-27}$$

系统函数矩阵或称转移函数为

$$H(s) = C\Phi(s)\boldsymbol{B} + \boldsymbol{D} \tag{7-28}$$

因此，零状态响应也可表示为

$$Y_{\mathrm{zs}}(s) = H(s)F(s)$$

可见，系统函数矩阵 $H(s)$ 仅由系统的 $\boldsymbol{A}$、$\boldsymbol{B}$、$\boldsymbol{C}$、$\boldsymbol{D}$ 矩阵确定，它是 $r \times m$ 矩阵（r 为输出的数目，m 为输入的数目）。矩阵元素 H_{ij} 建立了状态方程中第 i 个输出 $y_i(t)$ 与第 j 个输入 $f_j(t)$ 之间的联系。

7.4.2　离散系统状态方程的求解

离散系统状态方程的求解与连续系统状态方程的求解相似，包括两种方法：一种是采用时

域法求解；另一种是 z 域求解。

1. 状态方程的时域解

设离散系统的状态方程与输出方程的一般形式如下

$$x(n+1) = \boldsymbol{A}x(n) + \boldsymbol{B}f(n)$$
$$y(n) = Cx(n) + Df(n) \tag{7-29}$$

由于式(7-29)是一阶差分方程，可直接用迭代法来求解状态方程，这也是离散系统能方便地利用计算机进行求解的优点。

当给定系统在 $n=0$ 时的初始状态 $x(0)$ 以及 $n \geqslant 0$ 时的输入 $f(n)$ 后，利用差分方程的递推性质，依次令状态方程中的 $n=0,1,2,\cdots$，就可以得到相应状态变量解 $x(1), x(2), \cdots$，即：

$$x(1) = Ax(0) + Bf(0)$$
$$x(2) = Ax(1) + Bf(1) = A[Ax(0) + Bf(0)] + Bf(1) = A^2x(0) + ABf(0) + Bf(1)$$
$$x(3) = Ax(2) + Bf(2) = A[A^2x(0) + ABf(0) + Bf(1)] + Bf(2)$$
$$= A^3x(0) + A^2Bf(0) + ABf(1) + Bf(2)$$
$$\cdots\cdots$$
$$x(n) = A^nx(0) + A^{n-1}Bf(0) + A^{n-2}Bf(1) + \cdots + ABf(n-2) + Bf(n-1)$$
$$= A^nx(0) + \sum_{i=0}^{n-1} A^{n-1-i}Bf(i) \tag{7-30}$$

根据卷积和定义，式(7-30)可以写成

$$x(n) = A^nx(0) + A^{n-1}B * f(n)$$
$$= \varphi(n)x(0) + \varphi(n-1)B * f(n)$$

式中

$$\varphi(n) = A^n \quad n \geqslant 0$$

称为离散系统的状态转移矩阵，其作用与连续时间系统中的状态转移矩阵 $\varphi(t) = \mathrm{e}^{At}$ 相仿。得出系统的输出响应

$$y(n) = Cx(n) + Df(n)$$
$$= C\varphi(n)x(0) + C\varphi(n-1)B * f(n) + Df(n)$$
$$= C\varphi(n)x(0) + [C\varphi(n-1)B + D\delta(n)] * f(n)$$
$$= C\varphi(n)x(0) + h(n) * f(n)$$

式中，$C\varphi(n)x(0)$ 为零输入响应，$h(n) * f(n)$ 为零状态响应，且有

$$\delta(n) \triangleq \begin{bmatrix} \delta(n) & 0 & \cdots & 0 \\ 0 & \delta(n) & \cdots & 0 \\ \vdots & \vdots & & \vdots \\ 0 & 0 & \cdots & \delta(n) \end{bmatrix}$$

离散系统状态方程求解中，状态转移矩阵 $A^n = \varphi(n)$ 的计算是非常重要的。在时域中常用如下方法。

(1) 矩阵的相似变换法。将矩阵 $\boldsymbol{A}$ 变换成相似的对角矩阵 $\boldsymbol{\Lambda}$。

(2) 应用凯莱-哈密尔顿定理，将表示成有限项之和，然后进行计算。

2. 状态方程的 z 域解

对状态方程和输出方程式(7-29)两边取 z 变换，根据 z 变换的微分性质，得

$$zX(z) - zx(0) = AX(z) + BF(z) \tag{7-31}$$

$$Y(z) = CX(z) + DF(z) \tag{7-32}$$

式中，$X(z) = Z[zx(n)]$，$F(z) = Z[f(n)]$，$Y(z) = Z[y(n)]$，$x(0)$ 表示状态变量的初始状态。

将式(7-31)整理可得

$$[zI - A]X(z) = zx(0) + BF(z)$$

上式等号两边左乘以 $[zI - A]^{-1}$，得

$$X(z) = [zI - A]^{-1}zx(0) + [zI - A]^{-1}BF(z) \tag{7-33}$$

若令

$$\varphi(z) = [zI - A]^{-1}z$$

则式(7-33)可写成

$$X(z) = \varphi(z)x(0) + z^{-1}\varphi(z)BF(z) \tag{7-34}$$

将式(7-34)代入式(7-32)，得到

$$\begin{aligned} Y(z) &= C[\varphi(z)x(0) + z^{-1}\varphi(z)BF(z)] + DF(z) \\ &= C\varphi(z)x(0) + [Cz^{-1}\varphi(z)B + D]F(z) \end{aligned} \tag{7-35}$$

式(7-34)是状态变量的 z 域解，取其 z 反变换即可得到相应的时域解，即

$$x(n) = Z^{-1}[\varphi(z)x(0)] + Z^{-1}[z^{-1}\varphi(z)BF(z)] \tag{7-36}$$

式(7-36)中第一项为状态变量的零输入响应；第二项为零状态响应。同理，对式(7-35)取其 z 反变换，即可得

$$y(n) = Z^{-1}[C\varphi(z)x(0)] + Z^{-1}[Cz^{-1}\varphi(z)BF(z) + DF(z)] \tag{7-37}$$

在零状态条件下系统输出的 z 变换与输入的 z 变换之比定义为离散系统函数。由式(7-37)可得系统函数矩阵(或称转移函数矩阵)为

$$H(z) = Cz^{-1}\varphi(z)B + D \tag{7-38}$$

系统函数矩阵的 z 逆变换是离散系统的单位响应函数 $h(n)$。可见，零状态响应的 z 变换也可表示为

$$Y_{zs}(z) = F(z)H(z)$$

从式(7-38)中可以看到，系统函数矩阵 $H(z)$ 仅由系统的 $\boldsymbol{A}$、$\boldsymbol{B}$、$\boldsymbol{C}$、$\boldsymbol{D}$ 矩阵确定，它是 $r \times m$ 矩阵(r 为输出的数目，m 为输入的数目)。矩阵元素 H_{ij} 建立了状态方程中第 i 个输出 $y_i(n)$ 与第 j 个输入 $f_j(n)$ 之间的联系。

例 7-4-1　已知某离散系统的状态方程与输出方程为

$$\begin{pmatrix} x_1(n+1) \\ x_2(n+1) \end{pmatrix} = \begin{pmatrix} \dfrac{1}{2} & \dfrac{1}{4} \\ 1 & \dfrac{1}{2} \end{pmatrix} \begin{pmatrix} x_1(n) \\ x_2(n) \end{pmatrix} + \begin{pmatrix} 1 \\ 0 \end{pmatrix}(f(n))$$

$$\begin{pmatrix} y_1(n) \\ y_2(n) \end{pmatrix} = \begin{pmatrix} 1 & 0 \\ 0 & 1 \end{pmatrix} \begin{pmatrix} x_1(n) \\ x_2(n) \end{pmatrix} + \begin{pmatrix} 1 \\ 1 \end{pmatrix}(f(n))$$

初始状态为

$$\begin{pmatrix} x_1(0) \\ x_2(0) \end{pmatrix} = \begin{pmatrix} 1 \\ 1 \end{pmatrix}$$

激励 $f(n) = u(n)$。试求其状态转移矩阵 A^n、状态向量 $x(n)$、输出向量 $y(n)$、z 域转移函数矩阵 $H(z)$ 以及单位序列响应矩阵 $h(n)$。

解 由以上方程知,系统矩阵

$$A = \begin{pmatrix} \dfrac{1}{2} & \dfrac{1}{4} \\ 1 & \dfrac{1}{2} \end{pmatrix}$$

可得

$$\varphi(z) = [zI - A]^{-1} \cdot z \begin{pmatrix} z - \dfrac{1}{2} & -\dfrac{1}{4} \\ -1 & z - \dfrac{1}{2} \end{pmatrix}^{-1} \cdot z$$

$$= \frac{z}{z(z-1)} \begin{pmatrix} z - \dfrac{1}{2} & -\dfrac{1}{4} \\ -1 & z - \dfrac{1}{2} \end{pmatrix} = \begin{pmatrix} \dfrac{z - \dfrac{1}{2}}{z-1} & \dfrac{\dfrac{1}{4}}{z-1} \\ \dfrac{1}{z-1} & \dfrac{z - \dfrac{1}{2}}{z-1} \end{pmatrix}$$

取其反变换得

$$A^k = Z^{-1}[\varphi(z)] = \begin{pmatrix} \delta(n) + \dfrac{1}{2}u(n-1) & \dfrac{1}{4}(n-1) \\ u(n-1) & \delta(n) + \dfrac{1}{2}u(n-1) \end{pmatrix}$$

由式(7-34),得

$$X(z) = \varphi(z)x(0) + z^{-1}\varphi(z)BF(z)$$

$$= \begin{pmatrix} \dfrac{z - \dfrac{1}{2}}{z-1} & \dfrac{\dfrac{1}{4}}{z-1} \\ \dfrac{1}{z-1} & \dfrac{z - \dfrac{1}{2}}{z-1} \end{pmatrix} \begin{pmatrix} 1 \\ 1 \end{pmatrix} + \begin{pmatrix} \dfrac{z - \dfrac{1}{2}}{z(z-1)} & \dfrac{\dfrac{1}{4}}{z(z-1)} \\ \dfrac{1}{z(z-1)} & \dfrac{z - \dfrac{1}{2}}{z(z-1)} \end{pmatrix} \begin{pmatrix} 1 \\ 0 \end{pmatrix} \dfrac{z}{z-1}$$

$$= \begin{pmatrix} \dfrac{z - \dfrac{1}{4}}{z-1} \\ \dfrac{z - \dfrac{1}{2}}{z-1} \end{pmatrix} + \begin{pmatrix} \dfrac{z - \dfrac{1}{2}}{(z-1)^2} \\ \dfrac{1}{(z-1)^2} \end{pmatrix}$$

对 $X(z)$ 取反变换,得

$$x(n) = \begin{pmatrix} \delta(n) + \dfrac{3}{4}u(n-1) \\ \delta(n) + \dfrac{3}{2}u(n-1) \end{pmatrix} + \begin{pmatrix} nu(n) - \dfrac{1}{2}(n-1)u(n-1) \\ (n-1)u(n-1) \end{pmatrix}$$

由式(7-38),得

$$H(z) = C[zI - A]^{-1}B + D = \begin{pmatrix} \dfrac{z^2 - \dfrac{1}{2}}{z(z-1)} \\ \dfrac{z^2 - z + 1}{z(z-1)} \end{pmatrix} = \begin{pmatrix} 1 + \dfrac{\dfrac{1}{2}}{z} + \dfrac{\dfrac{1}{2}}{z-1} \\ 1 - \dfrac{1}{z} + \dfrac{1}{z-1} \end{pmatrix}$$

由

$$Y(z) = C\varphi(z)x(0) + H(z)F(z)$$

$$Y(z) = \begin{pmatrix} 1 & 0 \\ 0 & 1 \end{pmatrix} \begin{pmatrix} \dfrac{z - \frac{1}{2}}{z - 1} & \dfrac{\frac{1}{4}}{z - 1} \\[3mm] \dfrac{1}{z - 1} & \dfrac{z - \frac{1}{2}}{z - 1} \end{pmatrix} \begin{pmatrix} 1 \\ 1 \end{pmatrix} + \begin{pmatrix} \dfrac{z^2 - \frac{1}{2}}{z(z-1)} \\[3mm] \dfrac{z^2 - z + 1}{z(z-1)} \end{pmatrix} \left(\dfrac{z}{z - 1} \right)$$

$$= \begin{pmatrix} \dfrac{z - \frac{1}{4}}{z - 1} \\[3mm] \dfrac{z + \frac{1}{2}}{z - 1} \end{pmatrix} + \begin{pmatrix} \dfrac{z^2 - \frac{1}{2}}{(z-1)^2} \\[3mm] \dfrac{z^2 - z + 1}{(z-1)^2} \end{pmatrix}$$

可得

$$y(n) = \begin{pmatrix} \delta(n) + \dfrac{3}{4}u(n-1) \\[3mm] \delta(n) + \dfrac{3}{2}u(n-1) \end{pmatrix} + \begin{pmatrix} \delta(n) + 2nu(n) - \dfrac{2}{3}(n-1)u(n-1) \\[3mm] \delta(n) + nu(n) \end{pmatrix}$$

单位响应序列矩阵为

$$h(n) = Z^{-1}\big[H(z)\big] = \begin{pmatrix} \delta(n) + 2nu(n) - \dfrac{2}{3}(n-1)u(n-1) \\[3mm] \delta(n) + nu(n) \end{pmatrix}$$

7.5　系统的可控制性和可观测性

可控制性与可观测性是线性系统的两个基本问题,它与系统的稳定性一样,从不同侧面反映系统的特性。系统的可控制性反映输入对于系统状态的控制能力;可观测性反映系统的状态对于输出的影响能力。

在采用输入/输出描述系统(又称端口描述法)时,输出量通过微分方程(或差分方程)直接与输入量相联系,这样,输出量既是被观测的量又是被控制的量,且输出量一定受输入量的控制,因此不存在可控制性与可观测性的问题。但是,用状态变量描述系统时,人们将着眼于系统内部各个状态变量的变化,输入量与输出量通过系统内部的状态间接地相联系。实际上,可控制性是说明状态变量与输入量之间的联系;可观测性是说明状态变量与输出量之间的联系。

1. 系统的可控制性

当系统用状态方程描述时,若存在一个输入向量 $f(t)$〔或 $f(n)$〕,也称其为控制向量,在有限的时间区间 $(0,t_1)$〔或 $(0,n_1)$〕内,能把系统的全部状态,从初始状态 $x(0)$ 引向状态空间的坐标原点(即零状态),则称系统是完全可控的,简称可控的;若只能对部分状态变量做到这一点,则称系统不完全可控。

更一般的,对于一个 n 阶系统,我们将其系统矩阵 A 与控制矩阵 B 组成矩阵

$$M = \begin{bmatrix} B & AB & A^2B & \cdots & A^{n-1} & B \end{bmatrix} \tag{7-39}$$

若 M 为满秩(即秩数等于系统的阶数 n),则系统即为完全可控的,否则即为不完全可控的。

2. 系统的可观测性

当系统用状态方程描述时,在给定系统的输入后,若在有限的时间区间 $(0,t_1)$〔或 $(0,n_1)$〕内,能根据系统的输出量唯一地确定(或识别)出系统的全部初始状态,则称系统是完全可观测的。

例如,某离散系统

$$\begin{pmatrix} x_1(n+1) \\ x_2(n+1) \end{pmatrix} = \begin{pmatrix} 1 & 0 \\ 0 & 1 \end{pmatrix} \begin{pmatrix} x_1(n) \\ x_2(n) \end{pmatrix} + \begin{pmatrix} 1 \\ 0 \end{pmatrix} \begin{bmatrix} f(n) \end{bmatrix} \tag{7-40}$$

$$y(n) = x_1(n) + f(n) \tag{7-41}$$

由式(7-41)可见,知道了 $f(n)$,根据 $y(n)$ 就能确定 $x_1(n)$,但是无法确定 $x_2(n)$,不但输出方程中不包含 $x_2(n)$,而且 $x_1(n)$ 和 $x_2(n)$ 也没有联系,也就是说,只能观测到 $x_1(n)$ 而无法确定 $x_2(n)$。

判断系统是否可观测,可采用以下方法:

(1) 若系统的特征根均为单根,系统为单输出,则系统状态完全可观测的充要条件是,当系统矩阵 A 为对角阵时,输出矩阵 C 中没有零元素,则系统为可观测;若 C 中出现有零元素,则与该零元素对应的状态变量就不可观测。

(2) 若系统的特征根均为单根,系统为多输出,则系统状态完全可观测的充要条件是,当系统矩阵 A 为对角阵时,控制矩阵 B 中没有全为零元素的列。

更一般的,对于一个 n 阶系统,我们将其系统矩阵 A 与输出矩阵 C 组成矩阵

$$N = \begin{bmatrix} C \\ CA \\ CA^2 \\ CA^{n-1} \end{bmatrix}$$

若 N 为满秩(即秩数等于系统的阶数 n),则系统即为完全可观测的,否则即为不完全可观测的。

3. 可控性、可观测性与转移函数的关系

一个线性系统,如果其系统函数 $H(s)$ 中没有极点、零点相消现象,那么系统一定是完全可控与完全可观测的。如果出现了极点与零点的相消,则系统就是不完全可控的或是不完全可观测的,具体情况视状态变量的选择而定。

习　题　七

7-1　如题 7-1 图所示电路,试列出其状态方程。

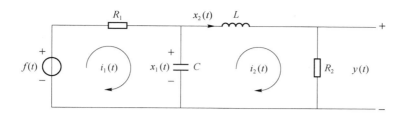

题 7-1 图

7-2　如题 7-2 图所示电路,以 $x_3(t)$ 为输出。列写状态方程,并写成矩阵形式,指出 $\boldsymbol{A}$、$\boldsymbol{B}$、$\boldsymbol{C}$、$\boldsymbol{D}$ 矩阵。

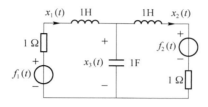

题 7-2 图

7-3　已知二阶连续系统微分方程

$$y''(t) + 3y'(t) + 2y(t) = 4f(t)$$

试写出其状态方程和输出方程。

7-4　已知 LTI 系统的系统函数为

$$H(s) = \frac{2s + 5}{s^3 + 9s^2 + 26s + 24}$$

试画出模拟框图,并写出状态方程。

7-5　已知状态方程的系数矩阵,试计算状态转移矩阵 $\mathbf{e}^{At}$。

(1) $\boldsymbol{A} = \begin{pmatrix} 1 & 2 \\ 0 & -1 \end{pmatrix}$

(2) $\boldsymbol{A} = \begin{pmatrix} -2 & 1 \\ 0 & -2 \end{pmatrix}$

7-6　已知状态方程为

$$\begin{pmatrix} \dot{x}_1 \\ \dot{x}_2 \end{pmatrix} = \begin{pmatrix} 1 & 2 \\ 0 & -1 \end{pmatrix} \begin{pmatrix} x_1 \\ x_2 \end{pmatrix} + \begin{pmatrix} 0 & 1 \\ 1 & 0 \end{pmatrix} \begin{pmatrix} f_1(t) \\ f_2(t) \end{pmatrix}$$

初始状态 $\begin{pmatrix} x_1(0) \\ x_2(0) \end{pmatrix} = \begin{pmatrix} 1 \\ -1 \end{pmatrix}$,输入信号 $\begin{pmatrix} f_1(t) \\ f_2(t) \end{pmatrix} = \begin{pmatrix} u(t) \\ \delta(t) \end{pmatrix}$

求状态变量 $x(t)$。

7-7　如图所示系统。

(1) 列写状态方程与输出方程;

(2) 求系统的微分方程和单位冲激响应;

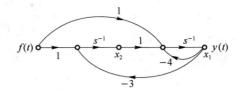

题 7-7 图

7-8　已知离散 LTI 系统的二阶差分方程为

$$y(n+2)+3y(n+1)+2y(n)=4f(n)$$

试写出其状态方程和输出方程。

7-9　试求下列矩阵的状态转移矩阵 $\boldsymbol{A}^n$。

(1) $\boldsymbol{A}=\begin{pmatrix}\dfrac{3}{4}&0\\[2mm]\dfrac{1}{2}&\dfrac{1}{2}\end{pmatrix}$　　　　　　(2) $\boldsymbol{A}=\begin{pmatrix}\dfrac{1}{2}&0\\[2mm]\dfrac{1}{2}&\dfrac{1}{2}\end{pmatrix}$

第8章　信号与系统的 MATLAB 辅助分析

MATLAB 的名称源自 Matrix Laboratory,是由美国 Math works 公司推出的一套交互式计算软件,专门以矩阵的形式处理数据。MATLAB 将高性能的数值计算和可视化集成在一起,并提供了大量的内置函数,从而被广泛地应用于科学计算、控制系统、信息处理等领域的分析、仿真和设计工作。

8.1　信号与系统概念的 MATLAB 实现

信号一般是随时间而变化的某些物理量。若对信号进行时域分析,就需要绘制其波形,如果信号比较复杂,则手工绘制波形就变得很困难,且难以精确。MATLAB 强大的图形处理功能及符号运算功能,为实现信号的可视化及其时域分析提供了强有力的工具。

8.1.1　连续时间信号的 MATLAB 表示

根据 MATLAB 的数值计算功能和符号运算功能,在 MATLAB 中,信号有两种表示方法:一种是用向量来表示;另一种则是用符号运算的方法。

1. 向量表示法

对于连续时间信号 $f(t)$,可以用两个行向量 f 和 t 来表示,其中向量 t 是用形如 $t = t_1 : p : t_2$ 的命令定义的时间范围向量,其中,t_1 为信号起始时间,t_2 为终止时间,p 为时间间隔。向量 f 为连续信号 $f(t)$ 在向量 t 所定义的时间点上的样值。

例 8-1-1　用向量表示法画出连续信号 $\mathrm{Sa}(t)$ 的波形。

解　程序如下:

```
t1 = -10:0.5:10;
f1 = sin(t1). /t1;        %定义信号表达式,求出对应采样点上的样值
figure(1);                %打开图形窗口 1
plot(t1,f1);              %以 t1 为横坐标,f1 为纵坐标绘制 f1 的波形
t2 = -10:0.1:10;          %定义时间 t 的取值范围:-10~10,取样间隔为 0.1,
                          %则 t2 是一个维数为 201 的行向量
f2 = sin(t2). /t2;        %定义信号表达式,求出对应采样点上的样值
```

```
                              % 同时生成与向量 t2 维数相同的行向量 f2
figure(2);                    % 打开图形窗口 2
plot(t2,f2);                  % 以 t2 为横坐标,f2 为纵坐标绘制 f2 的波形
```

运行结果如下:

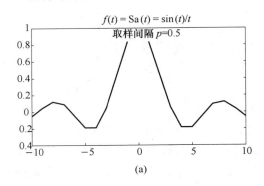 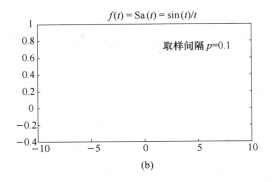

图 8-1   Sa(t)信号

2. 符号运算表示法

如果一个信号或函数可以用符号表达式来表示,那么我们就可以用前面介绍的符号函数专用绘图命令 ezplot()等函数来绘出信号的波形。

例 8-1-2   用符号运算表示法画出连续信号 Sa(t)的波形。

解   程序如下:

```
syms t;                       % 符号变量说明
f = sin(t)/t;                 % 定义函数表达式
ezplot(f,[- 10,10]);          % 绘制波形,并且设置坐标轴显示范围
```

运行结果同图 8-1(b)。

8.1.2   常用连续信号的 MATLAB 表示

1. 指数信号

指数信号在 MATLAB 中用 exp 函数表示。

如 $f(t) = Ae^{at}$,调用格式为   ft = A * exp(a * t)

```
A = 1; a = - 0.4;
t = 0:0.01:10;                % 定义时间点
ft = A * exp(a * t);          % 计算这些点的函数值
plot(t,ft);                   % 画图命令,用直线段连接函数值表示曲线
grid on;                      % 在图上画方格
```

运行结果如图 8-2 所示。

2. 正弦信号

正弦信号在 MATLAB 中用 sin 函数表示。

调用格式为   ft = A * sin(w * t + phi)

```
A = 1; w = 2 * pi; phi = pi/6;
t = 0:0.01:8;                    % 定义时间点
ft = A * sin(w * t + phi);       % 计算这些点的函数值
plot(t,ft);                      % 画图命令
grid on;                         % 在图上画方格
```

运行结果如图 8-3 所示。

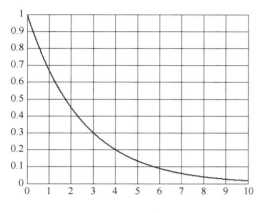

图 8-2　指数信号

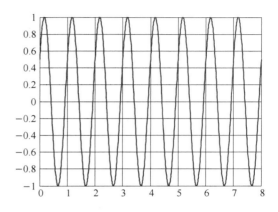

图 8-3　正弦信号

3. 矩形脉冲信号

矩形脉冲信号可用 rectpuls 函数产生。

调用格式为 y＝rectpuls(t,width)，幅度是 1，宽度是 width，以 t＝0 为对称中心。

```
t = -2:0.01:2;
width = 1;
ft = 2 * rectpuls(t,width);
plot(t,ft)
grid on;
```

运行结果如图 8-4 所示。

4. 三角信号

三角信号在 MATLAB 中用 tripuls 函数表示。

调用格式为 ft＝tripuls(t,width,skew)，产生幅度为 1，宽度为 width，且以 0 为中心左右各展开 width/2 大小，斜度为 skew 的三角波。width 的默认值是 1，skew 的取值范围是−1～＋1 之间。一般最大幅度 1 出现在 t＝(width/2) * skew 的横坐标位置。

```
t = -3:0.01:3;
ft = tripuls(t,4,0.5);
plot(t,ft);grid on;
axis([-3,3,-0.5,1.5]);
```

运行结果如图 8-5 所示。

5. 复指数信号

调用格式是 f＝exp((a＋j * b) * t)

```
t = 0:0.01:3;
a = −1;b = 10;
f = exp((a + j * b) * t);
subplot(2,2,1),plot(t,real(f)),title('实部')
subplot(2,2,3),plot(t,imag(f)),title('虚部')
subplot(2,2,2),plot(t,abs(f)),title('模')
subplot(2,2,4),plot(t,angle(f)),title('相角')
```

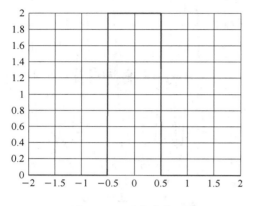

图 8-4　矩形脉冲信号

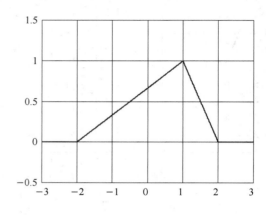

图 8-5　三角信号

运行结果如图 8-6 所示。

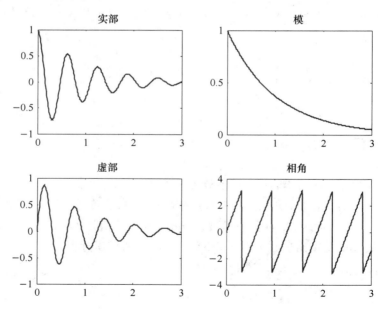

图 8-6　复指数信号

6. 单位阶跃信号

首先定义函数 Heaviside(t) 的 m 函数文件,该文件名应与函数名同名即 Heaviside.m。

% 定义函数文件,函数名为 Heaviside,输入变量为 x,输出变量为 y

```
function y = Heaviside(t)
    y = (t>0);        % 定义函数体,即函数所执行指令
                      % 此处定义 t>0 时 y = 1,t< = 0 时 y = 0,注意与实际的阶跃信号
                        定义的区别。
```

例 8-1-3　用 MATLAB 画出单位阶跃信号的波形。

解　程序如下:

```
t = - 1:0.01:3;
f = Heaviside(t);
plot(t,f);
axis([ - 1,3, - 0.2,1.2]);
```

运行结果如图 8-7 所示。

7. 单位冲激信号

程序如下:

```
t0 = 0;t1 = - 1;t2 = 5;
dt = 0.01;
t = t1:dt:t2;
n = length(t);
x = zeros(1,n);
n1 = floor((t0 - t1)/dt);     % 求 t0 对应的样本序列值(floor:向负无穷取整)
x(n1) = 1/dt;                 % 给出 t0 处的冲激信号
stairs(t,x);
axis([t1,t2,0,1.2/dt]);
```

运行结果如图 8-8 所示。

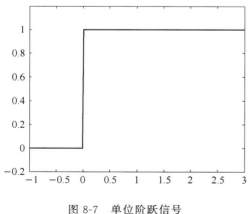

图 8-7　单位阶跃信号

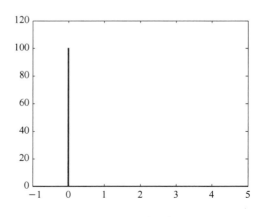

图 8-8　单位冲激信号

此外,在 MATLAB 工具箱中,$\delta(t)$ 用 Dirac (t) 函数表示。

8.1.3 用 MATLAB 实现连续信号的基本运算

信号基本运算是乘法、加法、尺度、反转、平移、微分、积分,实现方法有数值法和符号法。

例 8-1-4 已知 $f_1(t)=\sin wt$, $f_2(t)=\sin 8wt$, $w=2\text{pi}$, 求 $f_1(t)+f_2(t)$ 和 $f_1(t)f_2(t)$ 的波形。

解 程序如下:

```
w = 2 * pi;
t = 0:0.01:3;
f1 = sin(w * t);
f2 = sin(8 * w * t);
subplot(211)
plot(t,f1 + 1,´:´,t,f1 - 1,´:´,t,f1 + f2)
grid on,title(´f1(t) + f2(t))´)
subplot(212)
plot(t,f1,´:´,t, - f1,´:´,t,f1. * f2)
grid on,title(´f1(t) * f2(t)´)
```

运行结果如图 8-9 所示。

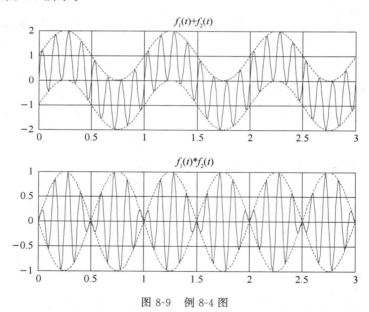

图 8-9 例 8-4 图

例 8-1-5 以 $f(t)$ 为三角信号为例,求 $f(2t)$, $f(2-2t)$。

解 程序如下:

```
t = - 3:0.001:3;
ft = tripuls(t,4,0.5);
subplot(3,1,1);
plot(t,ft);grid on;
```

```
title ('f(t)');
ft1 = tripuls(2 * t,4,0.5);
subplot(3,1,2);
plot(t,ft1);grid on;
title ('f(2t)');
ft2 = tripuls(2 - 2 * t,4,0.5);
subplot(3,1,3);
plot(t,ft2);grid on;
title ('f(2 - 2t)');
```

运行结果如图 8-10 所示。

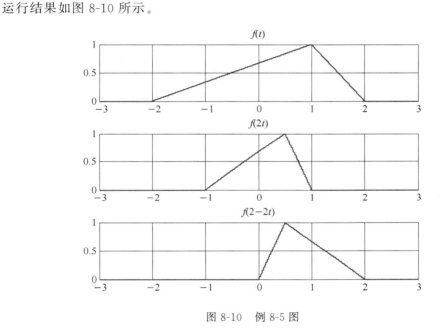

图 8-10　例 8-5 图

8.2　连续时间系统时域分析的 MATLAB 实现

在 MATLAB 中有专门用于求解连续系统冲激响应和阶跃响应,并绘制其时域波形的函数 impulse( ) 和 step( )。在 MATLAB 中,应用 lsim( )函数很容易就能对上述微分方程所描述的系统的响应进行仿真,求出系统在任意激励信号作用下的响应,以上函数的调用格式如下:

(1) impulse( ) 函数

函数 impulse( )将绘制出由向量 a 和 b 所表示的连续系统在指定时间范围内的单位冲激响应 $h(t)$ 的时域波形图,并能求出指定时间范围内冲激响应的数值解。

impulse(b,a)　以默认方式绘出由向量 a 和 b 所定义的连续系统的冲激响应的时域波形。

impulse(b,a ,t0)　绘出由向量 a 和 b 所定义的连续系统在 0～t_0 时间范围内冲激响应的时域波形。

impulse(b,a,t1:p:t2)　绘出由向量 a 和 b 所定义的连续系统在 $t_1 \sim t_2$ 时间范围内,并且以时间间隔 p 均匀取样的冲激响应的时域波形。

y＝impulse(b,a,t1:p:t2)　只求出由向量 a 和 b 所定义的连续系统在 $t_1 \sim t_2$ 时间范围内,并且以时间间隔 p 均匀取样的冲激响应的数值解,但不绘出其相应波形。

（2）step( )函数

函数 step( )将绘制出由向量 a 和 b 所表示的连续系统的阶跃响应,在指定的时间范围内的波形图,并且求出数值解。和 impulse( )函数一样,step( )也有如下四种调用格式:

step(b,a)

step(b,a,t0)

step(b,a,t1:p:t2)

y = step(b,a,t1:p:t2)

上述调用格式的功能和 impulse( )函数完全相同,不同的只是所绘制(求解)的是系统的阶跃响应 $g(t)$,而不是冲激响应 $h(t)$。

（3）lsim( )函数

根据系统有无初始状态,lsim( )函数有如下两种调用格式:

① 系统无初态时,调用 lsim( )函数可求出系统的零状态响应,其格式如下:

lsim(b,a,x,t)　绘出由向量 a 和 b 所定义的连续系统在输入为 x 和 t 所定义的信号时,系统零状态响应的时域仿真波形,且时间范围与输入信号相同。其中 x 和 t 是表示输入信号的行向量,t 为表示输入信号时间范围的向量,x 则是输入信号对应于向量 t 所定义的时间点上的取样值。

y＝lsim(b,a,x,t)　与前面的 impulse 和 step 函数类似,该调用格式并不绘制出系统的零状态响应曲线,而只是求出与向量 t 定义的时间范围相一致的系统零状态响应的数值解。

② 系统有初始状态时,调用 lsim( )函数可求出系统的全响应,格式如下:

lsim(A,B,C,D,e,t,X0)　绘出由系数矩阵 $\boldsymbol{A}, \boldsymbol{B}, \boldsymbol{C}, \boldsymbol{D}$ 所定义的连续时间系统在输入为 e 和 t 所定义的信号时,系统输出函数的全响应的时域仿真波形。t 为表示输入信号时间范围的向量,e 则是输入信号 $e(t)$ 对应于向量 t 所定义的时间点上的取样值,X_0 表示系统状态变量 $X=[x_1, x_2, \cdots, x_n]'$ 在 $t=0$ 时刻的初值。

[Y,X]= lsim(A,B,C,D,e,t,X0)　不绘出全响应波形,而只是求出与向量 t 定义的时间范围相一致的系统输出向量 Y 的全响应以及状态变量 X 的数值解。

显然,函数 lsim( )对系统响应进行仿真的效果取决于向量 t 的时间间隔的密集程度,t 的取样时间间隔越小则响应曲线越光滑,仿真效果也越好。

例 8-2-1　若某连续系统的输入为 $e(t)$,输出为 $r(t)$,系统的微分方程为:
$$y''(t) + 5y'(t) + 6y(t) = 3f'(t) + 2f(t)$$
① 求该系统的单位冲激响应 $h(t)$ 及其单位阶跃响应 $g(t)$。
② 若 $f(t) = e^{-2t}u(t)$ 求出系统的零状态响应 $y(t)$。

解　程序如下:

① 求冲激响应及阶跃响应的 MATLAB 程序:

```
a = [1  5  6];b = [3  2];
```

```
subplot(2,1,1), impulse(b,a,4)
subplot(2,1,2), step(b,a,4)
```

运行结果如图 8-11 所示。

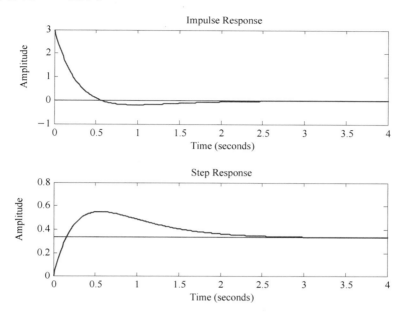

图 8-11　冲激响应和阶跃响应

② 求零状态响应的 MATLAB 程序：

```
a = [1  5  6];b = [3  2];
p1 = 0.01;                    % 定义取样时间间隔为 0.01
t1 = 0:p1:5;                  % 定义时间范围
x1 = exp( - 2 * t1);          % 定义输入信号
lsim(b,a,x1,t1),             % 对取样间隔为 0.01 时系统响应进行仿真
hold on;                      % 保持图形窗口以便能在同一窗口中绘制多条曲线
p2 = 0.5;                     % 定义取样间隔为 0.5
t2 = 0:p2:5;                  % 定义时间范围
x2 = exp( - 2 * t2);          % 定义输入信号
lsim(b,a,x2,t2), hold off    % 对取样间隔为 0.5 时系统响应进行仿真并解除保持
```

运行结果如图 8-12 所示。

例 8-2-2　已知一个过阻尼二阶系统的状态方程和输出方程分别为：

$$x'(t) = \begin{pmatrix} 0 & 1 \\ -2 & -3 \end{pmatrix} X(t) + \begin{pmatrix} 0 \\ 2 \end{pmatrix} f(t), r(t) = \begin{bmatrix} 0 & 1 \end{bmatrix} X(t)$$

若系统初始状态为 $X(0) = [4 \quad -5]^{\mathrm{T}}$，求系统在 $f(t) = 3\mathrm{e}^{-4t} u(t)$ 作用下的全响应。

求全响应程序如下：

```
A = [0  1 ;  -2  -3 ];B = [0  2]';C = [0  1];D = [0];
X0 = [4  -5]';                          % 定义系统初始状态
```

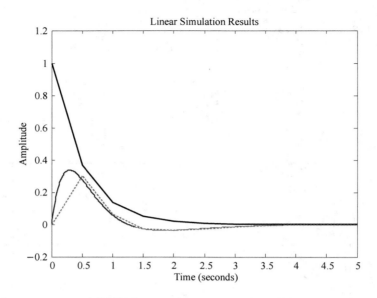

图 8-12 零状态响应

```
t = 0: 0.01:10;
E = [3 * exp( - 4 * t). * ones(size(t))]´;    % 定义系统激励信号
[r,x] = lsim(A,B,C,D,E,t,X0);                 % 求出系统全响应的数值解
plot(t,r)                                     % 绘制系统全响应波形
```

运行结果如图 8-13 所示。

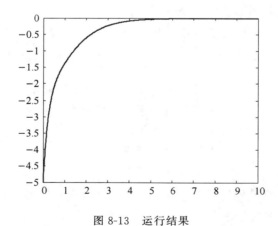

图 8-13 运行结果

例 8-2-3 实现卷积 $f(t) * h(t)$，其中：$f(t) = 2[u(t) - u(t-1)]$，$h(t) = u(t) - u(t-2)$

解 程序如下：

```
p = 0.01;                          % 取样时间间隔
nf = 0:p:1;                        % f(t)对应的时间向量
f = 2 * ((nf >= 0) - (nf >= 1));   % 序列 f(n)的值
nh = 0:p:2;                        % h(t)对应的时间向量
h = (nh >= 0) - (nh >= 2);         % 序列 h(n)的值
```

```
[y,k] = sconv(f,h,nf,nh,p);                    % 计算 y(t) = f(t) * h(t)
subplot(3,1,1),stairs(nf,f);                   % 绘制 f(t) 的波形
title('f(t)');axis([0 3 0 2.1]);
subplot(3,1,2),stairs(nh,h);                   % 绘制 h(t) 的波形
title('h(t)');axis([0 3 0 1.1]);
subplot(3,1,3),plot(k,y);                      % 绘制 y(t) = f(t) * h(t) 的波形
title('y(t) = f(t) * h(t)');axis([0 3 0 2.1]);
子程序 sconv.m                                 % 此函数用于计算连续信号的卷积
                                                  y(t) = f(t) * h(t)

function  [y,k] = sconv(f,h,nf,nh,p)
% y:卷积积分 y(t)对应的非零样值向量
% k:y(t)对应的时间向量
% f:f(t)对应的非零样值向量
% nf:f(t)对应的时间向量
% h:h(t)对应的非零样值向量
% nh:h(t)对应的时间向量
% p:取样时间间隔
y = conv(f,h);                                 % 计算序列 f(n)与 h(n)的卷积和 y(n)
y = y * p;                                     % y(n)变成 y(t)
left = nf(1) + nh(1)                           % 计算序列 y(n)非零样值的起点位置
right = length(nf) + length(nh) - 2            % 计算序列 y(n)非零样值的终点位置
k = p * (left:right);                          % 确定卷积和 y(n)非零样值的时间向量
```

运行结果如图 8-14 所示:

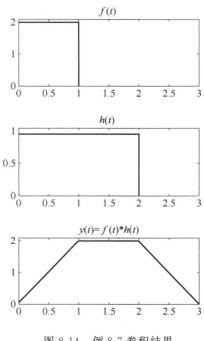

图 8-14　例 8-7 卷积结果

例 8-2-4　实现卷积 $f(t) * h(t)$，其中：$f(t) = 2[u(t) - u(t-2)], h(t) = e^{-t}u(t)$。

解　程序如下：

```
p = 0.01;                              % 取样时间间隔
nf = 0:p:2;                            % f(t)对应的时间向量
f = 2 * ((nf > = 0) - (nf > = 2));     % 序列 f(n) 的值
nh = 0:p:4;                            % h(t)对应的时间向量
h = exp( - nh);                        % 序列 h(n) 的值
[y,k] = sconv(f,h,nf,nh,p);            % 计算 y(t) = f(t) * h(t)
subplot(3,1,1),stairs(nf,f);           % 绘制 f(t) 的波形
title('f(t)');axis([0 6 0 2.1]);
subplot(3,1,2),plot(nh,h);             % 绘制 h(t) 的波形
title('h(t)');axis([0 6 0 1.1]);
subplot(3,1,3),plot(k,y);              % 绘制 y(t) = f(t) * h(t) 的波形
title('y(t) = f(t) * h(t)');axis([0 6 0 2.1]);
```

运行结果如图 8-15 所示：

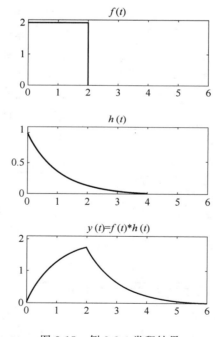

图 8-15　例 8-2-4 卷积结果

8.3　连续时间信号与系统频域分析的 MATLAB 实现

1. 傅里叶变换的 MATLAB 求解

MATLAB 的 symbolic Math Toolbox 提供了直接求解傅里叶变换及逆变换的函数 fourier()及 ifourier()两者的调用格式如下。

（1）Fourier 变换的调用格式

　　F＝fourier(f)：它是符号函数 f 的 fourier 变换默认返回是关于 w 的函数。

　　F＝fourier(f,v)：它返回函数 F 是关于符号对象 v 的函数，而不是默认的 w。

（2）Fourier 逆变换的调用格式

　　f＝ifourier(F)：它是符号函数 F 的 fourier 逆变换，默认的独立变量为 w，默认返回是关于 x 的函数。

　　f＝ifourier(f,u)：它的返回函数 f 是 u 的函数，而不是默认的 x。

注意：在调用函数 fourier()及 ifourier()之前，要用 syms 命令对所用到的变量（如 t，u，v，w)进行说明，即将这些变量说明成符号变量。

例 8-3-1　求 $f(t) = \mathrm{e}^{-2|t|}$ 的傅里叶变换。

解　程序如下：

```
syms t
Fw = fourier(exp( - 2 * abs(t)))
```

运行结果：

```
>>Fw = 4/(w^2 + 4)
```

例 8-3-2　求 $F(\mathrm{j}\omega) = \dfrac{1}{1 + \omega^2}$ 的逆变换 $f(t)$。

解　程序如下：

```
syms t   w
ft = ifourier(1/(1 + w^2),t)
```

运行结果：

```
>>ft = ((pi * heaviside(t))/exp(t) + pi * heaviside( - t) * exp(t))/(2 * pi)
```

2. 连续时间信号的频谱图

例 8-3-3　如图 8-16 所示周期矩形脉冲，试求其幅度谱。

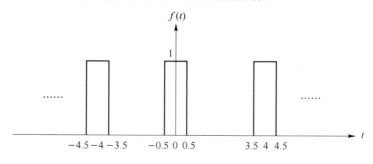

图 8-16　周期矩形脉冲

解　程序如下：

```
clear all
syms t n T tao A
```

```
T = 4;A = 1;tao = 1;
f = A * exp( - j * n * 2 * pi/T * t);
fn = int(f,t, - tao/2,tao/2)/T;                 % 计算傅里叶系数
fn = simple(fn);                                % 化简
n = [ - 20: - 1,eps,1:20];                      % 给定频谱的整数自变量,eps 代表 0
fn = subs(fn,n,´n´);                            % 计算傅里叶系数对应各个 n 的值
subplot(2,1,1),stem(n,fn,´filled´);             % 绘制频谱
line([ - 20 20],[0 0]);                         % 在图形中添加坐标线
title(´周期矩形脉冲的频谱´);
subplot(2,1,2),stem(n,abs(fn),´filled´);        % 绘制频谱
title(´周期矩形脉冲的幅度谱´);
axis([ - 20 20 0 0.3]);
```

运行结果如图 8-17 所示。

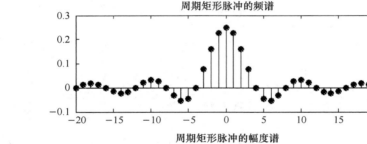

周期矩形脉冲的频谱

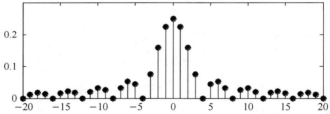

周期矩形脉冲的幅度谱

图 8-17　例 8-3-3 运行结果

用 MATLAB 符号算法求傅里叶变换有一定局限,当信号不能用解析式表达时,会提示出错,这时用 MATLAB 的数值计算也可以求连续信号的傅里叶变换,计算原理是

$$F(j\omega) = \int_{-\infty}^{\infty} f(t) e^{-j\omega t} dt = \lim_{\tau \to 0} \sum_{n=-\infty}^{\infty} f(n\tau) e^{-j\omega n\tau} \tau$$

当 τ 足够小时,近似计算可满足要求。若信号是时限的,或当时间大于某个给定值时,信号已衰减得很厉害,可以近似地看成时限信号时,n 的取值就是有限的,设为 N,有

$$F(k) = \sum_{n=0}^{N-1} f(n\tau) e^{-j\omega_k n\tau} \tau, 0 \leqslant k \leqslant N, \omega_k = \frac{2\pi}{N\tau}k \text{ 是频率取样点}$$

时间信号取样间隔 τ 应小于奈奎斯特取样时间间隔,若不是带限信号可根据计算精度要求确定一个频率 W_0 为信号的带宽。

例 8-3-4　用数值计算法求信号 $f(t) = u(t+1) - u(t-1)$ 的傅里叶变换。

分析:信号频谱是 $F(j\omega) = 2Sa(\omega)$,第一个过零点是 π,一般将此频率视为信号的带宽,

若将精度提高到该值的 50 倍,既 $W_0 = 50\pi$,据此确定取样间隔,$\tau < \dfrac{1}{2F_0} = 0.02$

解　程序如下:

```
R = 0.02;                                   % 取样间隔 τ = 0.02
t = - 2:R:2;                                 % t 为从 - 2 到 2,间隔为 0.02 的行
                                               向量,有 201 个样本点

ft = [zeros(1,50),ones(1,101),zeros(1,50)];  % 产生 f(t) 的样值矩阵(即 f(t) 的样
                                               本值组成的行向量)

W1 = 10 * pi;                                % 取要计算的频率范围
M = 500; k = 0:M; w = k * W1/M;               % 频域采样数为 M, w 为频率正半轴
                                               的采样点

Fw = ft * exp( - j * t´ * w) * R;             % 求傅氏变换 F(jw)
FRw = abs(Fw);                               % 取振幅
W = [ - fliplr(w),w(2:501)];                 % 由信号双边频谱的偶对称性,利用
                                               fliplr(w) 形成负半轴的点,% w(2:
                                               501) 为正半轴的点,函数 fliplr(w)
                                               对矩阵 w 行向量作 180 度反转

FW = [fliplr(FRw),FRw(2:501)];               % 形成对应于 2M + 1 个频率点的值
Subplot(2,1,1) ; plot(t,ft) ;grid;           % 画出原时间函数 f(t) 的波形,并加
                                               网格

xlabel('t') ; ylabel('f(t)');                % 坐标轴标注
title('f(t) = u(t + 1) - u(t - 1)');         % 文本标注
subplot(2,1,2) ; plot(W,FW) ;grid on;         % 画出振幅频谱的波形,并加网格
xlabel ('W') ; ylabel ('F(W)');              % 坐标轴标注
title('f(t) 的振幅频谱图');                   % 文本标注
```

运行结果如图 8-18 所示。

3. 用 MATLAB 分析 LTI 系统的频率特性

当系统的频率响应 $H(j\omega)$ 是 $j\omega$ 的有理多项式时,有

$$H(j\omega) = \frac{B(\omega)}{A(\omega)} = \frac{b_M(j\omega)^M + b_{M-1}(j\omega)^{M-1} + \cdots + b_1(j\omega) + b_0}{a_N(j\omega)^N + a_{N-1}(j\omega)^{N-1} + \cdots + a_1(j\omega) + a_0}$$

MATLAB 信号处理工具箱提供的 freqs 函数可直接计算系统的频率响应的数值解。其调用格式如下:　　　　　　　　　　H＝freqs(b,a,w)

其中,a 和 b 分别是 $H(j\omega)$ 的分母和分子多项式的系数向量,ω 为形如 $\omega_1 : p : \omega_2$ 的向量,定义系统频率响应的频率范围,ω_1 为频率起始值,ω_2 为频率终止值,p 为频率取样间隔。H 返回 ω 所定义的频率点上,系统频率响应的样值。

例 8-3-5　三阶低通滤波器特性为:$H(\omega) = \dfrac{1}{(j\omega)^3 + 3(j\omega)^2 + 2(j\omega) + 1}$,求幅频特性 $|H(\omega)|$ 和相频特性 $\varphi(\omega)$。

解　程序如下:

```
w = 0:0.01:5;
H = 1./((j * w).^3 + 3 * (j * w).^2 + 2 * j * w + 1);   % 三阶低通滤波器的频率
```

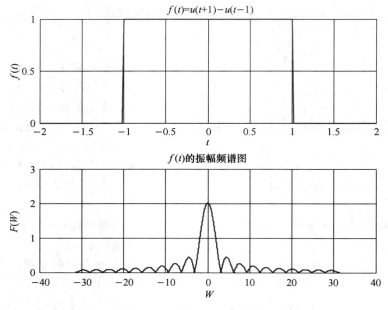

图 8-18　例 8-3-4 运行结果

```
subplot(1,2,1),plot(w,abs(H));                    % 绘制幅频特性曲线
title('幅频特性曲线');grid;axis tight;
subplot(1,2,2),plot(w,angle(H));                  % 绘制相频特性曲线
title('相频特性曲线');grid;axis tight;
```

                                              特性表达式

运行结果如图 8-19 所示。

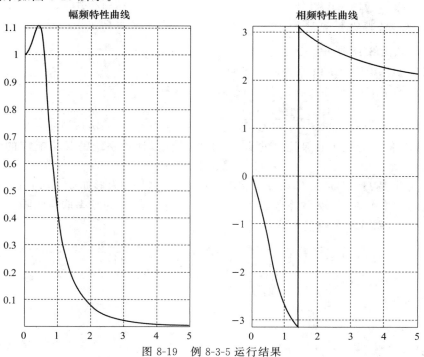

图 8-19　例 8-3-5 运行结果

8.4　连续时间信号与系统复频域分析的 MATLAB 实现

1. 拉普拉斯变换及 MATLAB 的实现

（1）利用 MATLAB 符号运算功能实现拉普拉斯变换

果连续时间信号 $f(t)$ 可用符号表达式表示,则可直接调用 MATLAB 的 laplace 函数来实现其单边拉普拉斯变换。调用 laplace 函数的命令格式为:

① L＝laplace(F):输入参量 F 为连续时间信号 $f(t)$ 的符号表达式,输出参量 L 为返回默认符号自变量 s 的关于 F 的拉普拉斯变换的符号表达式。

② L＝laplace(F,v):输入参量 F 为连续时间信号 $f(t)$ 的符号表达式,输出参量 L 为返回默认符号自变量 v 的关于 F 的拉普拉斯变换的符号表达式。

例 8-4-1　已知 $f(t)＝e^{-t}\sin \omega t$,求 $f(t)$ 的拉氏变换。

解　程序如下:

```
syms t w ;              % 定义时间符号变量
F = exp( - t) * sin(w * t);   % 定义连续时间信号的符号表达式
L = laplace(F)          % 计算拉普拉斯变换的符号表达式
```

运行结果:

```
>>L = w/((s + 1)^2 + w^2)
```

（2）利用 matlab 符号运算功能实现拉普拉斯逆变换

MATLAB 为用户提供实现信号拉普拉斯逆变换的专用函数 ilaplace。调用 ilaplace 函数的命令格式为:

① F＝ilaplace(L):输入参量 L 为连续时间信号 $f(t)$ 的拉普拉斯变换 $F(s)$ 的符号表达式,输出参量 F 为返回默认符号自变量 t 的关于符号表达式 L 的拉普拉斯逆变换 $f(t)$ 的符号表达式。

② F＝ilaplace(L,w):输入参量 L 为连续时间信号 $f(t)$ 的拉普拉斯变换 $F(s)$ 的符号表达式,输出参量 F 为返回默认符号自变量 w 的关于符号表达式 L 的拉普拉斯逆变换 $f(t)$ 的符号表达式。

例 8-4-2　已知 $F(s) = \dfrac{s^2}{s^2 + 1}$,求 $F(s)$ 的拉氏反变换。

解　程序如下:

```
syms s ;                % 定义复变量 s
L = s^2/(s^2 + 1);       % 定义拉普拉斯变换(像函数)的符号表达式
F = ilaplace(L)          % 计算拉普拉斯逆变换
```

运行结果:

```
>>F = dirac(t) - sin(t)
```

（3）部分分式展开

设连续时间信号 $f(t)$ 的拉普拉斯变换为

$$F(s) = \frac{A(s)}{B(s)} = \frac{\sum_{j=0}^{M} a_j s^j}{\prod_{i=1}^{N} (s-p_i)} = \sum_{i=1}^{N} \frac{r_i}{s-p_i} + \sum_{j=0}^{M-N} k_j s^j$$

对于复频域 $F(s)$ 可以应用 MATLAB 的 residue 函数求出 $F(s)$ 部分分式展开的系数及其极点位置后，可得到其拉普拉斯逆变换 $f(t)$。

调用 residue() 函数的命令格式为：

[r,p,k]＝residue(num,den)：式中，r 为包含 $F(s)$ 所有部分分式展开系数 $r_i(i=1,2,\ldots N)$ 的列向量，p 为包含 $F(s)$ 所有极点位置的列向量，k 为包含 $F(s)$ 部分分式展开的多项式的系数 $k_j(j=1,2,\cdots,M-N)$ 的行向量，若 $M<N$，则 k 返回为空阵。num 和 den 分别为 $F(s)$ 的分子多项式和分母多项式的系数。

例 8-4-3 设有函数 $F(s)=\dfrac{s^2+6s+5}{s^3+4s^2+5s}$，试展开部分分式

解 程序如下：

```
num =[1,6,5];
den =[1,4,5,0];
[r,p,k] = residue(num,den)
```

运行结果：$\gg$r = [0.0000－1.0000i 0.0000＋1.0000i 1.0000]
　　　　　　　 p = [2.0000＋1.0000i －2.0000－1.0000i 0]

2. 拉普拉斯变换曲面图与傅里叶变换之间的关系

（1）拉普拉斯变换曲面图的 MATLAB 实现

MATLAB 为拉普拉斯变换三维曲面图的可视化表现提供了便捷的方法和工具。用 MATLAB 绘制拉普拉斯幅度曲面图的过程如下：

① 定义两个向量 x 和 y 来确定绘制曲面图的复平面横坐标（实轴）和纵坐标（虚轴）的范围。

② 调用 meshgrid 函数产生包含绘制曲面图的 s 平面区域所有等间隔取样点的复矩阵 s。

③ 计算复矩阵 s 定义的各样点处信号拉普拉斯变换 $F(s)$ 的函数值，并调用 ads 函数求其模的大小。

④ 调用 mesh 函数绘出其幅度曲面图。

函数说明：

[x,y]＝meshgrid(x1,y1)：用来产生绘制平面图的区域，由 x_1,y_1 来确定具体的区域范围，由此产生 s 平面区域。当 $x=y$ 时，meshgrid 函数就可以写成 meshgrid(x)。

mesh(x,y,z,c)：用于绘制三维网格图，一般情况下，x、y、z 是维数相同的矩阵。c 省略时，matlab 认为 $c=z$，颜色的设定是正比于图形的高度。

surf(x,y,z,c)：用于绘制三维曲面图，各线条之间的补面用颜色填充。

view(az,el)：设置视点的函数，其中 az 为方位角，el 为仰角，均以度为单位。系统默认的视点定义为方位角－37.5°，仰角为30°。

（2）拉普拉斯变换与傅里叶变换之间的关系

拉普拉斯变换与傅里叶变换之间的关系可表述为：傅里叶变换是信号在虚轴上的拉普拉

斯变换，也可用下面的数学表达式表示

$$H(\mathrm{j}\omega) = H(s)\big|_{s=\mathrm{j}\omega}$$

即令信号拉普拉斯变换 $F(s)$ 中复变量 s 的实部为零（$\delta f = 0$），就可以得到信号的傅里叶变换 $F(\mathrm{j}\omega)$。从三维几何空间的角度来看，信号 $f(t)$ 的傅里叶变换 $F(\mathrm{j}\omega)$ 就是其拉普拉斯曲面图中 s 平面虚轴剖图（$\delta = 0$）所对应的曲线。

例 8-4-4　试利用 MATLAB 绘制单边矩形脉冲信号 $f(t)=u(t)-u(t-2)$ 的拉普拉斯变换的幅度曲面图及该信号的幅度频谱曲线，观察分析拉普拉斯变换幅度曲面图在虚轴剖面上的对应曲线，并将其与信号傅里叶变换 $F(\mathrm{j}\omega)$ 绘制的振幅频谱进行比较。

解　程序如下：

```
clear;
a = -0:0.1:5;
b = -20:0.1:20;
[a,b] = meshgrid(a,b);
c = a + i * b;                      %确定绘图区域
c = (1 - exp(-2 * (c)))./(c);
c = abs(c);                         %计算拉普拉斯变换
subplot(211)
mesh(a,b,c);                        %绘制曲面图
surf(a,b,c);
view(-60,20)                        %调整观察视角
axis([-0,5,-20,20,0,2]);
title('The Laplace transform of the rectangular pulse');
w = -20:0.1:20;
Fw = (2 * sin(w). * exp(i * (w)))./(w);
subplot(212);
plot(w,abs(Fw));
title('The Fourier transform of the rectangular pulse');
xlabel('frequence w');
```

运行结果如图 8-20 所示。

3. 系统函数的零极点分布图

$H(s)$ 可以有多种表示形式，其中零极点形式：

$$H(s) = \frac{k\prod\limits_{j=1}^{M}(s-z_j)}{\prod\limits_{i=1}^{N}(s-p_i)},$$

$z_j(j=1,2,\cdots,M)$ 为 $H(s)$ 的 M 个零点，$p_i(i=1,2,\cdots,N)$ 为 $H(s)$ 的 N 个极点。系统函数的零极点图（Zero-pole diagram）能够直观地表示系统的零点和极点在 S 平面上的位置，从而比较容易分析系统函数的收敛域和稳定性。对于稳定的连续系统，其系统函数的收敛域必然包括虚轴。稳定的因果系统，其系统函数的全部极点一定位于 S 平面的左半平面。

函数说明：

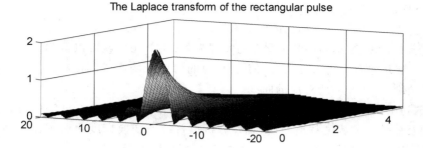

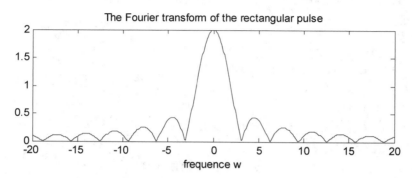

图 8-20 例 8-4-4 运行结果

r＝roots（c）：用于计算零、极点，其中 c 为多项式的系数向量（从高次到低次），r 为根向量。若参数为 $H(s)$ 的分子多项式系数 b，则得到零点；若为 $H(s)$ 的分母多项式系数 a，则得到极点。

$[p, z]$＝pzmap（sys）：也具有计算极点 p 和零点 z 的功能。

pzmap（sys）：不带返回值，则绘制出系统的零、极点分布图。

H＝freqs（num，den，w）：计算由 num，den 描述的系统的频率响应特性曲线。返回值 H 为频率向量规定的范围内的频率响应向量值。如果不带返回值 H，则执行此函数后，将直接在屏幕上给出系统的对数频率响应曲线（包括幅频特性取向和相频特性曲线）。

H＝impulse（num，den，t）：求系统的单位冲激响应，不带返回值，则直接绘制响应曲线，带返回值则将冲激响应值存于向量 h 之中。

例 8-4-5 已知连续系统 $H(s) = \dfrac{s+2}{s^2 + 4s + 5}$，求零极点并画出零极点图，并求阶跃响应 $s(t)$ 和冲击响应 $h(t)$。

解 程序如下

```
b = [1 2];                    % 系统函数分子多项式系数
a = [1 4 5];                  % 系统函数分母多项式系数
sys = tf(b,a);               % 传递函数 H(s)
subplot(1,3,1),pzmap(sys);   % 绘制零极点图
subplot(1,3,2),step(b,a);    % 阶跃响应 s(t)
subplot(1,3,3),impulse(b,a); % 冲激响应 h(t)
```

运行结果如图 8-20 所示。

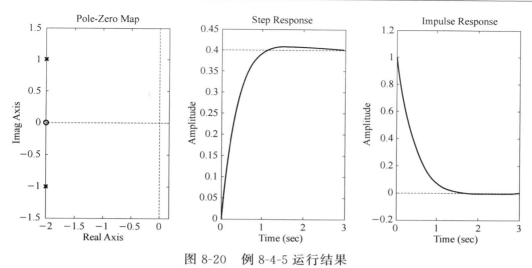

图 8-20　例 8-4-5 运行结果

注:将鼠标移到零极点上即能显示其位置坐标。

8.5　离散时间系统时域分析的 MATLAB 实现

1. 离散时间序列波形表示

一般来说,离散时间信号用 $f(n)$ 表示,其中变量 n 为整数,代表离散的采样时间点,$f(n)$ 可表示为:$f(n)=\{\cdots f(-2), f(-1), f(0), f(1), f(2)\cdots\}$。在用 MATLAB 绘制离散时间信号波形时,要使用专门绘制离散数据的 stem 命令,而不用 plot 命令。

如序列　$f(n)=\{1,2,-1,3,2,4,-1\}$
↑
$n=0$

在 MATLAB 中应表示为:

n＝[-3,-2,-1,0,1,2,3]或是 n＝-3:3;
f＝[1,2,-1,3,2,4,-1];

用如下 stem 命令绘图:

stem(n,f,´filled´);
axis([-4,4,-1.5,4.5]);

则得到对应的序列波形图。

(1) 常见离散信号

① 单位样值序列 $\delta(n)$

％输入参量 n 为生成的单位样值序列对应的时间向量
％输出参量 x 则返回与 n 相对应的单位样值序列的对应样值向量
function x＝dwxl(n)
x＝(n＝＝0);

运行下列命令：

```
n = -3:3
x = dwxl(n)
stem(n,x,´filled´)
title(´单位样值序列´)
xlabel(´n´)
```

② 离散时间单位阶跃信号 $u[n]$ 定义为

```
function x = jyxl(n)
x = (n> = 0)           % x = 1for n>0,else x = 0
```

运行下列命令：

```
n = -3:8
x = jyxl(n)
```

离散时间单位阶跃信号 $u[n]$ 除了也可以直接用前面给出的扩展函数来产生，还可以利用 MATLAB 内部函数 ones$(1,N)$ 来实现。这个函数类似于 zeros$(1,N)$，所不同的是它产生的矩阵的所有元素都为 1。

（2）离散序列的时域基本运算

对于离散序列，利用 MATLAB 实现其时域运算时要注意以下几点：

a. 离散序列的时域运算不能用符号运算来实现，而必须用向量表示的方法。

b. 参加时域运算的两序列向量必须具有相同的维数。

① 相加与相乘

```
function[x,n] = jxl(x1,x2,n1,n2)
n = min(min(n1),min(n2)):max(max(n1),max(n2));        %构造和序列的长度
s1 = zeros(1,length(n));
s2 = s1;                              %初始化新向量
s1(find((n> = min(n1))&(n< = max(n1)) = = 1)) = x1;   %将 x1 中在和序列范围内但
                                                       又无定义的点赋值为零
s2(find((n> = min(n2))&(n< = max(n2)) = = 1)) = x2;   %将 x2 中在和序列范围内但
                                                       又无定义的点赋值为零
x = s1 + s2;  %两长度相等序列求和
axis([(min(min(n1),min(n2)) - 1),(max(max(n1),max(n2)) + 1),(min(x) - 0.5),(max(x) + 0.5)]);
```

② 反褶

指将序列 $x(n)$ 的自变量 n 替换为 $-n$，将离散序列 $x(n)$ 变换为 $x(-n)$，其几何意义是将序列 $x(n)$ 以纵坐标为轴对称进行左右反转。

```
function[x,n] = xlfz(x1,n1)
x = fliplr(x1);
n = -fliplr(n1);                 % 调用 fliplr 函数实现反褶
```

```
stem(n,x,´filled´)
axis([min(n) − 1,max(n) + 1,min(x) − 0.5,max(x) + 0.5]);
```

函数说明:fliplr 函数:实现矩阵行元素的左右翻转。

调用格式:B＝fliplr(A):其中 A 指要翻转的矩阵。

2. 离散系统的单位脉冲响应及 MATLAB 实现

MATLAB 为用户提供专门求离散系统单位脉冲响应 $h(k)$ 的函数,即 impz 函数。调用 impz 函数时,类似连续系统,也需要用向量来对离散系统进行表示。设描述离散系统的差分方程为:

$$\sum_{i=0}^{N} a_i y(k-i) = \sum_{i=0}^{M} b_j f(k-j)$$

则可以用向量 a 和 b 表示该系统,即: $a=[a_0,a_1,\cdots,a_{N-1},a_N]$, $b=[b_0,b_1,\cdots,b_{M-1},b_M]$;在用向量来表示差分方程描述的离散系统时,缺项要用 0 来补齐。

函数 impz( ) 能绘出向量 a 和 b 定义的离散系统在指定时间范围内单位脉冲响应 $h(k)$ 的时域波形,并能求出系统单位脉冲响应 $h(k)$ 在指定时间范围内的数值解。impz( ) 函数有如下几种调用格式:

impz(b,a) 以默认方式绘出向量 a 和 b 定义的离散系统 $h(k)$ 的时域波形;

impz(b,a,n) 绘出向量 a 和 b 定义的离散系统在 $0\sim n$(n 必须为整数)离散时间范围内单位脉冲响应 $h(k)$ 的时域波形;

impz(b,a,n1:n2) 绘出向量 a 和 b 定义的离散系统在 $n_1\sim n_2$(n_1、n_2 必须为整数,且 $n_1 < n_2$)离散时间范围内单位脉冲响应 $h(k)$ 的时域波形;

y＝impz(b,a,n1:n2) 不绘出系统的 $h(k)$ 的时域波形,而是求出向量 a 和 b 定义的离散系统在 $n_1\sim n_2$(n_1、n_2 必须为整数,且 $n_1 < n_2$)离散时间范围内单位脉冲响应 $h(k)$ 的数值解。

filter 函数:对输入数据进行数字滤波

调用格式:y＝filter(b,a,x):返回向量 a,b 定义的离散系统在输入为 x 时的零状态响应。如果 x 是一个矩阵,那么函数 filter 对矩阵 x 的列进行操作;如果 x 是一个 N 维数组,就对数组中的一个非零量进行操作。

[y,zf]＝filter(b,a,x):返回了一个状态向量的最终值 zf。

[y,zf]＝filter(b,a,x,zi):指定了滤波器的初始状态向量 zi。

[y,zf]＝filter(b,a,x,zi,dim):则是给定 x 中要进行滤波的维数 dim。

例 8-5-1　已知差分方程 $y(n) - y(n-1) + 0.8y(n-2) = f(n)$,求① 当 $f(n) = 0.5^n u(n)$ 时,求零状态响应 $y(n)$;② 当 $f(n) = \delta(n)$ 时,求单位响应 $h(n)$。

解　程序如下:

```
b = [1];a = [1 − 1 0.8];          % 差分方程的系数
n = 0:15;                         % 序列的个数
fn = 0.5.^n;                      % 输入序列
y1 = filter(b,a,fn);              % 零状态响应
y2 = impz(b,a,n);                 % 单位响应
subplot(1,2,1),stem(n,y1,´filled´);title(´零状态响应´);grid on
subplot(1,2,2),stem(n,y2,´filled´);title(´单位响应´);grid on
```

运行结果如图 8-21 所示。

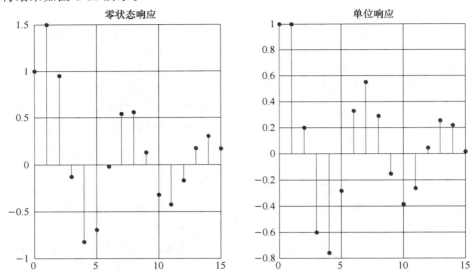

图 8-21　例 8-5-1 运行结果

3. 用 MATLAB 实现离散信号的卷积和

离散时间序列 $x_1(n)$ 和 $x_2(n)$ 的卷积和 $x(n)$ 定义为

$$x(n) = x_1(n) \cdot x_2(n) = \sum_{k=-\infty}^{\infty} x_1(k) \cdot x_2(n-k)$$

设 $x_1(n)$ 和 $x_2(n)$ 为两个在有限时间区间非零的离散时间序列,即序列 $x_1(n)$ 在区间 $n_1 \sim$ n_2 非零,$x_2(n)$ 在区间 $m_1 \sim m_2$ 非零,则可得序列 $x_1(n)$ 的时域宽度为 $L_1 = n_2 - n_1 + 1$,$x_2(n)$ 的时域宽度为 $L_2 = m_2 - m_1 + 1$。由卷积和的定义可得,卷积和序列 $x(n) = x_1(n) \cdot x_2(n)$ 的时域宽度为 $L = L_1 + L_2 - 1$,且只有在区间 $(n_1 + m_1) \sim (n_1 + m_1) + (L_1 + L_2) - 2$ 非零。因此,对于 $x_1(n)$ 和 $x_2(n)$ 均为有限期间非零的情况,只需要计算序列 $x_1(n)$ 在区间 $(n_1 + m_1) \sim (n_1 + m_1) + (L_1 + L_2) - 2$ 的序列值,便可以表征整个序列 $x(n)$.

MATLAB 为用户提供了用于求两个有限时间区间非零的离散时间序列卷积和的专用函数 conv。conv 函数的调用格式为:

$x = \text{conv}(x1, x2)$:输入参量 x1 为包含序列 $x_1(n)$ 的所有非零样值点的行向量,x_2 为包含序列 $x_2(n)$ 的所有非零样值点的行向量;输出参量 x 则为返回序列 $x(n) = x_1(n) \cdot x_2(n)$ 的所有非零样值点的行向量。

例 8-5-2　若 $f(n) = 0.8^{n-5} u(n-5)$,到 $n = 30$,$h(n) = R_{10}(n)$,求 $y(n) = f(n) \cdot h(n)$

解　程序如下:

```
nf = 5:30;Nf = length(nf);          % 确定 f(n) 的序号向量和区间长度
f = 0.8.^(nf - 5);                  % 确定 f(n) 序列值
nh = 0:9;Nh = length(nh);           % 确定 h(n) 的序号向量和区间长度
h = ones(1,Nh);;                    % 确定 h(n) 序列值
left = nf(1) + nh(1);               % 确定卷积序列的起点
right = nf(Nf) + nh(Nh);            % 确定卷积序列的终点
y = conv(f,h);                      % 计算 f(n) 和 x(n) 的卷积
```

```
subplot(3,1,1),stem(nf,f,´filled´);          % 绘制 f(n) 的图形
axis([0 40 0 1]);
subplot(3,1,2),stem(nh,h,´filled´);          % 绘制 x(n) 的图形
axis([0 40 0 1.1]);
subplot(3,1,3),stem(left:right,y,´filled´);  % 绘制 y(n) 的图形
axis([0 40 0 5]);
```

运行结果如图 8-22 所示。

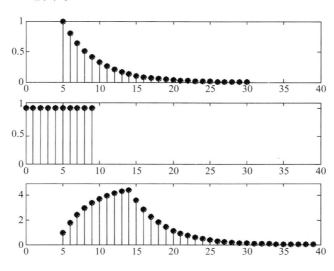

图 8-22　例 8-5-2 运行结果

例 8-5-3　菲波那契数列为：

$$\{0,1,1,2,3,5,8,13,\cdots\}$$

其数学模型为：$y(n) - y(n-1) - y(n-2) = 0$

试求 $n = 0 \sim 30$ 时 $y(n)$ 的值，并分别画出 $n = 0 \sim 20$ 和 $n = 0 \sim 30$ 曲线 $y(n)$。

解　程序如下：

```
y(1) = 0;
y(2) = 1;
for i = 3:30
    y(i) = y(i-1) + y(i-2);
end
disp(y);
subplot(1,2,1),stem(y(1:20),´filled´); % 绘制 n = 0～20 时菲波那契数列的图形
subplot(1,2,2),stem(y(1:30),´filled´); % 绘制 n = 0～30 时菲波那契数列的图形
```

运行结果如图 8-23 所示。

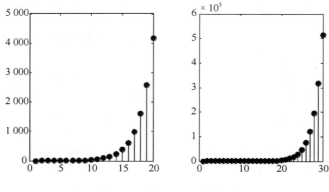

图 8-23　例 8-5-3 运行结果

8.6　离散时间系统 Z 域分析的 MATLAB 实现

1. 正/反 Z 变换

在 MATLAB 语言中有专门对信号进行正反 Z 变换的函数 ztrans( ) 和 itrans( )。其调用格式分别如下：

F = ztrans(f)　　　　　对 f(n)进行 Z 变换,其结果为 F(z)

F = ztrans(f,v)　　　　　对 f(n)进行 Z 变换,其结果为 F(v)

F = ztrans(f,u,v)　　　　对 f(u)进行 Z 变换,其结果为 F(v)

f = itrans(F)　　　　　　对 F(z)进行 Z 反变换,其结果为 f(n)

f = itrans(F,u)　　　　　对 F(z)进行 Z 反变换,其结果为 f(u)

f = itrans(F,v,u)　　　　对 F(v)进行 Z 反变换,其结果为 f(u)

注意：在调用函数 ztran( )及 iztran( )之前,要用 syms 命令对所有需要用到的变量(如 t, u,v,w)等进行说明,即要将这些变量说明成符号变量。

例 8-5-4　用 MATLAB 求出离散序列 $f(k) = (0.5)^n u(n)$ 的 Z 变换。

解　程序如下：

```
syms n z
f = 0.5^n;              %定义离散信号
Fz = ztrans(f)          %对离散信号进行 Z 变换
```

运行结果如下：≫Fz＝2 * z/(2 * z−1)

例 8-5-5　已知一离散信号的 Z 变换式为 $F(z) = \dfrac{2z}{2z-1}$,求出它所对应的离散信号 $f(n)$。

解　程序如下：

```
syms n z
Fz = 2 * z/(2 * z−1);    %定义 Z 变换表达式
fk = iztrans(Fz,n)       %求反 Z 变换
```

运行结果如下：>>fk = (1/2)^n

2. 离散系统的频率特性

同连续系统的系统函数 $H(s)$ 类似，离散系统的系统函数 $H(z)$ 也反映了系统本身固有的特性。对于离散系统来说，如果把其系统函数 $H(z)$ 中的复变量 z 换成 $e^{j\omega T}$，那么所得的函数 $H(e^{j\omega T})$ 就是此离散系统的频率响应特性，即离散时间系统的频率响应为：

$$H(e^{j\omega T}) = |H(e^{j\omega T})| \cdot e^{j\varphi(\omega)} = H(z)|_{z=e^{j\omega T}}$$

其中，$|H(e^{j\omega T})|$ 称为离散系统的幅频特性，$\varphi(\omega)$ 称为系统的相频特性。MATLAB 为我们提供了专门用于求解离散系统频率响应的函数 freqz()，其调用格式如下：

$$[H,w] = freqz(B,A,N)$$

其中，B 和 A 分别是表示待分析的离散系统的系统函数的分子、分母多项式的向量，**N** 为正整数，返回向量 H 则包含了离散系统频率响应函数 $H(e^{j\omega})$ 在 $0 \sim \pi$ 范围内的 N 个频率等分点的值。向量 w 则包含 $0 \sim \pi$ 范围内的 N 个频率等分点。在默认情况下 $N = 512$。

$[H,w] = freqqz(B,A,N,'whole')$ 其中，B，A 和 N 的意义同上，而返回向量 H 包含了频率响应函数 $H(e^{j\omega})$ 在 $0 \sim 2\pi$ 范围内 N 个频率等分点的值。

由于调用 freqz() 函数只能求出离散系统频率响应的数值，不能直接绘制曲线图，因此，我们可以先用 freqz() 函数求出系统频率响应的值，然后再利用 MATLAB 的 abs() 和 angle() 函数以及 plot() 命令，即可绘制出系统在 $0 \sim \pi$ 或 $0 \sim 2\pi$ 范围内的幅频特性和相频特性曲线。

例 8-5-6 若离散系统的系统函数为 $H(z) = \dfrac{z-0.5}{z}$，请用 MATLAB 计算系统在 $0 \sim 2\pi$ 频率范围内 200 个频率等分点的频率响应值，并绘出相应的幅频特性和相频特性曲线。

解 程序如下：

```
A = [1 0];
B = [1 -0.5];
%[H,w] = freqz(B,A,200);
[H,w] = freqz(B,A,200,'whole');       % 求出对应 0～2π 范围内 200 个频率点的频
                                        率响 % 应样值
HF = abs(H);                          % 求出幅频特性值
HX = angle(H);                        % 求出相频特性值
subplot(2,1,1);plot(w,HF)            % 画出幅频特性曲线
subplot(2,1,2);plot(w,HX)            % 画出相频特性曲线
```

运行结果如图 8-24 所示。

结果分析：从该系统的幅频特性曲线可以看出，该系统呈高通特性，是一阶高通滤波器。

3. 离散系统零极点图

MATLAB 提供了绘制离散系统零、极点分布图的专用函数 zplane，该函数的调用格式如下：

① zplane(z,p)：以单位圆为参考圆绘制 z 为零点列向量，p 为极点列向量的零极点图，若有重复点，在重复点右上角以数字标出重数。

② zplane(b,a)：b,a 分别是系统函数 H(z) 分子和分母多项式系数的行向量。

例 8-5-7 已知 $F(z) = \dfrac{z+0.6}{z^2-1.2z+0.4} = \dfrac{z^{-1}+0.6z^{-2}}{1-1.2z^{-1}+0.4z^{-2}}$，求反变换（计算到 $n =$

40）并画出 $f(n)$ 曲线。

解 程序如下：

```
b = [0 1 0.6];
a = [1 - 1.2 0.4];
[fn n] = impz(b,a,40);        % 用长除法求逆 z 变换 f(n)
stem(n,fn,'filled');          % 绘制 f(n) 的波形
```

运行结果如图 8-25 所示。

例 8-5-8 设数字滤波器系统函数

$$H(z) = \frac{z^2 + 2z + 1}{z^3 - 0.5z^2 - 0.005z + 0.3} = \frac{z^{-1} + 2z^{-2} + z^{-3}}{1 - 0.5z^{-1} - 0.005z^{-2} + 0.3z^{-3}}$$

试：(1)画出零极点图；(2)求系统响应 $h(n)$；(3)求系统的幅频特性 $H(e^{j\Omega})$ 和相频特性 $\varphi(\Omega)$

解 程序如下：

```
b = [0 1 2 1];
a = [1 - 0.5 - 0.005 0.3];
subplot(2,2,1),zplane(b,a);                    % 绘制系统的零极点图
title('系统的零极点图');
[hn n] = impz(b,a,16);                          % 用长除法求逆 z 变换 h(n)
subplot(2,2,2),stem(n,hn,'filled');            % 绘制单位响应 h(n) 的波形
title('单位响应 h(n)');grid on;axis tight;
[h w] = freqz(b,a,16);                          % 计算频率响应
subplot(2,2,3),plot(w,abs(h)');                % 绘制幅频特性曲线
title('幅频特性曲线');grid on;
subplot(2,2,4),plot(w,angle(h));               % 绘制相频特性曲线
title('相频特性曲线');grid on;
```

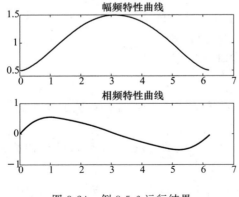

图 8-24　例 8-5-6 运行结果

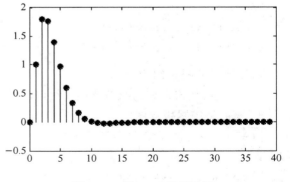

图 8-25　例 8-5-7 运行结果

运行结果如图 8-26 所示。

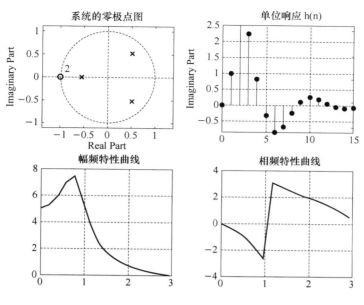

图 8-26　例 8-5-8 运行结果

8.7　系统状态变量分析法的 MATLAB 实现

例 8-7-1　已知系统和状态方程和输出方程

$$X' = \begin{pmatrix} 1 & 0 \\ 1 & -3 \end{pmatrix} X + \begin{pmatrix} 1 \\ 0 \end{pmatrix} f \qquad y = \begin{bmatrix} -0.25 & 1 \end{bmatrix} X$$

求其系统的零极点。

解　程序如下：

```
A = [1,0;1, - 3];B = [1;0];C = [ - 0.25,1];D = 0;
[z,p] = ss2zp(A,B,C,D)
zplane(z,p)
```

运行结果如图 8-27 所示。

例 8-7-2　已知 RLC 并联电路的状态方程为：

$$\begin{cases} \dfrac{\mathrm{d}i_L}{\mathrm{d}t} = \dfrac{1}{L} u_C \\[2mm] \dfrac{\mathrm{d}u_C}{\mathrm{d}t} = -\dfrac{1}{C} i_L - \dfrac{1}{RC} u_C \end{cases}$$

设初始值 $i_L(0) = 1$ A，$u_C(0) = 1$ V，在下列情况下求解 $i_L(t)$ 和 $u_C(t)$，并画出 $i_L \sim u_C$ 平面的状态轨道。

（1）$R = 0.4\Omega, L = 0.1H, C = 0.1F$；

（2）$R = 5/6\Omega, L = 0.1H, C = 0.1F$；

解　程序如下：

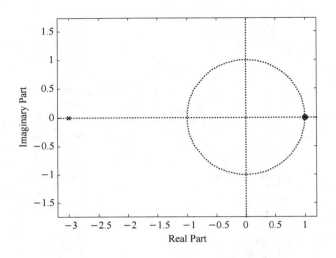

图 8-27　例 8-7-1 运行结果

```
R = input('电阻 R = ');                  % 以交互方式输入电阻 R 的值
L = input('电感 L = ');                  % 以交互方式输入电阻 L 的值
C = input('电容 C = ');                  % 以交互方式输入电阻 C 的值
A = [0 1/L; - 1/C - 1/(R * C)];         % 状态矩阵 A
syms t                                   % 符号变量 t
F = expm(A * t);                         % 计算 exp(A * t)
x0 = [1;1];                              % 电流和电压的初始值 i(0)和 u(0)
X = F * x0                               % 求解电流 i 和电压 u
t = 0:0.02:2;
I = subs(X(1,:),t,'t');
subplot(1,3,1),plot(t,I);                % 绘制 i(t)的曲线
title('i(t)的曲线');
grid on;axis square;
U = subs(X(2,:),t,'t');
subplot(1,3,2),plot(t,U);                % 绘制 u(t)的曲线
title('u(t)的曲线');
grid on;axis square;
subplot(1,3,3),plot(I,U);                % 绘制 i(t) - u(t)的状态轨道
title('i(t) - u(t)的状态轨道');
xlabel('i(t)');ylabel('u(t)');
grid on;axis square;
```

运行结果如图 8-28 所示。

a. 电阻 R＝0.4　电感 L＝0.1　电容 C＝0.1

$$X = [- exp(-20 * t) + 2 * exp(-5 * t)]$$
$$[- exp(-5 * t) + 2 * exp(-20 * t)]$$

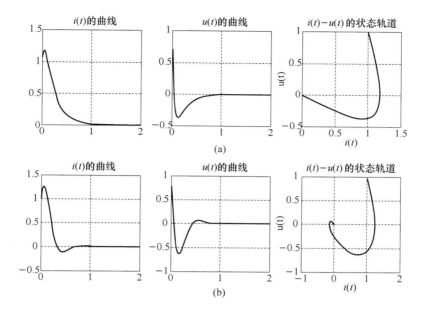

图 8-28 例 8-7-2 运行结果

即：$i_L(t) = (-e^{-20t} + 2e^{-5t})\varepsilon(t)$，$u_C(t) = (-e^{-5t} + 2e^{-20t})\varepsilon(t)$

b. 电阻 $R = 5/6$ 电感 $L = 0.1$ 电容 $C = 0.1$

X = [exp(-6*t)*cos(8*t) + 2*exp(-6*t)*sin(8*t)]

[-2*exp(-6*t)*sin(8*t) + exp(-6*t)*cos(8*t)]

即：$i_L(t) = e^{-6t}[\cos(8t) + 2\sin(8t)]\varepsilon(t)$，$u_c(t) = e^{-6t}[-2\sin(8t) + \cos(8t)]\varepsilon(t)$

例 8-7-3 设有状态方程：

$$\begin{pmatrix} \dot{x}_1 \\ \dot{x}_2 \end{pmatrix} = \begin{pmatrix} 1 & 2 \\ 0 & -1 \end{pmatrix} \begin{pmatrix} x_1 \\ x_2 \end{pmatrix} + \begin{pmatrix} 0 & 1 \\ 1 & 0 \end{pmatrix} \begin{pmatrix} f_1(t) \\ f_2(t) \end{pmatrix}$$

$$\begin{pmatrix} y_1(t) \\ y_2(t) \end{pmatrix} = \begin{pmatrix} 1 & 1 \\ 0 & -1 \end{pmatrix} \begin{pmatrix} x_1 \\ x_2 \end{pmatrix} + \begin{pmatrix} 1 & 0 \\ 1 & 0 \end{pmatrix} \begin{pmatrix} f_1(t) \\ f_2(t) \end{pmatrix}$$

$$\begin{pmatrix} x_1(0) \\ x_2(0) \end{pmatrix} = \begin{pmatrix} 1 \\ -1 \end{pmatrix} \quad f_1(t) = \varepsilon(t), f_2(t) = \delta(t)$$

试求 $x_1(t)$ 和 $x_2(t)$，$y_1(t)$ 和 $y_2(t)$，打印各曲线。

解 程序如下：

```
A = [1 2;0 -1];B = [0 1;1 0];          % 系数矩阵 A,B,C,D
C = [1 1;0 -1];D = [1 0;1 0];
x0 = [1 -1];
dt = 0.01;
t = 0:dt:2;
f(:,1) = ones(length(t),1);            % f1(t) = u(t)
f(:,2) = [1;zeros(length(t) -1,1)];    % f2(t) = dirac(t)
```

```
sys = ss(A,B,C,D);                          % 状态方程模型
[y t0 x] = lsim(sys,f,t,x0);                % 求解状态方程
subplot(2,2,1),plot(t,x(:,1));              % 绘制 x1(t)
xlabel('t'),ylabel('x1(t)');
subplot(2,2,2),plot(t,x(:,2));              % 绘制 x2(t)
xlabel('t'),ylabel('x2(t)');
subplot(2,2,3),plot(t,y(:,1));              % 绘制 y1(t)
xlabel('t'),ylabel('y1(t)');
subplot(2,2,4),plot(t,y(:,2));              % 绘制 y2(t)
xlabel('t'),ylabel('y2(t)');
```

运行结果如图 8-29 所示。

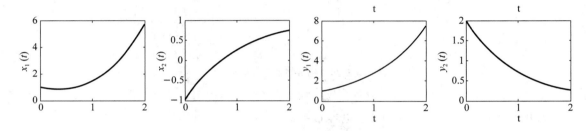

图 8-29　例 8-7-3 运行结果

部分习题答案

习题一

1-1 （1）

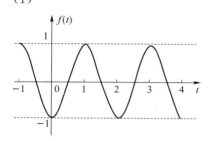

（2）

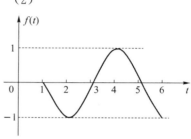

（3）

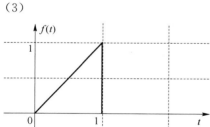

（4）

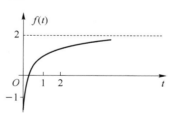

1-2 $f_1(t) = [u(t) - u(t-2)]$ $f_2(t) = t[u(t+1) - u(t-1)] + u(t-1) - u(t-2)$

1-3 （1）周期信号 $T = 2\pi$ （2）周期信号 $T = 1$

（3）周期信号 $T = 2$ （4）非周期

（5）非周期   （6）非周期

1-5 （1）$f_1(t) = 0$ （2）$f_2(t) = e\delta(t-1)$

（3）$f_3(t) = e^{-2t}\delta(2t+2)$ （4）$f_4(t) = \dfrac{1}{2}e^2\delta(t+1)$

1-6 （1）$-\dfrac{\pi}{4} + \dfrac{\sqrt{2}}{2}$ （2）-2 （3）-5 （4）1 （5）4 （6）0

1-8 （1）系统为线性、时不变、因果的   （2）系统为线性、时变、因果的

（3）系统为线性、时不变、因果的   （4）系统为线性、时变、非因果的

（5）系统为非线性、时不变、因果的   （5）系统为非线性、时变、因果的

1-9 （1）$f_1(t) = (t-1)u(t-1)$ （2）$f_2(t) = u\left(t + \dfrac{\tau}{2}\right) + u\left(t - \dfrac{\tau}{2}\right) + u\left(t + \dfrac{\tau}{4}\right) +$

$$u\left(t - \frac{\tau}{4}\right)$$

1-11 (1) $f_e(t) = 0.5, f_0(t) = 0.5\mathrm{sgn}t$

(2) $f_e(t) = \frac{1}{\sqrt{2}}\cos(\omega_0 t), f_0(t) = \frac{1}{\sqrt{2}}\sin(\omega_0 t)$

(3) $f_e(t) = \cos(\omega_0 t), f_0(t) = j\sin(\omega_0 t)$

1-12 $y_2(t) = \delta(t) - ae^{-at}u(t)$

习题二

2-1 (1) $e^{-t}(\cos t + 3\sin t)$ (2) $(3t+1)e^{-t}$ (3) $1 - (t+1)e^{-t}$

2-2 (1) $\underbrace{4e^{-t} - 3e^{-2t}}_{\text{零输入响应}} \underbrace{-2e^{-t} + \frac{1}{2}e^{-2t} + \frac{2}{3}}_{\text{零状态响应}}$ (2) $\underbrace{4e^{-t} - 3e^{-2t}}_{\text{零输入响应}} + \underbrace{e^{-t} - e^{-2t}}_{\text{零状态响应}}$

2-3 $h(t) = (-4e^{-2t} + 7e^{-3t})u(t)$

2-4 $y'(t) + y(t) = x(t)$ $y_{zs}(t) = (2e^{-t} - 2e^{-2t})u(t)$

2-5 $H\left[\dfrac{\mathrm{d}}{\mathrm{d}t}e(t)\right] = H[3 \cdot 2e^{-3t}u(t) + 2e^{-3t}\delta(t)] = H[-3 \cdot 2e^{-2t}u(t) + 2\delta(t)]$

$$= -3r(t) + 2h(t)$$

$$\therefore h(t) = \frac{1}{2}e^{-2t}u(t)$$

2-6 (1) $f(t)$ (2) $f'(t)$ (3) $f^{-1}(t)$ (4) $f(t+3)$ (5) $f(t-t_1-t_2)$ (6) $-2e^{-2t}$

2-7 $y(t) = h(t) * f(t) = u(t-1) * [\delta(4+t) + \delta(4-t)]$

$$= u(t+3) + u(t-5)$$

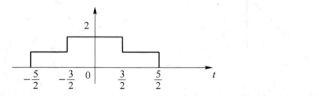

(2分)

2-8 $f(t) * g(t) = [u(t) - u(t-1)] * [\delta(t+5) + \delta(t-5)] = u(t+5) + u(t-5) - $
$\qquad u(t+4) - u(t-6) = u(t+5) - u(t+4) + u(t-5) - u(t-6)$

2-9 (1) $r_{zi}(t) = 5e^{-t} - 4e^{-t}$ $t > 0$

(2) $r_{zi}(t) = -e^{-t} + \frac{1}{2}e^{-2t}$ $t > 0$

$r(t) = 4e^{-t} - \frac{7}{2}e^{-2t}$ $t > 0$

2-11 (1) $h(t) = e^{-2t}u(t)$

(2) $h(t) = (te^{-t} + 2e^{-t})u(t)$

(3) $h(t) = (e^{-t} + e^{-3t} - 2e^{-4t})u(t)$

2-12 (1) $(t-2)^2$

(2) $\sin \pi t[u(t) - u(t-2)] + \sin \pi(t-1)[u(t-1) - u(t-3)]$

(3) $\frac{1}{2}e^{-(t-\frac{3}{2})}u(t - \frac{3}{2})$

2-13 $\quad h(t) = -\mathrm{e}^{-t}u(t) + \delta(t)$

$\qquad r_{\mathrm{zs}}(t) = -\mathrm{e}^{-(t+1)}u(t+1) + \delta(t+1) - \mathrm{e}^{-(t-1)}u(t-1) + \delta(t-1) \quad t > 0$

$\qquad h(t) = (2\mathrm{e}^{-t} - \mathrm{e}^{-3t})u(t)$

2-14 $\quad r_{\mathrm{zs}}(t) = 2\mathrm{e}^{-t} - 3t\mathrm{e}^{-t} \quad t > 0$

2-15 $\quad h(t) = (2\mathrm{e}^{-t} - \mathrm{e}^{-3t})u(t) \quad f(t) = (2\mathrm{e}^{-t} + \mathrm{e}^{-3t} - 3\mathrm{e}^{-2t})u(t)$

2-16 $\quad r_{\mathrm{zs}}(t) = \mathrm{e}^{-t} - \mathrm{e}^{-2t} \quad t > 0$

2-17 $\quad y(t) = h(t) * f(t) = u(t-1) * [\delta(4+t) + \delta(4-t)]$

$\qquad\qquad = u(t+3) + u(t-5)$

习题三

3-1 $\quad f(t) = \dfrac{A}{2} - \displaystyle\sum_{n=1}^{\infty} \dfrac{A}{n\pi} \sin n\omega_1 t$

3-2 $\quad x(t) = 1 + 2\displaystyle\sum_{n=1}^{\infty} Sa\left(\dfrac{n\omega_1\tau}{2}\right)\cos n\omega_1 t \quad k = 0,1,2,\cdots\cdots$

$\qquad\qquad = \displaystyle\sum_{n=-\infty}^{\infty} Sa\left(\dfrac{n\pi}{4}\right)\mathrm{e}^{jn\omega_1 t} \quad k = 0, \pm 1, \pm 2, \cdots\cdots$

3-1 $\quad$ (a) $\mathrm{j}\dfrac{2}{\omega}\left[\cos \omega\tau - Sa(\omega\tau)\right]$

$\qquad$ (b) $\dfrac{2}{\mathrm{j}\omega}(\cos \omega\tau - 1)$

3-6 $\quad$ (1) $\dfrac{4}{4 + \omega^2}$

$\qquad$ (2) $\dfrac{\omega_0}{(\alpha + \mathrm{j}\omega)^2 + \omega_0^2}$

$\qquad$ (3) $f(t) = \mathrm{j}\pi[\delta(\omega+\omega_0) - \delta(\omega-\omega_0)] + \pi[\delta(\omega+\omega_0) + \delta(\omega-\omega_0)]\mathrm{e}^{-\mathrm{j}\omega t_0}$

3-7 $\quad$ (1) $F(\omega)\mathrm{e}^{-\mathrm{j}5\omega}$; $\qquad$ (2) $\dfrac{1}{5}F\left(\dfrac{\omega}{5}\right)$; $\qquad$ (3) $\dfrac{1}{|b|}F\left(\dfrac{\omega-a}{b}\right)$; $\qquad$ (4) $f(a)\mathrm{e}^{-\mathrm{j}\omega a}$

$\qquad$ (5) $-\dfrac{1}{\alpha + \mathrm{j}\omega}, \alpha < 0$; $\qquad$ (6) $\dfrac{1}{5}F\left(-\dfrac{\omega}{5}\right)\mathrm{e}^{-\mathrm{j}\omega}$

3-8 $\quad$ (1) $\mathrm{j}\pi\,\mathrm{sgn}(\omega)$ $\qquad$ (2) $F(\omega) = \pi g_2(\omega)$

3-10 $\quad F(\omega) = 2\pi[\delta(\omega) + \delta(\omega-1) + \delta(\omega+1)] + 3\pi[\delta(\omega-3) + \delta(\omega+3)]$

3-11 $\quad F_2(\omega) = \dfrac{1}{2}\left[8Sa^2(2\omega - 2\pi) + 8Sa^2(2\omega + 2\pi)\right]$

3-12 $\quad$ (1) $\dfrac{A\pi}{\mathrm{j}\omega}[\delta(\omega+\omega_0) + \delta(\omega-\omega_0)]$

$\qquad$ (2) $\dfrac{\mathrm{j}A\pi}{2}[\delta(\omega+\omega_0) - \delta(\omega-\omega_0)] - \dfrac{\omega_0 A}{\omega^2 - \omega_0^2}$

3-13 $\quad Sa(\omega + 4\pi) + Sa(\omega - 4\pi)$

3-14 (1) $\dfrac{1}{3+j(4+\omega)}$　　(2) $2\mathrm{Sa}(\omega)\mathrm{e}^{-j\omega}$

3-15 $4\mathrm{Sa}[2(\omega+50)]\mathrm{e}^{-j2(\omega+50)}+4\mathrm{Sa}[2(\omega-50)]\mathrm{e}^{-j2(\omega-50)}$

3-16 $u_2(t)=(1-\mathrm{e}^{-t})u(t)-[1-\mathrm{e}^{-(t-1)}]u(t-1)$

3-17 $y(t)=2(1+\cos 2\pi t)$

3-18 $h(t)=F^{-1}[H(j\omega)]=2\mathrm{e}^{-2t}\cdot u(t);\ s(t)=(1-\mathrm{e}^{-2t})\cdot u(t)$

3-19 $H(j\omega)=\dfrac{1}{j\omega}(1-\mathrm{e}^{-j\omega t_0})$

3-20 $f_s=6f_m$

3-21 768

3-22 $X(\omega)=\pi A[\delta(\omega-\omega_w)+\delta(\omega+\omega_0)]+\dfrac{mA}{2}[F(\omega-\omega_0)+F(\omega+\omega_0)]$

3-26 $\dfrac{3(j\omega+3)}{(j\omega+2)(j\omega+4)}$, $\dfrac{3}{2}(\mathrm{e}^{-2t}+\mathrm{e}^{-4t})u(t)$

3-27 (1) $\dfrac{1}{j\omega+2}$, $\mathrm{e}^{-2t}u(t)$, (2) $(\mathrm{e}^{-t}-\mathrm{e}^{-2t})u(t)$

3-28 (1) 18 kHz, (2) 12 kHz, (3) 6 kHz

3-29 $f_m=50$ Hz, $f_s=100$ Hz, $T_s=10$ ms

习题四

4-1 (1) $\dfrac{2}{s(s+2)}$, $\mathrm{Re}[s]>0$　　　　(2) $\dfrac{1}{s+2}$, $\mathrm{Re}[s]>-2$

　　　(3) $\dfrac{2s}{s^2-4}$, $\mathrm{Re}[s]>2\mathrm{e}^{-|t|}$　　(4) $\dfrac{s+6}{s^2+4}$, $\mathrm{Re}[s]>0$

4-2 (1) $1-2\mathrm{e}^{-s}+s\mathrm{e}^{-3s}$　　　　　(2) $\dfrac{2s+1}{s^2+1}$

　　　(3) $\dfrac{2s+11}{s+7}$　　　　　　　　(4) $\dfrac{s+1}{(s+1)^2+4}$

　　　(5) $\dfrac{\mathrm{e}^{-s}}{s}$　　　　　　　　　　(6) $\dfrac{5\omega}{(s+2)^2+\omega^2}$

　　　(7) $\dfrac{2s}{s^2+4}$　　　　　　　　　(8) $s+\dfrac{1}{(s+1)^2}$

4-3 (1) $F_1(s)=\dfrac{s\mathrm{e}^{-s}}{(s+4)^2}$　　　(2) $F_2(s)=\dfrac{s}{(s+8)^2}$

　　　(3) $F_3(s)=\dfrac{s\mathrm{e}^{-s}}{(s+8)^2}$　　　(4) $F_4(s)=\dfrac{s+1}{(s+5)^2}$

4-4 (1) $\dfrac{1}{3}F\left(\dfrac{s+2}{3}\right)$　　　　　(2) $2F(2s+4)$

　　　(3) $-\dfrac{1}{3}\dfrac{\mathrm{d}}{\mathrm{d}s}F\left(\dfrac{s+1}{3}\right)$　　　(4) $\dfrac{1}{2}F\left(\dfrac{s+1}{2}\right)\mathrm{e}^{-\frac{1}{2}(s+3)}$

4-6 (1) $f(0_+)=\lim\limits_{t\to 0_+}f(t)=\lim\limits_{s\to\infty}sF(s)=\lim\limits_{s\to\infty}s\,\dfrac{4}{s(s+2)}=0$;

　　　(2) $f(\infty)=\lim\limits_{t\to\infty}f(t)=\lim\limits_{s\to 0}sF(s)=\lim\limits_{s\to 0}s\,\dfrac{4}{s(s+2)}=2$

4-7 (1) $f_1(t) = \mathrm{e}^{-t}$ (2) $f_2(t) = 2\mathrm{e}^{-\frac{3}{2}t}$

(3) $f_3(t) = \dfrac{4}{3}(1 - \mathrm{e}^{-\frac{3}{2}t})$ (4) $f_4(t) = \dfrac{3}{2}(\mathrm{e}^{-2t} - \mathrm{e}^{-4t})$

(5) $f_5(t) = \mathrm{e}^{2t} - \mathrm{e}^{t}\ 5)$ (6) $f_6(t) = 7\mathrm{e}^{-3t} - 3\mathrm{e}^{-2t}$

4-8 (1) $f_1(t) = (1 - t)\mathrm{e}^{-2t}u(t)$ (2) $f_2(t) = (3\mathrm{e}^{-2t} - 2\mathrm{e}^{-3t})u(t)$

(3) $f_3(t) = \delta(t) + \cos t$ (4) $f_4(t) = 2\sqrt{2}\,\mathrm{e}^{-2t}\cos\left(2t - \dfrac{\pi}{4}\right)u(t)$

(5) $f_3(t) = [2 - \mathrm{e}^{-2(t-2)}]u(t-2)$ (6) $f_6(t) = t\sin tu(t)$

4-9 (1) $h(t) = 3\mathrm{e}^{-5t}u(t)$, $u(t) = \dfrac{3}{5}(1 - \mathrm{e}^{-5t})u(t)$

(2) $h(t) = \left(\dfrac{1}{2}\mathrm{e}^{-t} + \dfrac{1}{2}\mathrm{e}^{-3t}\right)u(t)$, $u(t) = \left(\dfrac{2}{3} - \dfrac{1}{2}\mathrm{e}^{-t} - \dfrac{1}{6}\mathrm{e}^{-3t}\right)u(t)$

4-10 (1) $f_1(t) = \mathrm{e}^{-2t}u(t) - \mathrm{e}^{-2(t-1)}u(t)$

(2) $f_2(t) = \sin \pi tu(t) - \sin [\pi(t-2)]u(t-2)$

(3) $f_3(t) = f_1(t) + f_1(t-1) + f_1(t-2)$，其中 $f_1(t) = u(t) - u(t-0.5)$

4-11 $h(t) = \delta(t) + \delta'(t) + u(t)$

4-12 $h(t) = (\mathrm{e}^{-t} - 2\mathrm{e}^{-2t} + 3\mathrm{e}^{-3t})u(t)$

$y_{zi}(t) = \left(\dfrac{7}{2}\mathrm{e}^{-t} - \dfrac{5}{2}\mathrm{e}^{-3t}\right)u(t)$

4-13 $y_{zs}(t) = \left(-\dfrac{1}{2}\mathrm{e}^{-t} + 3\mathrm{e}^{-2t} - \dfrac{5}{2}\mathrm{e}^{-3t}\right)u(t)$

4-14 $h(t) = (0.5 - 1.5\mathrm{e}^{-2t} + \mathrm{e}^{-3t})u(t)$

4-15 (1) $H(s) = \dfrac{5s + 3}{s^2 + 11s + 24}$ (2) $H(s) = \dfrac{s + 3}{s^2 + 3s + 2}$

4-16 (1) 不稳定   (2) 稳定

(3) 不稳定   (4) 稳定

4-17 $H(s) = \dfrac{s + 2}{(s + 3)(s^2 + 2s + 2)}$

4-18 $y_f(0_+) = \lim\limits_{s \to \infty} sF(s) = \lim\limits_{s \to \infty} \dfrac{2s + 3}{s^2 + 2s + 5} = 0$

$y_f(\infty) = \lim\limits_{s \to 0} sF(s) = \lim\limits_{s \to 0} \dfrac{2s + 3}{s^2 + 2s + 5} = \dfrac{3}{5}$

4-19 $i(t) = (80\mathrm{e}^{-4t} - 30\mathrm{e}^{-3t})u(t)A$

4-20 $H(s) = \dfrac{\dfrac{s}{(s+2)(s+3)}}{1 + \dfrac{k}{s} \cdot \dfrac{s}{(s+2)(s+3)}}$

$= \dfrac{s}{(s+2)(s+3) + k}$

$= \dfrac{s}{s^2 + 5s + 6 + k}$

当 $6 + k > 0$ 时，即 $k > -6$ 时，系统稳定。

4-21 $y(t) = (1 - \mathrm{e}^{-t} + 3\mathrm{e}^{-2t})u(t)$

4-23 $H(s) = \dfrac{\dfrac{s+k}{s(s+1)} \cdot \dfrac{1}{s+2}}{1 + \dfrac{s+k}{s(s+1)} \cdot \dfrac{1}{s+2}} = \dfrac{s+k}{s^3 + 3s^2 + 3s + k}$

$k > 0$ 且 $a_1 a_2 > a_0 a_3$，得 $k < 9$ 所以，当 $0 < k < 9$ 时，系统稳定。

4-24 (1) $h(t) = 2\delta(t) - 6e^{-3t}u(t)$　　　　(2) $y(t) = (-e^{-t} + 3e^{-3t})u(t)$

4-25 $y''(t) + 4y'(t) + 3y(t) = f'(t) + 5f(t)$

$y_{zs}(t) = (2e^{-2t} - 3e^{-2t} + e^{-3t})u(t)$

4-26 (1) $H(s) = \dfrac{-k}{s + 3 - kG(s)}$

(2) $H(s) = \dfrac{-k}{s + 3 - kG(s)} = \dfrac{-k(s+3)}{s^2 + 4s + 3 - k}$

当 $3 - k > 0$ 时，即 $k < 3$ 时，系统稳定。

4-27 (1) $y_{zi}(t) = (7e^{-t} - 5e^{-2t})u(t)$

$y_{zs}(t) = (6 - 8e^{-t} + 2e^{-2t})u(t)$

(2) $H(s) = \dfrac{2s+6}{s^2 + 3s + 2}$

零点：$s = -3$　　　极点：$s_1 = -1, s_2 = -2$，

零极图：（零点："○"，极点："×"）

4-28 (1) $H(s) = \dfrac{s+3}{s^2 + 7s + 10} = \dfrac{s+3}{(s+2)(s+5)}$

$\therefore s_1 = -2, s_2 = -5, z = -3$

(2) 系统稳定。

(3) 由于 $H(j\omega) = \dfrac{j\omega + 3}{(j\omega + 2)(j\omega + 5)} \neq K e^{-j\omega t_0}$，不符合无失真传输的条件，所以该系统不能对输入信号进行无失真传输。

习题五

5-3 $y_{zi}(n) = 2(-1)^n - 3(-2)^n$，$n \geqslant 0$

5-5 $y(n) = b_0 f(n) + b_1 f(n-1) + b_2 f(n-2) + b_3 f(n-3)$

5-6 $f_1(n) * f_2(n) = \{2, 3.5, 4.5, 5.5, 5, 5.5, 4.5, 3.5, 2\}$

5-7 $h(n) = \lambda^n u(n) = 0.8^n u(n)$

$s(n) = h(n) * \varepsilon(n) = \dfrac{1 - 0.8^{n+1}}{1 - 0.8} = 5(1 - 0.8^{n+1})u(n)$

5-8 $y(n) = \dfrac{6}{5} \cdot 2^n u(n) - \dfrac{1}{5}\left(\dfrac{1}{3}\right)^n u(n)$

5-10 $y(n) = \dfrac{1 - a^{n+1}}{1 - a} \cdot u(n) - \dfrac{1 - a^{n-5}}{1 - a} \cdot u(n-6)$

习题六

6-1 (1) $\dfrac{2z}{2z-1}, \left| z > \dfrac{1}{2} \right|$ (2) $\dfrac{2z}{2z+1}, \left| z > \dfrac{1}{2} \right|$

(3) $\dfrac{2z}{2z-1}, \left| z < \dfrac{1}{2} \right|$ (4) $\dfrac{z}{z-2}, |z > 2|$

(5) $\dfrac{1}{1-2z}, \left| z < \dfrac{1}{2} \right|$ (6) z^{-2}

6-2 (1) $1 - z^{-3}$ (2) $\dfrac{z - z^{-5}}{z - 1}, |z| > 1$

(3) $\dfrac{-z}{(z+1)^2}$ (4) $\dfrac{z^2}{(z-1)^3}, |z| > 1$

(5) $\dfrac{z+1}{(z-1)^3}, |z| > 1$ (6) $\dfrac{z}{z-3} - \dfrac{z}{z-2}$

(7) $\dfrac{1}{(z-1)^2}, |z| > 1$ (8) $\dfrac{4z^2}{4z^2 + 1}$

6-3 (1) $f(n) = 2(2^n - 1)u(n)$ (2) $f(n) = \dfrac{1}{4}\left[(-1)^n + 2n - 1\right]u(n)$

(3) $f(n) = 2\left[(1 - \cos\dfrac{n\pi}{3})u(n)\right]$ (4) $f(n) = \left[\dfrac{8}{3}(0.2)^n + \dfrac{1}{3}(-0.4)^n\right]u(n)$

(5) $f(n) = (-2)^{n-6}u(n-6)$ (6) $f(n) = 2\delta(n) - \left[(-1)^{n-1} - 6(5)^{n-1}\right]u(n-1)$

6-4 (1) $|z| > 3$ $f(n) = \dfrac{1}{2}u(n) - 2^n u(n) + \dfrac{1}{2}(3)^n u(n)$

(2) $|z| < 1$ $f(n) = \dfrac{1}{2}u(-n-1) - 2^n u(-n-1) + \dfrac{1}{2}(3)^n u(-n-1)$

(3) $2 < |z| < 3$ $f(n) = -2^n u(n) + \dfrac{1}{2}(3)^n u(-n-1)$

6-5 (1) $f(n) = \dfrac{b^{n+1} - a^{n+1}}{b - a}u(n)$ (2) $f(n) = 2^{n-1}u(n-1)$

6-6 (1) $f(0) = 2, f(1) = \dfrac{1}{3}, f(\infty) = 0$ (2) $f(0) = 1, f(1) = \dfrac{3}{2}, f(\infty) = 2$

(3) $f(0) = 2, f(1) = 5, f(\infty)$ 不存在 (4) $f(0) = 1, f(1) = 1, f(\infty) = 0$

6-7 (1) $y_f(n) = \dfrac{1}{3}u(n) + \dfrac{2}{3}2^n u(n)$ (2) $f(n) = \delta(n) - 3^n u(n)$

6-8 (1) $y(n) = \left[\dfrac{1}{3}n - \dfrac{4}{9} + \dfrac{13}{9}(-2)^n\right]u(n)$

(2) $y(n) = \left[\dfrac{1}{6} + \dfrac{1}{2}(-1)^n - \dfrac{2}{3}(-2)^n\right]u(n)$

(3) $y(n) = \left[\dfrac{3}{4}3^n + \dfrac{1}{3}n(-1)^n + \dfrac{7}{12}(-1)^n\right]u(n)$

6-9 (1) $H(z) = \dfrac{2z^2 - z}{z^2 - 0.7z + 0.12}$ (2) $h(n) = \left[4(0.3)^n - 2(0.4)^n\right]u(n)$

(3) 系统稳定

6-10 $f(n) = (n+5)u(n+5) + (n-5)u(n-5) - 2nu(n)$

6-11 $f(n) = -\dfrac{1}{2}u(n+3) - \dfrac{1}{2}3^{n+3}u(n+3) + 2^{n+3}u(n+2) - 2u(n+2)\,6$

6-13 (1) $H(z) = \dfrac{-5(z-\dfrac{1}{3})}{z+\dfrac{1}{3}}$

6-14 (1) $H(z) = \dfrac{z+1}{z-\dfrac{1}{3}}$

6-15 $h(n) = u(n) + u(n-2)$,

$$g(n) = \sum_{k=-\infty}^{n} h(k) = \sum_{k=-\infty}^{n} \big[u(k) - u(k-2)\big] = nu(n) - (n-2)u(n-2)$$

6-16 $y(n) = 4f(n-2) - 16f(n-1) + 8f(n)$

6-17 (1)稳定(2)不稳定(3)不稳定(边界稳定)(4)不稳定(边界稳定)

6-18 (1) $-2 < k < 4$ (2) $0 < k < 1$

6-19 (1) 点零: $z = -\dfrac{1}{2}$ 极点: $z = -\dfrac{1}{4}$

零极图:(零点:"○",极点:"×")

(2) 由 $H(z) = \dfrac{Y(z)}{X(z)} = \dfrac{1+\dfrac{1}{2}z^{-1}}{1+\dfrac{1}{4}z^{-1}}$ 得: $Y(z)(1+\dfrac{1}{4}z^{-1}) = X(z)(1+\dfrac{1}{2}z^{-1})$

故: $y(n) + \dfrac{1}{4}y(n-1) = x(n) + \dfrac{1}{2}x(n-1)$

(3) 系统函数 $H(z)$ 的极点 $z = -\dfrac{1}{4}$

极点全部落在单位圆内,故该系统为因果稳定系统。

习题七

7-1 $\begin{cases} \dot{x}_1(t) = -\dfrac{1}{R_1 C}x_1(t) - \dfrac{1}{C}x_2(t) + \dfrac{1}{R_1 C}f(t) \\ \dot{x}_2(t) = \dfrac{1}{L}x_1(t) - \dfrac{R_2}{L}x_2(t) \end{cases}$

$y(t) = R_2 x_2(t)$

7-2 $\begin{cases} \dot{x}_1(t) = -x_1(t) + f_1(t) - x_3(t) \\ \dot{x}_2(t) = x_3(t) - x_2(t) - f_2(t) \\ \dot{x}_3(t) = x_1(t) - x_2(t) \end{cases}$

$$\begin{pmatrix} \dot{x}_1 \\ \dot{x}_2 \\ \dot{x}_3 \end{pmatrix} = \begin{pmatrix} -1 & 0 & -1 \\ 0 & -1 & 1 \\ - & -1 & 0 \end{pmatrix} \begin{pmatrix} x_1 \\ x_2 \\ x_3 \end{pmatrix} + \begin{pmatrix} 1 & 0 \\ 0 & -1 \\ 0 & 0 \end{pmatrix} \begin{pmatrix} f_1(t) \\ f_2(t) \end{pmatrix}$$

7-3 $\begin{cases} \dot{x}_1(t) = x_2(t) \\ \dot{x}_2(t) = y''(t) = 4f(t) - 2x_1(t) - 3x_2(t) \end{cases}$

$y(t) = x_1(t)$

7-4 $\begin{cases} \dot{x}_1(t) = x_2(t) \\ \dot{x}_2(t) = x_3(t) \\ \dot{x}_3(t) = f(t) - 24x_1(t) - 26x_2(t) - 9x_3(t) \end{cases}$

$y(t) = 5x_1(t) + 2x_2(t)$

7-5 $(1)\ \mathrm{e}^{At} = \begin{pmatrix} \mathrm{e}^t & \mathrm{e}^t - \mathrm{e}^{-t} \\ 0 & \mathrm{e}^{-t} \end{pmatrix}$ $(2)\ \mathrm{e}^{At} = \begin{pmatrix} \mathrm{e}^{-2t} & t\mathrm{e}^{-2t} \\ 0 & \mathrm{e}^{-2t} \end{pmatrix}$

7-6 $x(t) = \begin{pmatrix} -2 + 2\mathrm{e}^t + 2\mathrm{e}^{-t} \\ 1 - \mathrm{e}^t \end{pmatrix}$

7-7 $(1)\ \begin{cases} \dot{x}_1(t) = -4x_1(t) + x_2(t) + f(t) \\ \dot{x}_2(t) = -3x_1(t) + f(t) \end{cases}$ $y(t) = (1 \quad 0)\begin{pmatrix} x_1 \\ x_2 \end{pmatrix}$

$(2)\ y''(t) + 4y'(t) + 3y(t) = f'(t) + f(t)\ ; h(t) = \mathrm{e}^{-3t}u(t)$

7-8 $x_1(n+1) = x_2(n)$

$x_2(n+1) = -2x_1(n) - 3x_2(n) + 4f(n)$

$y(n) = x_1(n)$

7-9 $A^n \begin{pmatrix} \left(\dfrac{3}{4}\right) & 0 \\ 2\left(\dfrac{3}{4}\right)^n - 2\left(\dfrac{1}{2}\right)^n & \left(\dfrac{1}{2}\right)^n \end{pmatrix}$ $(2)\ A^n \begin{pmatrix} \left(\dfrac{1}{2}\right)^n & 0 \\ n\left(\dfrac{1}{2}\right)^n & \left(\dfrac{1}{2}\right)^n \end{pmatrix}$

参 考 文 献

[1] 郑君里,应启衍,杨为理.信号与系统.2版.北京:高等教育出版社,2000.

[2] 吴大正,杨林耀,张永瑞.信号与系统.4版.北京:高等教育出版社,1998.

[3] 管致中,夏恭恪,孟桥.信号与系统.4版.北京:高等教育出版社,2004.

[4] 陈生潭,郭宝龙,李学武,冯宗哲.信号与系统.2版.西安:西安电子科技大学出版社,2001.

[5] 和卫星,许波.信号与系统分析.西安:西安电子科技大学出版,2006.

[6] 燕庆明,于凤芹,顾斌杰.信号与系统教程.3版.北京:高等教育出版社,2000.

[7] 乐正友.信号与系统.北京:清华大学出版社,2004.

[8] 陈后金,胡健,薛健.信号与系统.信号与系统.北京:清华大学出版社,2003.

[9] 张永瑞,杨林耀,刘振气.网络、信号与系统.西安:西安电子科技大学出版,2002.

[10] 林梓,刘秀环,王海燕.信号与线性系统分析基础.北京:北京邮电大学出版社,2005.

[11] 张昱 ,周绮敏,信号与系统实验教程.北京:人民邮电出版社,2005.

[12] 汤全武,陈晓娟,李德敏.信号与系统.北京:高等教育出版社,2010.

[13] 黄文梅,熊桂林,杨勇.信号与系统处理——MATLAB 语言及应用.长沙:国防科技大学出版社,2002.

[14] 梁虹,梁洁,陈跃斌.信号与系统分析及 MATLAB 实现.北京:电子工业出版社,2002.

[15] 陈晓平,李长杰.MATLAB 及其在电路与控制理论中的应用.合肥:中国科技大学出版社,2001.

[16] 陈怀琛.数字信号处理教程——MATLAB 释义与实现.北京:电子工业出版社,2004.